石油和化工行业
职业教育“十四五”规划教材
（职教本科）

化工危险与可操作性（HAZOP）分析（高级）

辛晓 侯侠 覃杨 主编
李代华 雍达明 孙耀华 副主编

化学工业出版社
·北京·

内容简介

本书从HAZOP分析的基本概念着手，循序渐进介绍了HAZOP分析的具体方法和实战应用，同时对计算机辅助HAZOP分析发展趋势进行了阐述。本书设有基础篇、方法篇、应用篇、进展篇四个部分，借鉴行动导向教学理念，以“项目引领、任务驱动”的方式编写，每个项目按照学习目标、项目导言、项目实施、项目综合评价四个层次设置，共设有10个项目、25个任务。每篇最后设有“行业形势”专栏，融入行业发展和动态，以期加深学生对行业的了解，提升学生的职业素养。另外，本书配备了部分视频资源，扫描二维码即可查看。

本书可作为本科院校石油和化工类相关专业的教材，也可作为“化工危险与可操作性（HAZOP）分析”1+X职业技能等级证书（高级）培训用书、全国大学生化工实验大赛培训用书及相关企业的员工培训用书，同时还可以供科研及生产一线的相关工程技术人员参考阅读。

图书在版编目（CIP）数据

化工危险与可操作性（HAZOP）分析：高级 / 辛晓，侯侠，覃杨主编. —北京：化学工业出版社，2023.4
ISBN 978-7-122-42867-7

Ⅰ. ①化… Ⅱ. ①辛…②侯…③覃… Ⅲ. ①化工产品－危险物品管理－职业技能－鉴定－教材 Ⅳ. ①TQ086.5

中国国家版本馆CIP数据核字（2023）第022696号

责任编辑：葛瑞祎 刘 哲　　文字编辑：宋 旋 陈小滔
责任校对：李雨函　　装帧设计：张 辉

出版发行：化学工业出版社（北京市东城区青年湖南街13号 邮政编码100011）
印 装：三河市延风印装有限公司
787mm×1092mm 1/16 印张16¾ 字数403千字 2023年8月北京第1版第1次印刷

购书咨询：010-64518888　　售后服务：010-64518899
网 址：http://www.cip.com.cn
凡购买本书，如有缺损质量问题，本社销售中心负责调换。

定 价：58.00元

HAZOP

《化工危险与可操作性（HAZOP）分析（高级）》审定委员会

《化工危险与可操作性（HAZOP）分析（高级）》

编审人员名单

主　　编　辛　晓　侯　侠　覃　杨

副 主 编　李代华　雍达明　孙耀华

编写人员（按姓名汉语拼音顺序排列）

郭　访　侯　侠　黄德奇　霍宁波　贾玉玲

李代华　刘丁丁　覃　杨　孙耀华　吴晓静

辛　晓　雍达明

主　　审　纳永良

前言

随着国家对安全生产日益重视，危险化学品生产企业越来越多地采用 HAZOP 分析等先进科学的风险评估方法来提升本质安全水平。《国家安全监管总局关于加强化工过程安全管理的指导意见》（安监总管三〔2013〕88 号）规定对涉及“两重点一重大”（重点监管危险化学品、重点监管危险化工工艺和危险化学品重大危险源）的生产储存装置进行风险辨识分析，要采用危险与可操作性（HAZOP）分析技术。

化工教育系统也越来越重视 HAZOP，在全国大学生化工实验大赛、全国职业院校职业技能大赛中，都有针对 HAZOP 的考核内容，教育部推行的 1+X 证书制度，也将化工 HAZOP 分析列入职业技能等级证书，这都为在校大学生学习 HAZOP 提供了很好的平台。

《化工危险与可操作性（HAZOP）分析（高级）》主要面向全国本科院校（含职业本科）石油和化工类专业的大学生，分为基础篇、方法篇、应用篇、进展篇四个模块，共设有 10 个项目，每个项目设若干任务，以“项目引领、任务驱动”作为教材编写逻辑。本教材为新型项目化教材，按照 HAZOP 分析工作过程组织教材内容，每个项目设置学习目标、项目导言、项目实施、项目综合评价四个层次。每个任务设置“相关知识、任务实施、任务反馈”三个模块，通过任务驱动的方式引导读者学习基础理论和掌握 HAZOP 分析目标确定、分析范围界定、团队组建、分析准备等实操技能。同时，通过阐述 HAZOP 分析技术与我国化工行业安全、工匠精神、安全人才培养“卡脖子”技术等方面的关系，突出思政教育，适应企业用人需求，推动化工安全人才培养，提升学生综合应用专业知识的能力。

本教材由行业企业专家和高职院校的资深教师联合编写。编写人员有丰富的 HAZOP 分析工作经验和教学经验且了解相关专业学生、企业人员的学习情况。因此，本书在知识的专业性、设计的逻辑性和内容的实用性方面，比较适合本科院校开展 HAZOP 教育教学使用。

本教材由中国化工教育协会辛晓、兰州石化职业技术大学侯侠、东方仿真科技（北京）有限公司覃杨担任主编，东方仿真科技（北京）有限公司李代华、扬州工业职业技术学院雍达明、兰州石化职业技术大学孙耀华担任副主编，参与编写的还有：滨州职业学院霍宁波，东方仿真科技（北京）有限公司郭访、刘丁丁，潍坊职业学院贾玉玲、吴晓静，扬州工业职业技术学院黄德奇。具体分工如下：编写大纲由辛晓提出；“基础篇”中的项目一由霍宁波、李代华共同编写，“HAZOP 分析与化工行业安全发展”由辛晓编写；“方法篇”中的项目二、项目六由覃杨、郭访共同编写，项目三～五由贾玉玲、刘丁丁共同编写，项目七由吴晓静编写，“HAZOP 分析与工匠精神”由辛晓编写；“应用篇”中的项目九由孙耀华、侯侠共同编写，“HAZOP 分析与安全人才培养”由辛晓编写；“进展篇”中的项目十由雍达明、黄德奇共同编写，“从 HAZOP 分析看我国的‘卡脖子’技术”由辛晓编写。全书由孙耀华、侯侠、辛晓统稿。

北京思创信息系统有限公司纳永良博士对本书进行了审阅。在此，谨向在编书过程中做出贡献的各单位和各位领导、老师们表示衷心感谢。

由于编者水平和实践经验有限，教材中不妥之处在所难免，敬请广大读者提出宝贵意见。

编者

2023 年 2 月

目 录

基础篇

方法篇

应用篇

进展篇

基础篇

项目一

HAZOP 分析方法基础

【学习目标】

知识目标

1. 理解 HAZOP 分析方法的定义；
2. 了解 HAZOP 分析方法的发展历史；
3. 了解 HAZOP 分析在化工行业应用的过程，理解当前 HAZOP 分析的分析方式以及应用领域；
4. 知晓 HAZOP 分析五个步骤相应的工作内容；
5. 理解并掌握 HAZOP 分析的相关术语；
6. 知晓化工行业安全形势与发展状况。

能力目标

1. 熟练应用 HAZOP 分析的相关术语；
2. 掌握 HAZOP 分析的五个步骤。

素质目标

1. 通过学习 HAZOP 分析发展史，了解 HAZOP 分析方法在化工安全分析中的重要性；
2. 通过学习 HAZOP 分析的基础知识，建立初步安全意识。

【项目导言】

确保工艺装置安全运行的前提，是对它的主要危害有清楚的认识。识别存在的危害和全面深入理解危害可能导致的事故情景，有助于我们提出必要的措施，预防灾难性事故。

危险与可操作性（Hazard and Operability）分析方法是识别工艺装置中各种主要危害的有效工具。它是针对工艺过程最系统、最有效的过程危害分析方法之一。正确应用这种分析方法，可以帮助我们深刻认识工艺系统中存在的各种主要危害，降低工艺装置的运行风险。

【项目实施】

任务安排列表

任务名称	总体要求	工作任务单	建议课时
任务 HAZOP 分析方法认知	通过该任务的学习，掌握 HAZOP 分析方法的定义与相关基础知识	1-1	1

任务 HAZOP 分析方法认知

任务目标	1. 了解 HAZOP 分析方法的定义 2. 了解 HAZOP 分析基本步骤 3. 了解 HAZOP 分析相关术语与应用领域
任务描述	通过对本任务的学习，知晓 HAZOP 分析相关基础知识

【相关知识】

一、HAZOP 分析方法概述

1. HAZOP 分析方法的定义

危险与可操作性（HAZOP）分析是一种被工业界广泛采用的工艺危险分析方法，也是有效排查事故隐患，预防事故发生和实现安全生产的重要手段之一。

HAZOP 分析方法是针对设计中的装置或现有装置的一种结构化和系统化的审查，其目的在于辨识和评估可能造成人员伤害或财产损失的风险。HAZOP 分析是一种基于引导词的定性评价技术，通过一个多专业小组组织一系列会议完成。HAZOP 研究技术是 1963 年由英国帝国化学工业公司（Imperial Chemical Industries，ICI）首先开发的，于 1970 年首次公布，其间经过不断改进与完善，在欧洲和美国，现已广泛应用于各类工艺过程和项目的风险评估工作中。

我国推广 HAZOP 分析的历程如表 1-1 所示。

表 1-1 我国推广 HAZOP 分析的历程

序号	时间	相关文件
1	2008-1-25	安监总厅危化 [2008]11 号
2	2009-2-13	安监总厅管三 [2009]17 号

续表

序号	时间	相关文件
3	2010-2-23	安监总厅管三 [2010]18 号
4	2011-2-10	安监总厅管三 [2011]16 号
5	2012-2-3	安监总政法 [2012]18 号
6	2013-6-20	安监总厅管三 [2013]76 号
7	2015-9-6	危险化学品企业重大隐患认定

2. HAZOP 分析方法的功能

❶ 可以探明所分析系统装置和工艺过程存在的潜在危险，并根据危险判断相应的后果。

❷ 辨识系统的主要危险源，有针对性地进行安全指导。

❸ 为后续进一步的定量分析做准备。

❹ 既适用于设计阶段，又可用于已有的系统装置。

❺ 对连续过程和间歇过程都比较适用。

❻ 适用于在新技术开发中危险的辨识。

3. HAZOP 分析方法的基本原理

如果一个设备在其预期的或者设计的状态范围内运行，就不会处于危险状态，也就不会导致不期望的事件或事故发生；反之，如果运行中某些状态指标超出了设计范围，系统就很可能处于危险状态，导致危险事件或事故发生，造成设备和环境破坏、人员伤亡和财产损失。HAZOP 分析原理步骤如表 1-2 所示。

表 1-2　HAZOP 分析原理步骤

序号	步骤	序号	步骤
1	选择节点	7	识别已有避免误差的保护装置
2	解释工艺指标和设计意图	8	根据后果、原因及保护估计风险
3	选择工艺参数和任务	9	提出措施
4	使用引导词与工艺参数或任务建立有意义的偏差	10	下一个引导词
5	分析偏差后果（假设所有保护失效）	11	下一个工艺参数
6	列出偏差可能的原因	12	解释工艺指标

HAZOP 分析要成立一个涵盖相关专业人员的小组，包括项目经理、工艺负责人、HSE 负责人、专业工程师和生产操作专家，借助他们的丰富经验，通过小组会议自由讨论方式，指出所有潜在问题，寻求解决方案以减少损失。

4. 分析过程

HAZOP 分析通过小组会议的形式完成。分析之前，分析小组建立系统的描述模型（如系统的 P&ID 图），将系统分解成多个节点，每一个节点有相关的设计要求，存在一个或多个有关的参数，每个参数对应着各自若干个引导词。在分析会议中，分析人员选定一个节点，对参数和引导词的组合（即偏差）进行检验，如果该运行偏差存在，则分析其原因和后果，并进行风险评价，提出措施建议，以消除和控制运行危险。一个节点内的所有可能偏差分析完毕，则转入另一个节点，按上述步骤重新进行，直到所有节点分析完毕。

HAZOP 的基本分析过程如图 1-1 所示。

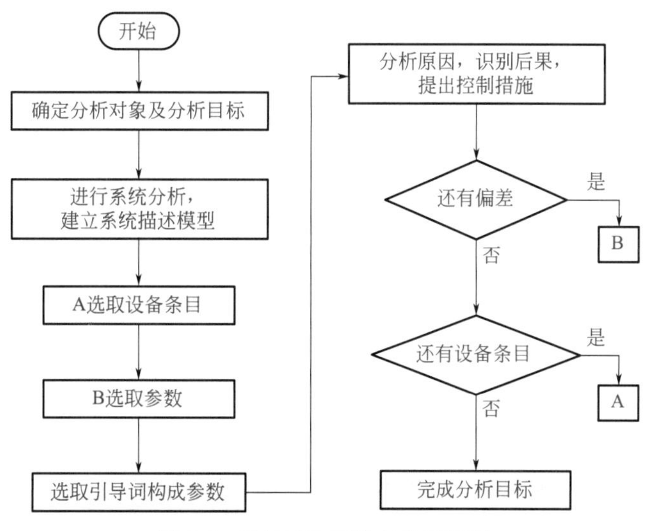

图 1-1　HAZOP 的基本分析过程

5. HAZOP 分析的节点与划分

分析节点或称工艺单元，指具有确定边界的设备（如量容器之间的管线）单元，对单元内工艺参数的偏差进行分析。在应用导则中“分析节点”即是“部分”，是指当前分析的对象，该对象是系统的一部分。

二、HAZOP 分析方法的来源和特点

HAZOP 分析的雏形最早于 20 世纪 60 年代出现在化工行业。当时英国帝国化学工业公司的工程师们采用识别工艺偏离的方式，进行化工工艺系统的可操作性分析。HAZOP 分析较正式应用于安全分析始于 20 世纪 70 年代。1977 年发生在英国 Flixborough 的爆炸事故推动了这种方法的应用。此后，炼油行业紧随化工行业，较早地应用了这种方法。到了 20 世纪 80 年代，在英国，它还成为化学工程学位的必修课程。

最初的 HAZOP 分析方法属于“管线到管线（line-by-line）”的分析方式。将工艺系统分解成容器和管线，利用引导词，对每个容器和每一条管线分别进行分析。分析时，参考一系列引导词，找出偏离设计意图的事故剧情；针对容器和管线分别采用不同的引导词。此后，越来越多的公司开始应用这种分析方法，最初“管线到管线”的做法也有所改变。目前较普遍的做法是，先将工艺系统分解成不同的子系统，即所谓的“节点”。对于每一个节点，选用一系列引导词，通过偏离识别可能的事故剧情，评估各个事故剧情当前的风险，必要时提出建议措施。

目前，HAZOP 分析广泛应用于化工、炼油和制药等流程工业的新建项目和生产运行工厂。除了应用于工艺流程安全分析外，HAZOP 分析也在电子软件和网络等其他行业获得应用。

三、HAZOP 分析的基本步骤

HAZOP 分析方法是一种系统的、结构性的分析方法。在进行 HAZOP 分析时，分析团队应用一系列引导词来识别偏离设计意图时可能出现的事故剧情。

采用 HAZOP 分析方法开展工艺危险分析时，通常包括以下主要阶段。

❶ 发起阶段：明确工作范围、报告的编制要求、各参与方的职责，并组建分析团队。

❷ 准备阶段：开展分析工作所需时间估计及工作日程安排、准备必要的过程安全信息（图纸文件等）、召集会议及行政准备（会议室等）。

❸ 会议阶段：分析团队组织一系列会议，通过团队的讨论，识别和评估工艺系统潜在的危险和现有安全措施，根据需要提出建议的安全措施，并准确记录会议中讨论的内容。

❹ 报告编制与分发：在分析会议之后，编制工作报告，分发给相关方征求意见，然后定稿形成正式报告。

❺ 措施项跟踪落实：编制行动计划，跟踪落实 HAZOP 分析提出的建议措施（这是一个很重要的环节，但从严格意义上讲，它不属于工艺危险分析本身的工作范畴，应属于后续工作，由项目团队或工厂管理层负责，不是工艺危险分析团队的职责）。

HAZOP 分析各个阶段的主要任务如图 1-2 所示。

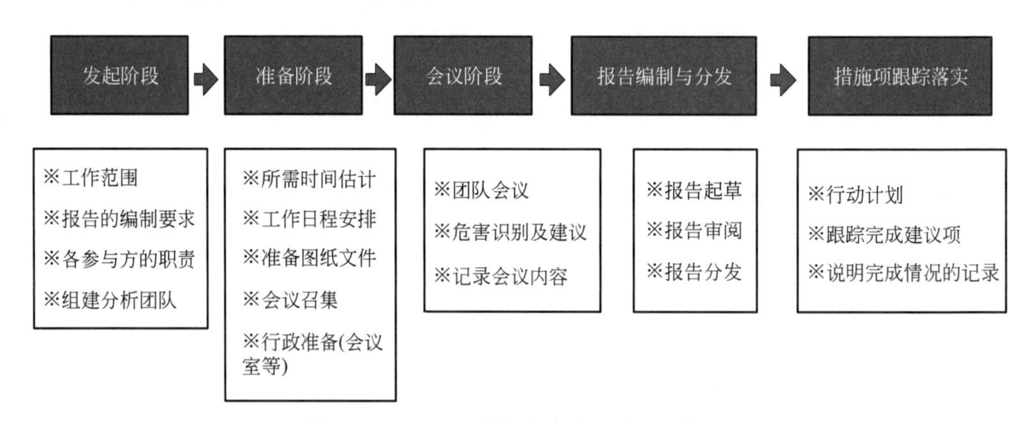

图 1-2　HAZOP 分析各个阶段的主要任务

HAZOP 分析一般包括下面 5 个步骤：①定义危险和可操作性分析所要分析的系统或活动；②定义分析需要关注的问题；③分解被分析的系统并建立偏差；④进行 HAZOP 分析工作；⑤用 HAZOP 分析的结果进行决策。详细分析如下。

1. 定义危险和可操作性分析所要分析的系统或活动

首先要确定分析对象的功能、范围，因为所有的危险和可操作性分析所要分析的都是一个系统在正常的运行中各种可能的偏差，清楚地定义一个系统的设计功能或正常运行是分析工作的第一步。详细和清晰地记录这第一步工作对 HAZOP 分析工作是很重要的。

在现实生活中很少有系统是完全孤立的。绝大多数系统是和其他系统相连或相互作用的。通过清楚地定义一个系统或运行的范围或边界，可以避免忽略边界附近重要系统的组成部分，也可以避免囊括不属于这个系统或运行的组成部分，从而避免混淆问题或浪费资源。

2. 定义分析需要关注的问题

需要关注的问题包括安全问题、环境问题、经济问题等。危险和可操作性分析可以聚焦在一个问题或风险上，也可以同时聚焦在几个问题上。在分析的时候还需要考虑可接受的风险限度。

3. 分解被分析的系统并建立偏差

在整个 HAZOP 团队集中开会之前，HAZOP 团队的主席和记录员应该做一些积极的准备工作来确保团队开会的时间得到充分的利用。这些准备工作包括定义系统的组成部分（流程的节点）、建立可信的偏差、建立 HAZOP 工作表。一个有结构的 HAZOP 分析的规程是遵照特殊的引导词的方法。识别偏差的方法为参数方法。参数方法是讨论节点设计意图，选择相关流程参数，然后将引导词与参数结合，形成有效的偏差。

4. 进行 HAZOP 分析工作

系统的 HAZOP 分析工作的流程为：

❶ 介绍分析团队成员。

❷ 描述 HAZOP 分析过程。

❸ 确认节点 1。

❹ 分析团队确立节点 1 的设计意图。

❺ 对节点 1 应用第一个偏差，并且询问分析团队“这个偏差的后果会是什么”，允许团队成员花一点时间来考虑发生偏离后产生的后果偏差。有时候可能需要允许提示来推动讨论。如果这个偏差不会导致事故，对第二个偏差重复这一个步骤。如果讨论的偏差不会导致事故，就没有必要考虑原因或安全装置。

❻ 当分析团队讨论完这个偏差所可能导致的所有需要分析的事故后，将讨论转为考虑那些造成偏差的原因。

❼ 辨识用来防止和延缓系统的偏差的工程装置和管理控制。分析团队的讨论应该考虑到这些装置和控制可以是防止性的（即它们帮助防止偏差的发生）或延缓性的（即它们帮助减轻那些偏差所导致的事故的严重性）。

❽ 如果分析团队认为一些系统的偏差的安全装置不够充分，分析团队就必须提出推荐建议。防止和延缓系统的偏差包括安全装置的数量、类型和有效性。

❾ 总结对这个偏差所收集的信息。

❿ 对这个节点所有的偏差重复步骤 ❺ 到 ❾。

⓫ 对所有的节点重复步骤 ❸ 到 ❿。

以上的工作内容，全部要记到工作表中。记录员负责文档的建立。咨询公司一般采用专门的 HAZOP 记录软件，如 Hazard Review-Leader、PHA-Works、PHA-Pro 等。其中 Hazard Review-Leader 是 ABS（美国船级社）专门进行危险辨识设计的软件，它会议记录方便，可确保措辞一致。

5. 运用 HAZOP 分析的结果进行决策

首先，要根据 HAZOP 分析的结果来确定被分析系统的风险的可接受性，即系统有没有符合预先设立的风险的可接受性标准，一般可采用风险矩阵的方法，并根据已分析的结果来确定对这个系统的风险的最大贡献的组成部分（子系统或步骤）。这些子系统或步骤是考虑改进机会的最主要的对象。其次，对这些子系统或步骤提出具体的和切实可行的改进建议，例如设备改进、操作程序改进、行政措施改进等，譬如，预防性的维修计划、人员培训等。同时也要估算贯彻昂贵或较有争议的改进建议对未来运行的影响，对贯彻这些建议做费用效益比较；在比较时，不要忘记考虑贯彻这些建议在整个生命周期内的效益和费用。另外，HAZOP 分析如果在跟踪措施责任上缺乏沟通，那么其效果会大大降低。HAZOP 分析会产生大量的工作表，其中掩藏了许多重要的条款，所以总结报告是很重要的。总结报告应能够告诉读者分析的目标、范围，描述完成了什么，最重大的发现是什么。HAZOP 跟踪要分配到人和部门。最有效的沟通是来自最高管理层，分析团队要给最高管理层准备一份有效的报告，这份报告要鲜明地体现出管理层所承诺和决策的行动。

四、HAZOP 分析相关的术语

在开始详细学习 HAZOP 分析方法之前，首先要熟悉一些相关的术语。

1. 节点（Nodes）

在开展 HAZOP 分析时，通常将复杂的工艺系统分解成若干“子系统”，每个子系统称作一个“节点”。这样做可以将复杂的系统简化，有助于分析团队集中精力参与讨论。

2. 偏离（Deviation）

此处的“偏离”指偏离所期望的设计意图。例如储罐在常温常压下储存 300t 某液态物料，其设计意图是在上述工艺条件下，确保该物料处于所希望的储存状态。如果发生了泄漏，或温度降低到低于常温的某个温度值，就偏离了原本的意图。在 HAZOP 分析时，将这种情形称为偏离。

通常，各种工艺参数，例如流量、液位、温度、压力和组成等，都有各自安全许可的操作范围，如果超出该范围，无论超出的程度如何，都视为“偏离”设计意图。

3. 可操作性（Operability）

HAZOP 分析包括两个方面，一是危险分析，二是可操作性分析。前者是为了安全；后者则关心工艺系统是否能够实现正常操作，是否便于开展维护或维修，甚至是否会导致产品质量问题或影响收率。

在 HAZOP 分析时，在分析的工作范围中是否要包括对生产问题的分析，不同公司的要求各异。有许多公司把重点放在与安全相关的危险分析上，不考虑操作性的问题，有些公司会关注较重大操作性问题，很少有公司在 HAZOP 分析过程中考虑质量和收率的问题。

4. 引导词（Guidewords）

引导词是一个简单的词或词组，用来限定或量化意图，并且联合参数以便得到偏离，如“没有”“较多”“较少”等。分析团队借助引导词与特定“参数”的相互搭配，来识别异常的工况，即所谓“偏离”的情形，见附录一。

例如，“没有”是一个引导词，“流量”是一种参数，两者搭配形成一种异常的偏离“没有流量”，当分析的对象是一条管道时，据此引导词，就可以得出该管道流量的一种异常偏离是“没有流量”。引导词的应用使得 HAZOP 分析的过程更具结构性和系统性。

5. 事故剧情（Incident Scenario）

在 HAZOP 分析过程中，借助引导词，设想工艺系统可能出现的各种偏离设计意图的情形及其后续的影响，这种推测的、偏离设计意图的事故情形，在本书中称为“事故剧情”。

事故剧情至少应包括某个初始事件和由此导致的后果；有时初始事件本身并不会马上导致后果，还需要具备一定的条件，甚至要考虑时间的因素。在 HAZOP 分析时，通过对偏离、导致偏离的原因、现有安全措施及后果等的讨论，形成对事故剧情的完整描述。

6. 原因（Cause）

原因是指导致偏离（影响）的事件或条件。HAZOP 分析不是对事故进行根源分析，在分析过程中，一般不深究根原因。较常见做法是找出导致工艺系统出现偏离的初始原因，诸如设备或管道的机械故障、仪表故障、人员操作失误、极端的环境条件和外力影响等等。

7. 后果（Consequence）

后果是指由工艺系统偏离设计意图时所导致的结果。就某个事故剧情而言，后果是指偏离发生后，在现有安全措施都失效的情况下，可能持续发展形成的最坏的结果，诸如化学品泄漏或爆炸，人员伤害、环境破坏和生产中断等。

8. 现有安全措施（Existing Safeguards）

现有安全措施是指当前设计、已经安装的设施或管理实践中已经存在的安全措施。它是防止事故发生或减缓事故后果的工程措施或管理措施，如关键参数的控制或报警联锁、安全泄压装置、具体的操作要求或预防性维修等。

在新建项目的 HAZOP 分析中，现有安全措施是指已经表达在图纸或文件中的设计要求或操作要求，它们并没有物理性地存在于现场，因此有待工艺系统投产前进一步确认。对于在役的工艺系统，现有安全措施是指已经安装在现场的设备、仪表等硬件设施，或者体现在文件中的生产操作要求（如操作规程的相关规定）。

9. 建议措施（Recommendation）

建议措施是指所提议的消除或控制危险的措施。在 HAZOP 分析过程中，如果现有安全措施不足以将事故剧情的风险降低到可以接受的水平，HAZOP 分析团队应提出必要的建议，以降低风险，例如增加一些安全措施或改变现有设计。

10. HAZOP 分析团队（HAZOP Team）

HAZOP 分析不是一个人的工作，需要由一个包含主席、记录员和各相关专业的成员所构成的团队通过会议方式集体完成，这个集体称为“分析团队”。

【任务实施】

通过任务学习，完成 HAZOP 分析方法认知（工作任务单 1-1）。

要求：1. 按授课教师规定的人数，分成若干个小组（每组 5 ～ 7 人）。

2. 完成后，以小组为单位向全体分享。

3. 时间在 30min 内，成绩在 90 分以上。

工作任务　HAZOP 分析方法认知　　编号：1-1		
考查内容：HAZOP 分析方法认知		
姓名：	学号：	成绩：

	选项
1. HAZOP 分析相关术语 在 HAZOP 分析中，常用的术语包含（　　）。	① 子系统 ② 偏离 ③ 引导词 ④ 节点 ⑤ 根原因 ⑥ 原因 ⑦ 后果 ⑧ 现有安全措施 ⑨ 建议措施 ⑩ 设计意图

2. 简述 HAZOP 分析的基本步骤。

【任务反馈】

简要说明本次任务的收获、感悟或疑问等。

1 我的收获

2 我的感悟

3 我的疑问

【项目综合评价】

姓名		学号		班级	
组别		组长及成员			
项目成绩：			总成绩：		
任务	HAZOP 分析方法认知				
成绩					
自我评价					
维度	自我评价内容			评分	
知识	1. 了解 HAZOP 分析方法的定义内容（5 分）				
	2. 了解 HAZOP 分析的发展历史（5 分）				
	3. 了解 HAZOP 分析方法的功能（10 分）				
	4. 了解 HAZOP 分析方法的基本步骤与分析过程（10 分）				
	5. 了解 HAZOP 分析方法的特点（10 分）				
	6. 知晓 HAZOP 分析中的相关术语与应用领域（10 分）				
能力	1. 能掌握 HAZOP 分析方法的定义（10 分）				
	2. 能掌握 HAZOP 分析的过程（10 分）				
	3. 能掌握 HAZOP 分析的基本步骤流程（10 分）				
素质	1. 通过学习，了解 HAZOP 分析方法在化工安全领域中的作用（10 分）				
	2. 通过学习 HAZOP 分析的基础知识，对 HAZOP 分析有一个具体的概念，提高化工安全意识（10 分）				
总分					
我的反思	我的收获				
	我遇到的问题				
	我最感兴趣的部分				
	其他				

【行业形势】

HAZOP 分析与化工行业安全发展

近些年来，根据行业数据显示，我国在危化品生产、运输处置等环节共发生的重特大事故处于历史高位，化工和涉及危险化学品的重特大事故占比越来越大。

目前，我国危化品安全生产有发展快速体量大、风险管控难度大、存在短板压力大的问题。一是分布范围广；二是企业数量多；三是安全基础差；四是涉及环节多；五是责任不落实，企业主体责任不落实，“三个必须”不到位。此外，还出现了一些新问题，如：规划不科学导致“城围化工”；新建生产装置趋于大型化、集约化和一体化，安全风险增大；特大桥梁、特长隧道涌现，危化品运输安全风险加大；日益趋严的环保法规对安全生产带来更多的新要求等。

综合来看，当前我国仍处于工业化、城镇化过程中，化工行业仍处在快速发展期，安全与发展不平衡不充分的矛盾问题十分突出，**危化品安全生产工作和相应的 HAZOP 分析待全面加强**。为此，国家出台了如《危险化学品安全专项整治三年行动实施方案》等一系列文件。危险化学品的风险防控是该方案的重中之重，主要涉及 3 个方面：第一，危化品的安全专项治理，主要是突出高危工艺企业的本质安全水平的问题，如何提升这些高危工艺的本质安全水平，**HAZOP 分析将在其中发挥重要作用**；第二，关于工业园区的安全整治，工业园区现在最大的问题是简单地把化工企业搬到一起，没有科学的、整体的规划和风险评估，从而产生了多米诺骨牌现象；第三，对于危险废物的安全整治，要把危险化学品的全过程监管实施起来，从生产、经营、储存、运输到废弃物的处置全链条加强监管等，**HAZOP 分析尤为必要**。

随着工业互联网技术普及应用，化工行业的安全问题除了传统意义上的工艺安全、本质安全和安全管理等，工控系统威胁正在加剧，网络安全问题日益凸显，成为行业必须要重点防范的新危险源。不同于以往的安全风险，新的网络安全威胁更具隐蔽性，且后果也更严重。石化企业涉及大量的高温高压生产工艺，原料和产品也多具有毒有害和危险性，工控系统一旦被攻击入侵，极易造成生产骤停，引发爆炸、泄漏、污染等一系列重大安全事故和环境风险，带来巨大经济损失或人员伤亡，应当引起高度重视。针对这一严峻的网络安全形势，近两年，我国政府出台了一系列相应的政策，明确了工业控制系统安全未来的发展方向及重点工作。**我们应该积极关注行业发展，树立安全发展理念，坚持生命至上**。

扫描二维码
查看更多资讯

方法篇

项目二

确定 HAZOP 分析的目标

【学习目标】

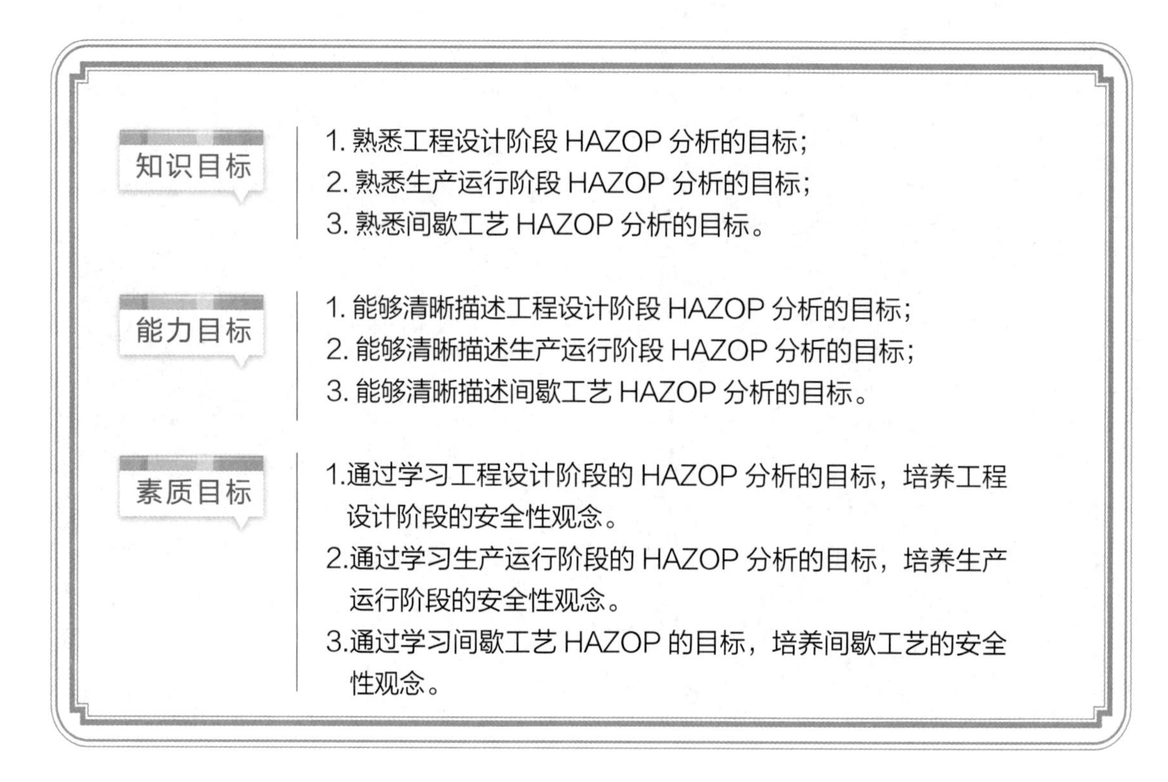

知识目标

1. 熟悉工程设计阶段 HAZOP 分析的目标；
2. 熟悉生产运行阶段 HAZOP 分析的目标；
3. 熟悉间歇工艺 HAZOP 分析的目标。

能力目标

1. 能够清晰描述工程设计阶段 HAZOP 分析的目标；
2. 能够清晰描述生产运行阶段 HAZOP 分析的目标；
3. 能够清晰描述间歇工艺 HAZOP 分析的目标。

素质目标

1.通过学习工程设计阶段的 HAZOP 分析的目标，培养工程设计阶段的安全性观念。
2.通过学习生产运行阶段的 HAZOP 分析的目标，培养生产运行阶段的安全性观念。
3.通过学习间歇工艺 HAZOP 的目标，培养间歇工艺的安全性观念。

【项目导言】

近十多年来，我国完成了中海壳牌、赛科、扬巴一体化、福建炼化一体化等多个世界级的大型合资项目，且每个项目的设计阶段都进行了 HAZOP 分析。工程设计阶段的 HAZOP 分析一般在基础设计的后期和详细设计阶段进行。基础设计阶段的 HAZOP 分析主要针对工艺流程；详细设计阶段的 HAZOP 分析主要针对设备和重大的设计变更。在工程设计阶段开展 HAZOP 分析对未来二三十年内工艺装置的安全性和可操作性有着至关重要的影响。

生产运行阶段的装置称为在役装置。在役装置，特别是历史较长的在役装置，由于在其建设时期的过程安全技术相对落后，安全要求及标准较低，企业的安全生产管理体系尚未有效建立和实施，对风险的识别和控制能力相对有限，加之存在制造加工技术和设备材质等缺陷，故在工艺系统中留下了安全隐患。在役装置大多数在设计阶段没有做过HAZOP分析。由于技术和安全标准在进步，无论以前是否做过HAZOP分析，对在役装置每隔几年做一次HAZOP分析都是非常有必要的。本项目主要介绍不同阶段的HAZOP分析目标与分析全过程管理流程，能够帮助学生在既定的时间内快速地对工艺装置进行安全分析，识别出风险，检查出安全措施的安全性，从而为完成一次高质量的HAZOP分析会议提供好的开端。

【项目实施】

任务安排列表

任务名称	总体要求	工作任务单	建议课时
任务一 工程设计阶段HAZOP分析目标的确定	通过该任务的学习，掌握工程设计阶段HAZOP分析目标	2-1	1
任务二 生产运行阶段HAZOP分析目标的确定	通过该任务的学习，掌握生产运行阶段HAZOP分析目标	2-2	1
任务三 间歇工艺HAZOP分析目标的确定	通过该任务的学习，掌握间歇工艺HAZOP分析目标	2-3	1

任务一 工程设计阶段HAZOP分析目标的确定

任务目标	1. 了解工程设计阶段包含的内容 2. 了解工程设计阶段存在的安全隐患 3. 了解工程设计阶段HAZOP分析目标包含的内容
任务描述	通过对本任务的学习，知晓工程设计阶段HAZOP分析目标确定的重要性

【相关知识】

一、工程设计阶段包含的内容

一套工艺装置从立项到投产大概经历工艺包设计、基础工程设计、详细工程设计、施工和开车（试车）几个阶段，设计阶段的工艺危险分析如图2-1所示。

工程设计阶段包含基础工程设计阶段和详细工程设计阶段。

基础工程设计阶段是在工艺包的基础上进行工程化的一个设计阶段。其主要目的是为提高工程质量、控制工程投资、确保建设进度提供条件。在基础设计阶段结束时，所有的技术原则和技术方案均应确定。对于国内一般的设计院或工程公司，在基础工程设计阶段，参加设计的主要专业是工艺专业、自控和设备专业。

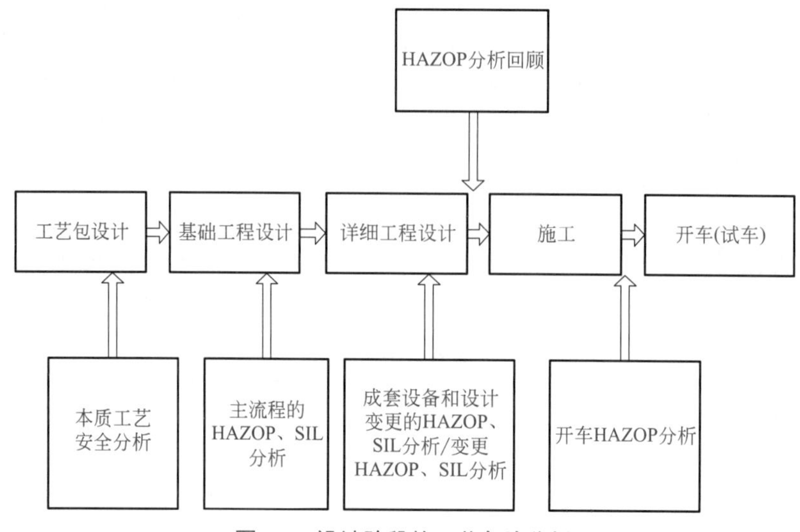

图 2-1　设计阶段的工艺危险分析

详细工程设计是在基础工程设计的基础上进行的，其内容和深度应满足通用材料采购、设备制造、工程施工及装置运行的要求。

二、工程设计阶段的安全隐患

设计满足规范要求，并不代表设计是最优化的，规范通常只是最低标准。化工设计所采用的安全手段尚不能满足实际安全生产的要求，也不能满足业主对安全的需求，通常有以下原因。

❶ 标准和规范的滞后性；

❷ 设计人员的经验不足。

设计通常考虑实现各种工况下的设计意图，但有可能忽视某些可能出现的非正常操作所导致的极端后果或影响。

根据统计，设计中的安全问题：

❶ 80% ～ 95% 的设计问题可以通过安全分析发现和解决；

❷ 5% ～ 20% 的设计中的安全隐患没有被发现，只不过大部分隐患尚未造成事故；

❸ MARS（欧洲重大事故报告系统，2004）——事后的补救措施中，39% 的设计问题被改进；

❹ 不同装置之间或系统与系统之间的界区条件未落实、信息缺乏沟通，导致设计可能有缺陷或错误；

❺ 设计未考虑到业主方的操作习惯，设计存在不可操作问题。

操作中的安全问题：

❶ HAZOP 不仅关心设计问题，更关心操作问题；

❷ 对可操作性后果的研究包括导致工艺危险、环境破坏、设备损坏或造成经济损失的潜在问题。

三、工程设计阶段 HAZOP 分析目标

工程设计阶段开展 HAZOP 分析的目的主要有以下方面：

❶ 检查已有安全措施的充分性，保证工艺的本质安全；

❷ 控制变更发生的阶段，避免发生较大的变更费用。

一般来说，产品的安全性能和设施主要是在设计阶段决定的。就像人们在购买汽车时会特别注意安全方面的配置，而这些配置都是在汽车的设计阶段决定的。石油化工的设计阶段是石油化工厂的孕育阶段，这一阶段直接决定了工艺装置在未来生命周期内的安全性和可操作性。

1. 检查已有安全措施的充分性，保证工艺的本质安全

现代的石油化工厂的安全防护策略基本上是按"洋葱模型"进行的。如图 2-2 所示，由于安全保护层是由里到外的包裹层状结构，故此得名"洋葱模型"。保护层由里到外的排列顺序是限制和控制措施、预防性保护措施和减缓性保护措施。

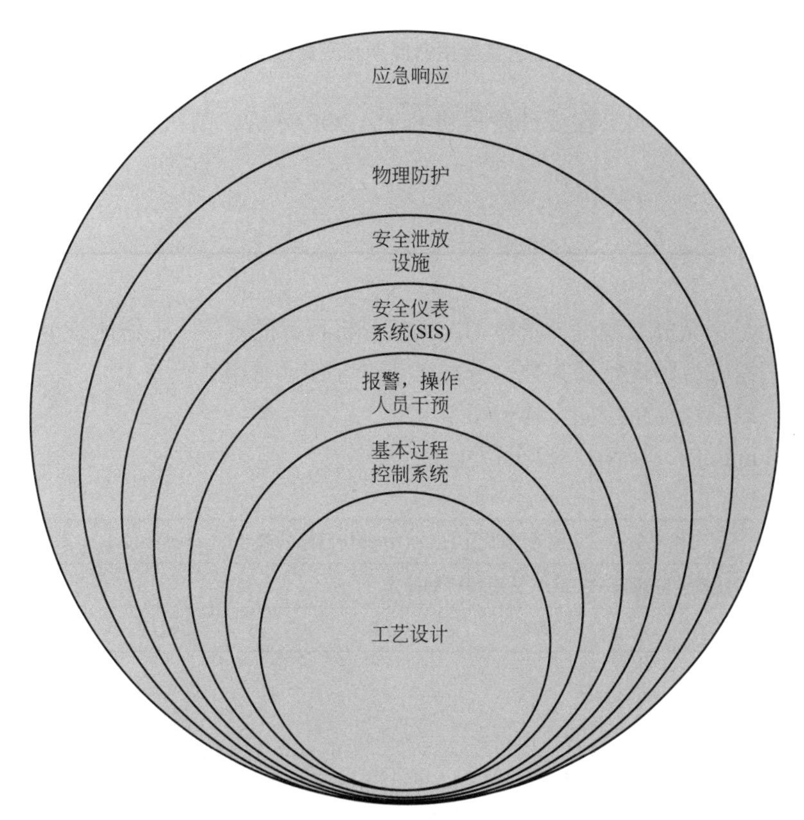

图 2-2　安全防护策略的"洋葱模型"

目前先进的、具有国际水平的工艺装置基本上都采用了洋葱模型的防护策略。HAZOP 分析最主要的分析对象是工艺设计的管道仪表流程图，即 P&ID。P&ID 几乎包含了洋葱模型的所有安全措施，显示了所有的设备、管道、工艺控制系统、安全联锁系统、物料互供关系、设备尺寸、设计温度、设计压力、管线尺寸、材料类型和等级、安全泄放系统、公用工程管线等关于工艺装置的关键信息。

因此，通过分析 P&ID 几乎可以分析所有安全措施的充分性，并检查强制性标准规范在

设计中的落实情况。

2. 控制变更发生的阶段，避免发生较大的变更费用

在 HAZOP 分析过程中往往会提出大量的建议安全措施，这些措施的落实需要产生变更费用。工艺装置生命周期和变更导致的费用关系如图 2-3 所示。

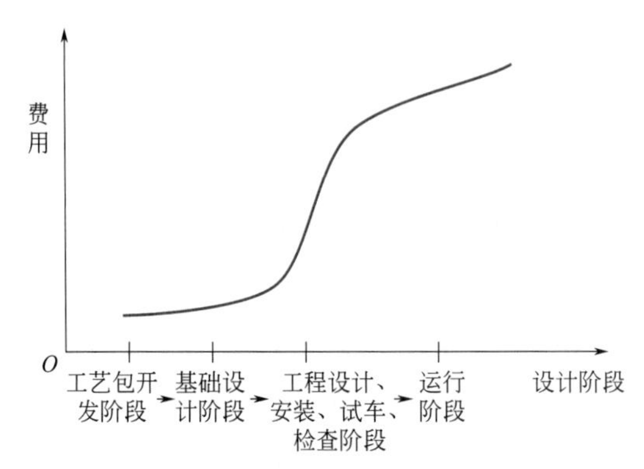

图 2-3 工艺装置生命周期和变更导致的费用

从图 2-3 可以看出，如果在设计阶段进行 HAZOP 分析，则执行 HAZOP 分析建议所产生的变更费用是最少的。

【任务实施】

通过任务学习，完成工程设计阶段 HAZOP 分析目标的确定（工作任务单 2-1）。

要求：1. 按授课教师规定的人数，分成若干个小组（每组 5 ～ 7 人）。

2. 完成后，以小组为单位向全体分享。

3. 时间在 30min 内，成绩在 90 分以上。

<table>
<tr><th colspan="3">工作任务一　工程设计阶段 HAZOP 分析目标的确定　　编号：2-1</th></tr>
<tr><td colspan="3">考查内容：工程设计阶段安全隐患与 HAZOP 分析目标的确定</td></tr>
<tr><td>姓名：</td><td>学号：</td><td>成绩：</td></tr>
<tr><td colspan="2">1. 工程设计阶段安全隐患
（1）化工设计所采用的安全手段尚不能满足（　　）的要求，并不满足业主对（　　）的需求，其中导致隐患存在的原因包括（　　）的滞后性、设计人员的（　　）等。
（2）设计通常考虑实现各种工况下的（　　），但有可能忽视某些可能出现的（　　）所导致的极端后果或影响。
（3）HAZOP 分析不仅关心（　　），更关心（　　）。
（4）对可操作性后果的研究包括导致（　　）、（　　）、（　　）或造成（　　）的潜在问题。</td><td>选项
① 操作问题
② 设备损坏
③ 安全
④ 设计问题
⑤ 经济损失
⑥ 标准和规范
⑦ 经验不足
⑧ 实际安全生产
⑨ 工艺危险
⑩ 设计意图
⑪ 环境破坏
⑫ 非正常操作</td></tr>
</table>

续表

2. 工程设计阶段 HAZOP 分析目标的确定

（1）填写出工程设计阶段 HAZOP 分析的目标

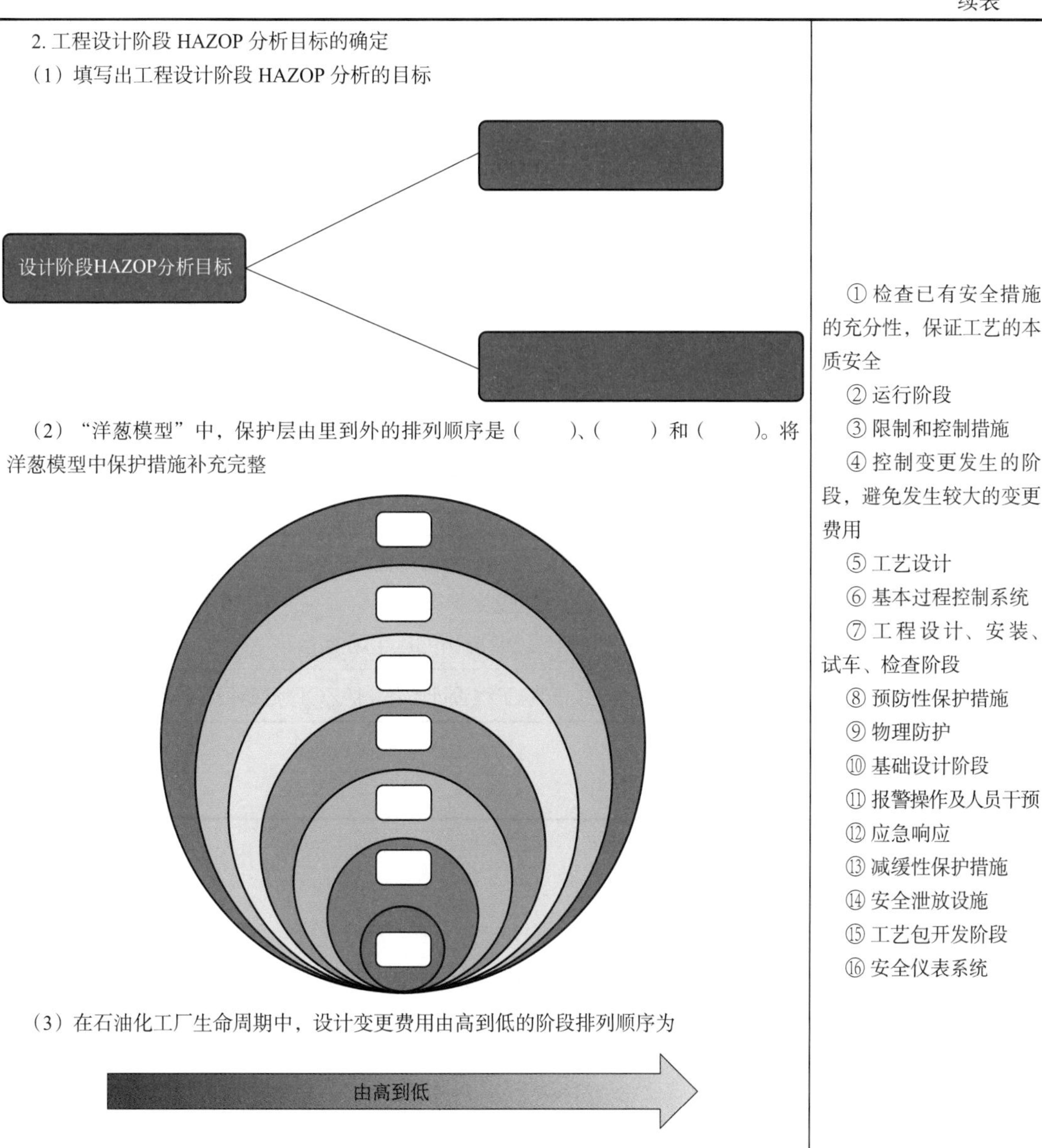

（2）“洋葱模型”中，保护层由里到外的排列顺序是（　　）、（　　）和（　　）。将洋葱模型中保护措施补充完整

（3）在石油化工厂生命周期中，设计变更费用由高到低的阶段排列顺序为

①检查已有安全措施的充分性，保证工艺的本质安全

②运行阶段

③限制和控制措施

④控制变更发生的阶段，避免发生较大的变更费用

⑤工艺设计

⑥基本过程控制系统

⑦工程设计、安装、试车、检查阶段

⑧预防性保护措施

⑨物理防护

⑩基础设计阶段

⑪报警操作及人员干预

⑫应急响应

⑬减缓性保护措施

⑭安全泄放设施

⑮工艺包开发阶段

⑯安全仪表系统

【任务反馈】

简要说明本次任务的收获、感悟或疑问等。

1 我的收获

2 我的感悟

3 我的疑问

任务二 生产运行阶段 HAZOP 分析目标的确定

任务目标	1. 了解生产运行阶段 HAZOP 分析目标包含的内容 2. 了解生产运行阶段存在的安全隐患 3. 了解生产运行阶段 HAZOP 分析的应用场合
任务描述	通过对本任务的学习，知晓工程设计阶段 HAZOP 分析目标确定的重要性

【相关知识】

一、生产运行阶段存在的安全隐患

在化工生产中，化工装置有很多的安全隐患，从类型上主要分为以下几类。

1. 设备设施类

（1）反应釜、反应器

❶ 减速机噪声异常。

❷ 减速机或机架上油污多。

❸ 减速机塑料风叶热熔变形。

❹ 机封、减速机缺油。

❺ 垫圈泄漏。

❻ 防静电接地线损坏、未安装。

❼ 安全阀未年检、泄漏、未建立台账。

❽ 温度计未年检、损坏。

❾ 压力表超期未年检、损坏或物料堵塞。

❿ 重点反应釜未采用双套温度、压力显示、记录报警。

⓫ 爆破片到期未更换、泄漏、未建立台账。

⓬ 爆破片下装阀门未开。

⑬ 爆炸危险反应釜未装爆破片。

⑭ 温度偏高、搅拌中断等存在异常升压或冲料。

⑮ 放料时底阀易堵塞。

⑯ 不锈钢或碳钢釜存在酸性腐蚀。

⑰ 装料量超过规定限度等超负荷运转。

⑱ 搪瓷釜内搪瓷破损仍用于腐蚀、易燃易爆场所。

⑲ 压力容器超过使用年限、制造质量差，多次修理后仍泄漏。

⑳ 缺位号标识或不清。

㉑ 对有爆炸敏感性的反应釜未能有效隔离。

㉒ 重要设备未制订安全检查表。

㉓ 重要设备缺备件或备机。

（2）冷凝器、再沸器

❶ 腐蚀、垫圈老化等引起泄漏。

❷ 冷凝后物料温度过高。

❸ 换热介质层被淤泥、微生物堵塞。

❹ 高温表面没有防护。

❺ 冷却高温液体（如 150℃）时，冷却水进出阀未开，或冷却水量不够。

❻ 蒸发器等在初次使用时，急速升温。

❼ 换热器未考虑防振措施，使与其连接管道因振动造成松动泄漏。

（3）管道及管件

❶ 管道安装完毕，内部的焊渣、其他异物未清理。

❷ 视镜玻璃不清洁或损坏。

❸ 选用视筒材质耐压、耐温性能不妥，视筒安装不当。

❹ 视筒破裂或长时间带压使用。

❺ 防静电接地线损坏。

❻ 管道、法兰或螺栓严重腐蚀、破裂。

❼ 高温管道未保温。

❽ 泄爆管制作成弯管。

❾ 管道物料及流向标识不清。

❿ 管道色标不清。

⓫ 调试时不同物料串接阀门未盲死。

⓬ 废弃管道未及时清理。

⓭ 管阀安装位置低，易撞头或操作困难。

⓮ 腐蚀性物料管线、法兰等易泄漏处未采取防护措施。

⓯ 高温管道边放置易燃易爆物料的铁桶或塑料桶。

⓰ 管道或管件材料选材不合理，易腐蚀。

⓱ 玻璃管液位计没有防护措施。

⓲ 在可能爆炸的视镜玻璃处，未安装防护金属网。

⓳ 止回阀不能灵活动作或失效。

⓴ 电动阀停电、气动阀停气。

㉑ 使用氢气等压力管道没有定期维护保养或带病运行。
㉒ 使用压力管道时，操作人员未经培训或无证上岗。
㉓ 维护人员没有资质修理、改造压力管道。
㉔ 压力管道焊接质量低劣，有咬边、气孔、夹渣、未焊透等焊接缺陷。
㉕ 压力管道未按照规定设安全附件或安全附件超期未校验。
㉖ 压力管道未建立档案、操作规程。
㉗ 搪玻璃管道受钢管等撞击。
㉘ 生产工艺介质改变后仍使用现有管线阀门，未考虑材料适应性。
㉙ 氮气管与空气管串接。
㉚ 盐水管与冷却水管串接。

（4）输送泵、真空泵

❶ 泵泄漏。
❷ 异常噪声。
❸ 联轴器没有防护罩。
❹ 泵出口未装压力表或止回阀。
❺ 长期停用时，未放净泵和管道中液体，造成腐蚀或冻结。
❻ 容积泵在运行时，将出口阀关闭或未装安全回流阀。
❼ 泵进口管径小或管路长或拐弯多。
❽ 离心泵安装高度高于吸入高度。
❾ 未使用防静电皮带。

（5）离心机

❶ 甩滤溶剂，未充氮气或氮气管道堵塞或现场无流量计可显示。
❷ 精烘包内需用离心机甩滤溶剂时，未装测氧仪及报警装置。
❸ 快速刹车或用辅助工具（如铁棒等）刹车。
❹ 离心机未有效接地。
❺ 防爆区内未使用防静电皮带。
❻ 离心机运行时，振动异常。
❼ 双锥（双锥回转真空干燥机）。
❽ 无防护栏及安全联锁装置。
❾ 人员爬入双锥内更换真空袋。
❿ 传动带无防护

2. 电气仪表类

❶ 防爆区内设置非防爆电器或控制柜非防爆。

❷ 配电室内有蒸汽、物料管、粉尘、腐蚀性物质，致使电柜内的电气设备老化，导致短路事故。

❸ 变压器室外有酸雾腐蚀或溶剂渗入或粉尘多。

❹ 配电柜过于陈旧，易产生短路。

❺ 电缆靠近高温管道。

❻ 架空电缆周边物料管道、污水管道等泄漏，使腐蚀性物料流入电缆桥架内。

❼ 电缆桥架严重腐蚀。

❽ 电缆线保护套管老化断裂。

❾ 敷设电气线路的电缆或钢管在穿过不同场所之间的墙或楼板处孔洞时，未采用非燃烧性材料严格堵塞。

❿ 开关按钮对应设备位号标识不清。

⓫ 露天电动机无防护罩。

⓬ 设备与电气不配套（小牛拖大车、老牛拖大车）使得电气设备发热损坏、起火。

3. 人员、现场操作

❶ 没有岗位操作记录或操作记录不完整。

❷ 吸料、灌装、搬运腐蚀性物品未戴防护用品。

❸ 存在操作人员脱岗、离岗、睡岗等现象。

❹ 粉体等投料岗位未戴防尘口罩。

❺ 分层釜、槽分水阀开太大，造成水中夹油排入污水池或排水时间过长忘记关阀而跑料。

❻ 高温釜、塔内放入空气。

❼ 提取催化剂（如活性炭等）现场散落较多。

❽ 用铁棒捅管道、釜内堵塞的物料或使用不防爆器械产生火花。

❾ 使用汽油、甲苯等易燃易爆溶剂处，釜、槽未采用氮气置换。

❿ 烟尘弥漫、通风不良或缺氧。

⓫ 带压开启反应釜盖。

⓬ 员工有职业禁忌或过敏症或接触毒物时间过长。

4. 生产工艺

❶ 存在突发反应，缺乏应对措施及培训。

❷ 随意改变投料量或投料配比。

❸ 工艺变更未经过严格审订、批准。

❹ 工艺过程在可燃气体爆炸极限内操作。

❺ 使用高毒物料时，采用敞口操作。

❻ 未编写工艺操作规程进行试生产。

❼ 未编写所用物料的物性资料及安全使用注意事项。

❽ 所用材料分解时，产生的热量未经详细核算。

❾ 存在粉尘爆炸的潜在危险性。

❿ 某种原辅料不能及时投入时，釜内物料暂存时存在危险。

⓫ 原料或中间体在贮存中会发生自燃或聚合或分解危险。

⓬ 工艺中各种参数（温度、压力等）接近危险界限。

⓭ 发生异常状况时，没有将反应物迅速排放的措施。

⓮ 没有防止急剧反应和制止急剧反应的措施。

二、生产运行阶段 HAZOP 分析应用场景

生产运行阶段 HAZOP 分析在以下几种情况下进行：

1. 生产运行阶段的改造项目

改造项目 P&ID 确定之后的基础设计或详细设计阶段需要 HAZOP 分析。时间安排应该尽量充裕一些，以期 HAZOP 分析能够系统深入，设计能日臻完善。此时进行 HAZOP 分析能及时改正错误，降低成本，减少损失。对于大型技术改造项目实施 HAZOP 分析可参照工程设计阶段 HAZOP 分析的程序和做法。

2. 工艺或设施的变更

当工艺条件、操作流程或机器设备有变更时，需要进行 HAZOP 分析以识别新的工艺条件、流程、物料、设备是否带来新的危险，并确认变更的可行性。HAZOP 分析可以考虑成为企业变更管理的一项规定。

变更管理的一项重要任务是对变更实施危险审查，提出审查意见。这正是 HAZOP 分析的强项。通过 HAZOP 分析还可以帮助变更管理完成多项任务，例如：更新 P&ID 和工艺流程图；更新相关安全措施；提出哪些物料和能量平衡需要更新；提出哪些释放系统数据需要更新；更新操作规程；更新检查规程；更新培训内容和教材等。

3. 定期开展 HAZOP 分析

欧美国家规定，对生产运行阶段的装置应当定期开展 HAZOP 分析，对高度危险装置，建议每隔 5 年开展一次 HAZOP 分析。

我国某大型石化企业规定：在役装置原则上每 5 年进行一次 HAZOP 分析；装置发生与工艺有关的较大事故后，应及时开展 HAZOP 分析；装置发生较大工艺设备变更之前，应根据实际情况开展 HAZOP 分析。

表 2-1 是某公司对在役装置进行 HAZOP 分析周期的规定。

表 2-1 某公司生产运行阶段 HAZOP 分析周期

HAZOP 分析周期	高度危险装置	中度危险装置	低度危险装置
第二次 HAZOP 分析	开车或初次分析后的 5 年	开车或初次分析后的 6 年	开车或初次分析后的 7 年
第三次 HAZOP 分析	先前分析后的 6 年	先前分析后的 8 年	先前分析后的 10 年
随后的 HAZOP 分析	先前分析后的 7 年	先前分析后的 10 年	先前分析后的 12 年

三、生产运行阶段 HAZOP 分析目标

在生产运行阶段实施 HAZOP 分析，可以全面深入地识别和分析在役装置系统潜在的危险，明确潜在危险的重点部位，确定在役装置日常维护的重点目标和对象，进而完善针对重大事故隐患的预防性安全措施。这样，通过生产运行阶段的 HAZOP 分析可以将企业安全监管的重点目标更加具体化，更加符合企业在役装置的实际，有助于提高安全监管效率。生产运行阶段的 HAZOP 分析是企业建立隐患排查治理常态化机制的有效方式。

生产运行阶段 HAZOP 分析的目标主要有以下几个方面：

❶ 系统地识别和评估在役装置潜在的危险，排查事故隐患，为隐患治理提供依据；

❷ 评估装置现有控制风险的安全措施是否足够，需要时提出新的控制风险的建议措施；

❸ 识别和分析可操作性问题，包括影响产品质量的问题；

❹ 完善在役装置系统过程安全信息，为修改完善操作规程提供依据，为操作人员的培训提供更为结合实际的案例。

【任务实施】

通过任务学习，完成生产运行阶段 HAZOP 分析目标的确定（工作任务单 2-2）。

要求：1. 按授课教师规定的人数，分成若干个小组（每组 5 ～ 7 人）。

2. 完成后，以小组为单位向全体分享。

3. 时间在 30min 内，成绩在 90 分以上。

工作任务二　生产运行阶段 **HAZOP** 分析目标的确定　　编号：**2-2**			
考查内容：生产运行阶段存在的安全隐患；**HAZOP** 分析应用场景与目标的确定			
姓名：	学号：	成绩：	

1. 生产运行阶段存在的安全隐患

类型	存在的隐患	选项
设备设施	重点反应釜未采用（　　）、（　　）、记录报警等。 爆破片到期（　　）、泄漏、（　　）等。 管道及管件选用视筒材质（　　）、（　　）性能不妥，视筒安装不当；生产（　　）改变后仍使用现有管线阀门，未考虑材料（　　）。 机泵类设备长期停用时，未放净泵和管道中液体，造成（　　）或（　　）。 精烘包内需用离心机甩滤溶剂时，未装（　　）及（　　）。	① 双套温度 ② 耐压 ③ 压力显示 ④ 测氧仪 ⑤ 耐温 ⑥ 未更换 ⑦ 冻结 ⑧ 工艺介质 ⑨ 报警装置 ⑩ 未建立台账 ⑪ 适应性 ⑫ 腐蚀
电气仪表	配电室内有（　　）、（　　）、（　　）、（　　），致使电柜内的电气设备老化，导致短路事故。 防爆区内设置（　　）或（　　）非防爆；露天电动机无（　　）；配电柜过于（　　），易产生（　　）。	① 蒸汽 ② 非防爆电器 ③ 物料管 ④ 短路 ⑤ 粉尘 ⑥ 控制柜 ⑦ 陈旧 ⑧ 腐蚀性物质 ⑨ 防护罩
人员、现场操作	使用汽油、甲苯等易燃易爆溶剂处，釜、槽未采用（　　）。 在现场操作时，用（　　）捅管道、釜内堵塞的物料或使用（　　）产生火花。 在生产过程中，存在操作人员（　　）、（　　）、（　　）等现象。	① 睡岗 ② 脱岗 ③ 不防爆器械 ④ 铁棒 ⑤ 离岗 ⑥ 氮气置换
生产工艺	在装置现场，原料或中间体在贮存中会发生（　　）或（　　）或（　　）危险。 在生产过程中，没有（　　）和（　　）的措施，以至于事故的发生频率升高。 在装置进行试生产前，未编写（　　）进行试生产。	① 防止急剧反应 ② 自然 ③ 制止急剧反应 ④ 聚合 ⑤ 工艺操作规程 ⑥ 分解

续表

	选项
2. 生产运行阶段 HAZOP 分析周期 请填出下面的生产运行阶段 HAZOP 分析周期表格内所缺内容。	① 先前分析后的 8 年 ② 先前分析后的 7 年 ③ 先前分析后的 12 年 ④ 开车或初次分析后的 5 年

HAZOP分析周期	高度危险装置	中度危险装置	低度危险装置
第二次HAZOP分析		开车或初次分析后的6年	开车或初次分析后的7年
第三次HAZOP分析	先前分析后的6年		先前分析后的10年
随后的HAZOP分析		先前分析后的10年	

3. 根据生产运行阶段进行 HAZOP 分析目标内容，完成下列判断题

（1）HAZOP 分析所强调的是识别潜在风险，同时找出更经济有效的保护措施。(　　)

（2）生产运行阶段 HAZOP 分析的关注重点是潜在风险的识别，其他方面因素可不作为重点考虑的方向。(　　)

（3）如装置的过程安全信息等资料与现场实际的符合性差别很大，我们可通过 HAZOP 分析，对依据的资料进行补充完善。(　　)

（4）在评估装置时发现现有控制风险的安全措施不足够，需要提出新的控制风险的建议措施，且建议措施要具有合理性。(　　)

（5）生产运行阶段进行 HAZOP 分析，可明确潜在危险的重点部位。(　　)

【任务反馈】

简要说明本次任务的收获、感悟或疑问等。

1 我的收获

2 我的感悟

3 我的疑问

任务三 间歇工艺 HAZOP 分析目标的确定

任务目标	1. 了解间歇工艺定义及特点 2. 了解间歇工艺在 HAZOP 分析中的偏离设定 3. 了解间歇工艺 HAZOP 分析的应用场合
任务描述	通过对本任务的学习，知晓间歇工艺 HAZOP 分析目标确定的重要性

【相关知识】

一、间歇工艺定义

在连续过程中，原料连续不断地通过一组专门设备，每台设备处于稳态操作并且只执行一个特定的加工任务，产品以连续流动的方式输出。在间歇过程中，原料按规定的加工顺序和操作条件进行加工，产品以有限量方式输出。习惯上称非连续化工过程为间歇化工过程。

二、间歇化工过程的特点

❶ 动态性。间歇过程具有很强的非线性特点，操作参数随时间而不断改变。操作人员或程控系统需要不断地改变间歇过程的操作，以保证得到合格产品。这对过程控制工程师提出了严峻的挑战。

❷ 多样性。间歇过程的多样性表现为：产品批量可能小到几千克，也可能大到几千吨；一个间歇过程每年生产的产品数量可从一个到几百个；一些加工设备的操作可能很可靠，也可能不可靠；产品的生产对人力或其他资源的需求可能具有决定作用，也可能忽略不计；对操作人员而言，加工要求及操作条件可能相差很大，熟悉一类产品的生产过程，并不一定能操作另一类产品的生产。

❸ 不确定性。在间歇过程中，一些在特殊设备中进行的反应，由于反应机理比较复杂，操作人员对整个反应过程缺乏全面的了解，因此，间歇过程具有不确定性。某类设备的操作性能可能会随时间的增加而恶化，原料的质量及其他公用设施可能会在生产过程中发生不可预料的变化，这些不确定性增加了对间歇过程操作和控制的难度。

三、间歇过程中 HAZOP 分析的应用

与连续过程相比，间歇过程的物料状态和操作参数是动态的，对工艺控制的要求高，操作中开关量应用较多，有些参数的控制需要人工干预，更容易导致危险的发生。因此，采用 HAZOP 分析方法对间歇过程进行危险分析十分必要。

间歇生产是精细化工、生物制药和食品饮料生产行业中主要的生产方式，在连续生产中也存在间歇过程，比如干燥、催化剂再生等。间歇过程是指将有限量的物质，按

规定的加工顺序，在一个或多个加工设备中加工，以获得有限量的产品的加工过程。间歇过程的特点是生产过程比较简单，投资费用低；生产过程中变换操作工艺条件、开车、停车一般比较容易；生产灵活性比较大，产品的投产比较容易。对于具有化学反应的间歇过程，由于有较多的反应物同时存在于反应器中，因而在其他条件相同的情况下与连续化工过程相比，具有较大的危险性。在间歇过程中，安全问题必须在整个过程中全面考虑，主要包括原料供应、生产加工、中间产品输送及最终产品存储等过程。间歇过程的危险性一般可以分为两类，即化学反应的危险性和人员操作的危险性。危险与可操作性分析（即 HAZOP 分析）方法，既可用于危险性分析，也可以用于识别可操作性问题，因而非常适用于间歇过程，用 HAZOP 分析提高间歇过程的本质安全水平非常重要。

表 2-2 列举了间歇过程和连续过程的不同特点。由于间歇过程与连续过程具有不同的生产特点，因此在对间歇过程进行 HAZOP 分析时，不能完全按连续过程的 HAZOP 分析方式来进行，主要差别包括以下两方面：

❶ 连续过程所有的工艺设备都处于稳定的状态，通常不必考虑时间的因素（开、停车除外）；间歇过程具有很强的时间性，设备和仪表在不同时间点（执行不同的操作步骤时）所处的状态不同。

❷ 间歇过程中，在某一个步骤，只有部分设备和仪表处于工作状态，其他设备和仪表可能处于闲置的状态或处于另一个步骤的操作过程。即使是相同的设备，在不同步骤中，所处的状态也可能不同。

表 2-2　间歇过程和连续过程的不同特点

项目	间歇过程	连续过程
生产操作	按配方规定的顺序进行	连续且同时进行
设备的设计和使用	柔性设计，可进行不同产品的生产	按给定一种产品设计，生产给定产品
产品量	批量生产，产品量低	连续输送产品
工艺条件	动态，随时间变化	稳态
人工干预	正常情况	主要用于处理不正常工况

总之，间歇过程的特点使得间歇过程比连续过程具有更大的危险性，全面、系统地对间歇过程进行风险分析十分必要。

1. 间歇过程节点划分

为便于分析，需要将复杂的工艺系统分解成若干“子系统”，每个子系统称作一个“节点”。对于连续过程来说，节点为流程（P&ID 图）的一部分，多为工艺单元；对于间歇过程来说，HAZOP 节点则也可能为操作步骤（或称之为阶段）。间歇过程的节点划分是把整个过程划分成若干个阶段，每个阶段就是一个节点，在每个阶段内又有若干个步骤。例如一个间歇反应，分为进料、反应、冷却、外送、清洗 5 个阶段，其中进料阶段有 4 个步骤，那么，这个间歇反应就分成 5 个节点，“进料”这个节点则有 4 个步骤。

2. 间歇过程偏离的选取

由于间歇过程本身的离散特性，时间在系统安全方面起了关键作用，间歇过程中需要分析的偏离的选取与连续过程中不一样，除了需要使用“无、过多、过少、伴随”等引导词外，“早”“晚”这两个引导词则需要被运用在与时间紧密相关的操作步骤上，“先”“后”这两个引导词则需要被运用在与顺序相关的操作步骤上。表 2-3 是一个适用于间歇过程的偏离矩阵，表中除了在连续过程的 HAZOP 分析中能见到的具体参数（如温度、压力、液位、流量等）和概念性参数（如搅拌、泄漏、仪表、布置位置等）外，多了另一项特别的要素“步骤”，在分析时，“步骤”又具体化为“步骤 1”“步骤 2”……

表 2-3　间歇过程偏离矩阵示例

参数	引导词											
	无	过少	过多	伴随	部分	反向	异常	早	晚	先	后	导致
温度		•	•									
压力		•	•									
液位	•	•	•									
流量	•	•	•	•	•	•	•					
组成		•	•	•			•					
速度		•	•									
搅拌	•	•										
反应	•		•	•		•	•					
步骤	•				•			•	•	•	•	
泄漏												•
腐蚀												•
仪表												•
布置位置												•
启动停止												•
静电												•
噪声												•
振动												•

【任务实施】

通过任务学习，完成间歇工艺 HAZOP 分析目标的确定（工作任务单 2-3）。

要求：1. 按授课教师规定的人数，分成若干个小组（每组 5 ～ 7 人）。

2. 完成后，以小组为单位向全体分享。

3. 时间在 30min 内，成绩在 90 分以上。

工作任务三　间歇工艺 HAZOP 分析目标的确定		编号：2-3	
考查内容：间歇工艺的特点；HAZOP 分析偏离设定			
姓名：	学号：	成绩：	

1. 间歇工艺存在的安全隐患

类型	存在的隐患	选项
间歇工艺特点	间歇生产是（　　）、（　　）和（　　）生产行业中主要的生产方式，在连续生产中也存在（　　），比如干燥、催化剂再生等。间歇过程的特点是生产过程（　　），投资费用（　　）；生产过程中变换操作工艺条件、开车、停车一般比较容易；生产灵活性（　　），产品的投产（　　）。对于具有化学反应的间歇过程，由于有较多的反应物同时存在于反应器中，因而在其他条件相同的情况下与（　　）过程相比，具有较大的（　　）。	① 精细化工 ② 生物制药 ③ 间歇过程 ④ 食品饮料 ⑤ 比较简单 ⑥ 比较大 ⑦ 比较容易 ⑧ 连续工艺 ⑨ 危险性 ⑩ 低
间歇工艺 HAZOP 偏离设定	间歇工艺分析与连续工艺（　　），但间歇工艺在分析中需要分析（　　），在间歇工艺中需将操作步骤根据实际情况分解成若干步骤，若间歇工艺操作步骤较为（　　），可将操作步骤单独划分为一个（　　）进行分析，有关操作步骤的偏差有（　　）、（　　）、（　　）、（　　）、（　　）、（　　）等。	① 操作步骤 ② 相似 ③ 节点 ④ 复杂 ⑤ 早 / 晚 ⑥ 先 / 后 ⑦ 部分 ⑧ 伴随 ⑨ 异常 ⑩ 无

2. 间歇过程和连续过程的区别

请填出下面的间歇过程和连续过程的不同特点表格内所缺内容。

项目	间歇过程	连续过程	选项
生产操作		连续且同时进行	① 主要用于处理不正常状况 ② 动态，随时间变化 ③ 按配方规定的顺序进行 ④ 按给定一种产品设计，生产给定产品 ⑤ 连续输送产品
设备的设计和使用	柔性设计，可进行不同产品的生产		
产品量	批量生产，产品产量低		
工艺条件		稳态	
人工干预	正常情况		

3. 根据间歇工艺进行 HAZOP 分析目标内容，完成下列判断题

（1）间歇工艺和连续工艺进行 HAZOP 分析时不必考虑时间因素。（　　）

（2）间歇工艺在进行 HAZOP 分析时需要分析操作步骤，操作步骤中常用的偏差有步骤无、步骤部分、步骤异常、步骤早晚、步骤伴随等。（　　）

（3）间歇工艺分析操作步骤早 / 晚是指操作步骤的顺序颠倒。（　　）

（4）间歇工艺在分析主体设备进料管线流量伴随和操作步骤中的伴随意思是一样的。（　　）

（5）间歇工艺的 HAZOP 分析周期与连续工艺一样。（　　）

【任务反馈】

简要说明本次任务的收获、感悟或疑问等。

1 我的收获

2 我的感悟

3 我的疑问

【项目综合评价】

姓名		学号		班级	
组别		组长及成员			

项目成绩：		总成绩：	
任务	任务一	任务二	任务三
成绩			

自我评价		
维度	自我评价内容	评分
知识	1. 了解工程设计阶段的主要内容及存在的安全隐患（4 分）	
	2. 了解工程设计阶段 HAZOP 分析目标的方向（4 分）	
	3. 知晓工程设计阶段 HAZOP 分析目标确定的意义（4 分）	
	4. 了解生产运行阶段存在安全隐患的类型（4 分）	
	5. 了解生产运行阶段在哪种情况下应用 HAZOP 分析（4 分）	
	6. 了解生产运行阶段 HAZOP 分析目标的方向（4 分）	
	7. 知晓生产运行阶段 HAZOP 分析目标确定的意义（4 分）	
	8. 了解间歇工艺的定义（4 分）	
	9. 了解间歇工艺与连续工艺的区别（4 分）	
	10. 知晓间歇工艺 HAZOP 的应用（4 分）	

续表

维度	自我评价内容	评分
能力	1. 能明确其他装置的设计阶段 HAZOP 分析的目标（5 分）	
	2. 能明确其他生产运行阶段装置 HAZOP 分析的目标（5 分）	
	3. 能掌握工程设计阶段 HAZOP 分析目标内的重点（5 分）	
	4. 能掌握生产运行阶段 HAZOP 分析目标内的重点（5 分）	
	5. 能明确其他间歇生产装置 HAZOP 分析的目标（5 分）	
	6. 能掌握间歇生产装置 HAZOP 分析目标内的重点（5 分）	
素质	1. 通过学习，了解工程设计阶段和生产运行阶段的主要内容，增强对 HAZOP 分析目标识别的能力（5 分）	
	2. 通过学习工程设计阶段和生产运行阶段存在的安全隐患，增加对风险的认知能力（5 分）	
	3. 通过学习工程设计阶段和生产运行阶段 HAZOP 分析目标的确定，增强对潜在风险的识别能力（5 分）	
	4. 通过学习，了解间歇生产过程的主要内容，增强对 HAZOP 分析目标识别的能力（5 分）	
	5. 通过学习间歇生产过程存在的安全隐患，增加对风险的认知能力（5 分）	
	6. 通过学习间歇生产过程 HAZOP 分析目标的确定，增强对潜在风险的识别能力（5 分）	
总分		

我的反思		
	我的收获	
	我遇到的问题	
	我最感兴趣的部分	
	其他	

【项目扩展】

HAZOP 分析的操作规程

为了减少操作人员失误的风险，建立有效的操作规程是一个重要环节，也是过程安全管理的要素之一。有效的操作规程有助于减少或避免人为因素相关的过程安全事故，同时也有助于生产管理、环境保护和提高产品质量。

依据 HAZOP 分析与 LOPA 方法的原理，减少潜在事故的风险，主要是从减少事故原因发生频率和后果严重度两个方面着手。通过提高操作规程质量，强化操作规程的有效执行，以便减少操作失误的风险，具体为：

❶ 首先关注制订一个准确的、完整的和能够促进工人执行的操作规程，目的在于减少操作人员出错的频率。

❷ 一旦制订了高质量的操作规程，第二关注点是分析和审查如果规程的关键步骤没有遵守会发生什么？确定在工作场所和工艺过程中是否有有效的安全措施来补偿这些错误。目的在于减少或避免由于操作人员错误而导致的不利后果。其中一种有效的方法就是针对操作规程实施 HAZOP 分析。

项目三

HAZOP 分析范围的界定

【学习目标】

知识目标

1. 熟悉 HAZOP 分析范围界定的基本内容；
2. 熟悉 HAZOP 分析范围界定的影响因素。

能力目标

1. 能够清晰描述 HAZOP 分析范围界定的内容及影响因素；
2. 能够熟练界定典型工艺项目的 HAZOP 分析范围。

素质目标

1. 通过学习 HAZOP 分析范围的基本内容，建立危害辨识与风险管控的思维；
2. 通过学习界定典型工艺项目 HAZOP 分析的范围，培养工程思维和全局意识。

【项目导言】

界定 HAZOP 分析的范围，就是要界定对哪些工艺装置、单元和公用工程及辅助设施进行 HAZOP 分析。要明确 HAZOP 分析是对哪些管道仪表流程图（P&ID）和相关资料进行的分析，并结合考虑多种因素来最终界定 HAZOP 分析的范围。本项目将结合石油化工生产中典型工艺项目的 HAZOP 分析案例，来说明 HAZOP 分析范围界定的主要内容和相关依据。

【项目实施】

任务安排列表

任务名称	总体要求	工作任务单	建议课时
任务 典型工艺项目 HAZOP 分析范围的界定	通过该任务的学习，掌握界定 HAZOP 分析范围的基本方法	3-1	1

任务 典型工艺项目 HAZOP 分析范围的界定

任务目标	1. 理解 HAZOP 分析范围的基本内容 2. 理解界定 HAZOP 分析范围的影响因素 3. 界定典型工艺项目的 HAZOP 分析范围
任务描述	通过典型工艺项目中 HAZOP 分析范围界定的案例分析，掌握界定 HAZOP 分析范围的基本方法，知晓界定 HAZOP 分析范围的重要性

【相关知识】

一、HAZOP 分析范围的含义

在开展 HAZOP 分析之前，先要明确 HAZOP 分析的范围。HAZOP 分析范围的界定包含两层含义：首先，要从宏观上明确需要对哪些工艺系统开展 HAZOP 分析，或只对部分工艺单元开展分析；其次，要明确分析工作不仅仅只是涵盖那些有安全后果的事故情景，而是也需要包括与生产相关的情景。

二、HAZOP 分析范围的基本内容

从 HAZOP 分析本身的含义，我们可以看出它包含两方面的内容，一是危害（安全）相关的分析，二是可操作性（生产）相关的分析。

1. HAZOP 分析范围界定的不同侧重点

不同的公司在界定 HAZOP 分析范围时，对安全和生产两者选择侧重点会有所不同。

❶ 有些公司要求对安全和生产相关的所有事故情景都进行细致的分析。

❷ 有些公司先组织生产专家单独对生产相关的问题做评估（不属于 HAZOP 分析的范畴），此后，在 HAZOP 分析时只关心安全相关的问题，完全忽略影响生产的事故情景。

❸ 有些公司在开展 HAZOP 分析时，将工作重点放在安全方面，只是稍微关注生产相关的问题，仅仅对那些后果非常严重的生产问题予以讨论（例如，只关心那些会导致重大设备损坏或长期停产的事故情景）。

倘若只考虑安全相关的事故情景，可以明显缩短分析讨论会议的时间。而且，专注于安全问题，可以将安全相关的影响分析得比较透彻。它的缺点是忽略了生产相关的情形，不够全面。反之，如果对影响安全和生产的所有事故情景都做详细的分析，所需的讨论会议时间会大幅增加，甚至翻倍。工作内容虽更加全面了，但工作效率比较低，还可能因为精力分散，减弱对重要安全问题的关注度。

2. 项目不同阶段对 HAZOP 分析范围的界定

通常，对于新建的工艺系统，HAZOP 分析不但应该包括安全相关的事故情景，而且至

少应该包括对生产有严重影响的事故情景的分析。这样做，既可以在设计阶段解决安全隐患，也可以消除设计中对生产有严重影响的缺陷，有利于工艺装置的顺利投产和持续生产运行。在设计阶段识别出问题并加以解决，也是最经济的做法。

对于在役工艺装置，主要的生产问题在之前的运行过程中通常都已经发现或获得了解决，在开展 HAZOP 分析时，需要把注意力放在安全相关的分析上，专注于挖掘出潜在的安全危害及可能因其导致的事故情景。

三、界定 HAZOP 分析范围的影响因素

界定 HAZOP 分析的范围时，要结合考虑多种因素，主要因素包括：

❶ 系统的物理边界及边界的工艺条件；

❷ 分析处于系统生命周期的哪个阶段；

❸ 可用的设计说明及其详细程度；

❹ 系统已开展过的任何工艺危险分析的范围，不论是 HAZOP 分析还是其他相关分析；

❺ 适用于该系统的法规要求或企业内部规定。

四、案例分析

1. 项目背景

根据国务院、国家安全监管总局相关文件以及中国海洋石油总公司《关于推广应用 HAZOP 风险分析的通知》（海油总安〔2012〕758 号）等有关要求，为提高惠州炼化二期 2200 万吨 / 年炼油改扩建及 100 万吨 / 年乙烯工程项目的本质安全水平，对项目涉及“两重点一重大”的装置和单元，在项目基础设计阶段开展危险与可操作性（HAZOP）分析。目前惠炼二期项目总体设计已经完成，为确保基础设计的质量，惠炼在基础设计阶段组织实施 HAZOP 分析。惠州炼化二期项目的工作范围包括 400 万吨 / 年渣油加氢、180 万吨 / 年催化重整、100 万吨 / 年乙烯等 20 个单元的危险与可操作性（HAZOP）分析服务。本次 HAZOP 分析对象为 180 万吨 / 年连续重整装置。

2. 装置简介

本项目为中海石油炼化有限责任公司惠州炼油二期 2200 万吨 / 年炼油改扩建及 100 万吨 / 年乙烯工程中拟新建的 180 万吨 / 年催化重整（Ⅱ）装置。根据全厂总加工流程安排，本装置以轻烃回收装置来的混合重石脑油、加氢裂化装置来的重石脑油和乙烯裂解汽油抽余油为原料，采用连续重整工艺技术，生产 C5+RONC 为 102 的高辛烷值重整生成油，送至下游的芳烃抽提装置分离出苯和甲苯后作为全厂汽油调和组分，以满足新汽油标准对出厂汽油质量的要求。本装置副产的含氢气体与来自渣油加氢、蜡油加氢和柴油加氢装置的低分外排气（含氢气体）混合送至变压吸附（PSA）部分，生产 99.9% 的产品纯氢送往工厂的 1 号氢气管网，尾气经压缩机升压后作为全厂燃料气组分。

12 万吨 / 年重整氢变压吸附（PSA）氢提纯单元是以重整气和低分气的混合气为原料，采用变压吸附（PSA）工艺分离提纯氢气的成套装置。PSA 部分以重整气和低分气的混合气为原料，采用成都华西化工科技股份有限公司的 10-2-4 PSA 流程变压吸附氢提纯技术，从原料气中提纯分离出纯度大于 99.9% 的氢气，然后送出界区去氢气管网。原料气在提纯氢后，剩余的解吸气 PSA 装置的解吸气送至压缩机。

3. HAZOP 分析技术资料

❶ HAZOP 分析过程中引用 180 万吨 / 年连续重整装置相关的以下资料（表 3-1）。

表 3-1　180 万吨 / 年连续重整装置技术资料清单

序号	资料
1	SEI 绘制的管道仪表流程图（P&ID）图
2	SEI 绘制的工艺流程图（PFD）图
3	180 万吨 / 年连续重整装置工艺说明书
4	180 万吨 / 年连续重整装置容器数据表
5	180 万吨 / 年连续重整装置换热器数据表
6	180 万吨 / 年连续重整装置板式塔数据表
7	180 万吨 / 年连续重整装置反应器数据表
8	180 万吨 / 年连续重整装置空冷器数据表
9	180 万吨 / 年连续重整装置管道表
10	180 万吨 / 年连续重整装置界区条件表
11	180 万吨 / 年连续重整装置设备数据表

❷ HAZOP 分析过程中引用 12 万吨 / 年 PSA 氢提纯装置相关的以下资料（表 3-2）。

表 3-2　12 万吨 / 年 PSA 氢提纯装置技术资料清单

序号	资料
1	成都华西工业气体有限公司绘制的管道仪表流程图（P&ID）图
2	12 万吨 / 年 PSA 氢提纯装置工艺说明书
3	12 万吨 / 年 PSA 氢提纯装置设备一览表
4	12 万吨 / 年 PSA 氢提纯装置报警联锁一览表
5	12 万吨 / 年 PSA 氢提纯装置设备条件表
6	12 万吨 / 年 PSA 氢提纯装置自控条件表
7	12 万吨 / 年 PSA 氢提纯装置节流装置设计条件表
8	12 万吨 / 年 PSA 氢提纯装置手控调节阀设计条件表

❸ 本次 180 万吨 / 年连续重整装置 HAZOP 分析范围 P&ID 图和 PSA 氢提纯 HAZOP 分析范围 P&ID 图来自表 3-3；连续重整装置共划分 8 个节点，PSA 氢提纯共划分 4 个节点。

表 3-3　180 万吨 / 年连续重整装置 HAZOP 分析 P&ID 图

序号	图纸号	P&ID 图纸名称	备注
1	12700-PE-DW02-0105	预加氢原料罐部分管道及仪表流程图	
2	12700-PE-DW02-0106	预加氢进料泵部分管道及仪表流程图	
3	12700-PE-DW02-0107	预加氢进料加热炉部分管道及仪表流程图	

续表

序号	图纸号	P&ID 图纸名称	备注
4	12700-PE-DW02-0108	预加氢反应器部分管道及仪表流程图	
5	12700-PE-DW02-0109	预加氢进料换热器部分管道及仪表流程图	
6	12700-PE-DW02-0110	预加氢产物冷却部分管道及仪表流程图	
7	12700-PE-DW02-0111	预加氢产物分离罐部分管道及仪表流程图	
8	12700-PE-DW02-0112	预加氢循环压缩机入口分液罐部分管道及仪表流程图	
9	12700-PE-DW02-0113	预加氢循环压缩机部分管道及仪表流程图	
10	12700-PE-DW02-0114	汽提塔部分管道及仪表流程图	
11	12700-PE-DW02-0115	汽提塔重沸炉部分管道及仪表流程图	
12	12700-PE-DW02-0116	汽提塔回流罐部分管道及仪表流程图	
13	12700-PE-DW02-0117	预加氢进料加热炉燃料气部分管道及仪表流程图	
14	12700-PE-DW02-0118	汽提塔重沸炉燃料气部分管道及仪表流程图	
15	12700-PE-DW02-0205	重整原料缓冲罐部分管道及仪表流程图	
16	12700-PE-DW02-0206	重整进料加热炉部分管道及仪表流程图	
17	12700-PE-DW02-0207	重整 1 号中间加热炉部分管道及仪表流程图	
18	12700-PE-DW02-0208	重整 2 号中间加热炉部分管道及仪表流程图	
19	12700-PE-DW02-0209	重整 3 号中间加热炉部分管道及仪表流程图	
20	12700-PE-DW02-0210	重整第一、第二反应器部分管道及仪表流程图	
21	12700-PE-DW02-0211	重整第三、第四反应器部分管道及仪表流程图	
22	12700-PE-DW02-0212	重整进料换热器部分管道及仪表流程图	
23	12700-PE-DW02-0213	重整产物空冷器部分管道及仪表流程图	
24	12700-PE-DW02-0214	重整产物分离罐部分管道及仪表流程图	
25	12700-PE-DW02-0215	重整循环氢压缩机部分管道及仪表流程图	

【任务实施】

通过任务学习，完成典型工艺项目 HAZOP 分析范围的界定（工作任务单 3-1）。

要求：1. 按授课教师规定的人数，分成若干个小组（每组 5 ～ 7 人）。

2. 完成后，以小组为单位向全体分享。

3. 时间在 30min 内，成绩在 90 分以上。

工作任务　典型工艺项目 **HAZOP** 分析范围的界定　　编号：**3-1**		
考查内容：界定典型石油化工工艺装置 **HAZOP** 分析的范围		
姓名：	学号：	成绩：
1. 根据典型石油化工工艺装置 HAZOP 分析案例回答问题 （1）案例中本次 HAZOP 分析的范围包括（　　）。		

续表

A. 100 万吨 / 年乙烯工程项目　　B. 180 万吨 / 年连续重整装置

C. 400 万吨 / 年渣油加氢项目　　D. 12 万吨 / 年 PSA 氢提纯装置

（2）案例中 HAZOP 分析的对象处于（　　）阶段。

A. 工程设计阶段　　B. 生产运行阶段

（3）根据案例提供的资料可以看出，本次 HAZOP 分析范围所包含的工艺单元有哪些?

2. 根据本项目的学习，完成以下问题

（1）HAZOP 分析范围需要考虑很多因素，其中不包括（　　）。

A. 系统的物理边界及边界的工艺条件

B. 系统处于生命周期的阶段

C. 可用的设计说明及其详细程度

D. 企业规模与产值

（2）下列关于 HAZOP 分析方法适用范围的说法中正确的是（　　）。

A. 主要应用于连续的化工生产工艺

B. 不能用于间歇系统的安全分析

C. 可以在费用变动很大的情况下，对设计进行变动，在工艺操作的初期阶段使用 HAZOP 方法

D. 对于新建项目，当工艺设计要求很严格时，使用 HAZOP 方法最为有效，但对于在役项目，就不可以用 HAZOP 方法进行分析

（3）HAZOP 分析中，分析对象通常是（　　）。

A. 由分析组的组织者界定的

B. 由被评价单位指定的

C. 由装置或项目的负责人界定的

D. 由分析组共同界定的

【任务反馈】

简要说明本次任务的收获、感悟或疑问等。

1 我的收获

2 我的感悟

3 我的疑问

【项目综合评价】

姓名		学号		班级	
组别		组长及成员			

项目成绩：		总成绩：
任务	典型工艺项目 HAZOP 分析范围的界定	
成绩		
自我评价		
维度	自我评价内容	评分
知识	1. 理解 HAZOP 分析范围的含义（8 分）	
	2. 掌握 HAZOP 分析范围界定的基本内容（8 分）	
	3. 理解 HAZOP 分析范围界定的不同侧重点（8 分）	
	4. 掌握不同阶段 HAZOP 分析范围界定的区别（8 分）	
	5. 理解 HAZOP 分析范围界定的注意事项（8 分）	
能力	1. 能够清晰描述 HAZOP 分析范围界定的基本内容（10 分）	
	2. 能够清晰描述 HAZOP 分析范围界定的影响因素（10 分）	
	3. 能够清晰描述项目不同阶段 HAZOP 分析范围界定的区别（10 分）	
	4. 能够界定典型工艺装置 HAZOP 分析范围（10 分）	
素质	1. 通过学习 HAZOP 分析范围的基本内容，知晓界定 HAZOP 分析范围的重要性（10 分）	
	2. 通过学习界定典型工艺项目 HAZOP 分析的范围，培养工程思维和全局意识（10 分）	
总分		

我的反思	我的收获	
	我遇到的问题	
	我最感兴趣的部分	
	其他	

项目四
选择 HAZOP 分析团队

【学习目标】

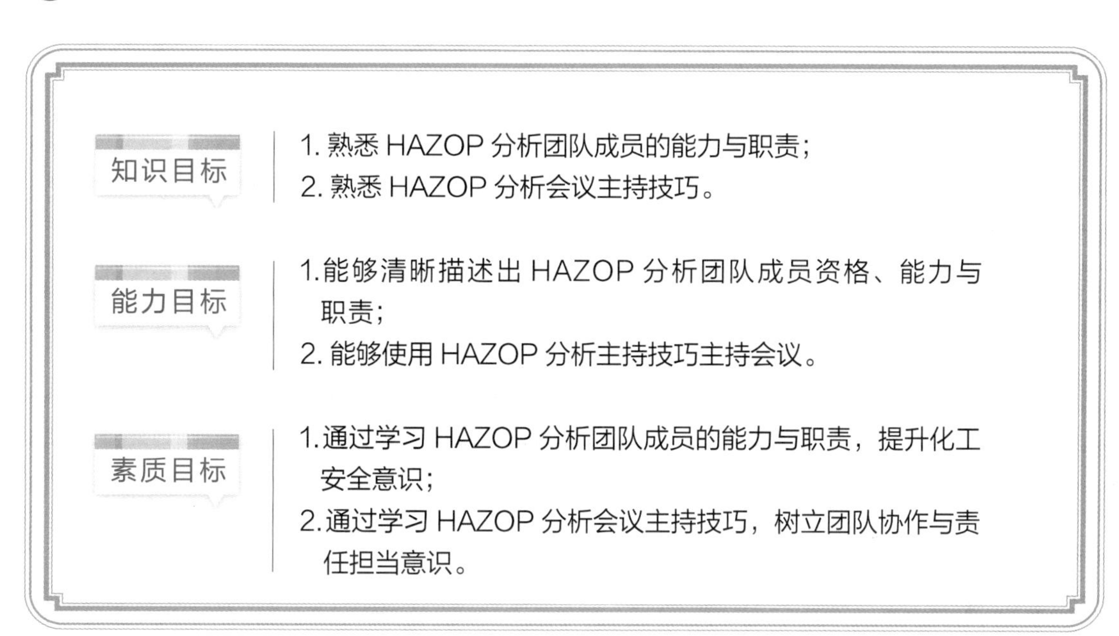

知识目标

1. 熟悉 HAZOP 分析团队成员的能力与职责；
2. 熟悉 HAZOP 分析会议主持技巧。

能力目标

1. 能够清晰描述出 HAZOP 分析团队成员资格、能力与职责；
2. 能够使用 HAZOP 分析主持技巧主持会议。

素质目标

1. 通过学习 HAZOP 分析团队成员的能力与职责，提升化工安全意识；
2. 通过学习 HAZOP 分析会议主持技巧，树立团队协作与责任担当意识。

【项目导言】

本质安全是指通过设计等手段使生产设备或生产系统本身具有安全性，即使在误操作或发生故障的情况下也不会造成事故的功能。HAZOP 分析的目的就是识别装置的潜在风险，查找工艺装置的危险源，分析安全措施的有效性。高质量的 HAZOP 分析能够为工艺装置的安全稳定运行提供有力保障。

HAZOP 分析工作是一项团队工作，HAZOP 分析过程中更多的是需要分析人员具备丰富的专业知识和经验，而不是 HAZOP 方法的简单应用，因此，HAZOP 分析对 HAZOP 分析团队的每个成员的专业、能力和经验都有相当的要求。

由于 HAZOP 分析对人的经验的依赖性非常强，从而造成各个企业分析报告质量参差不齐。对于效益好的企业可以通过聘请咨询公司的资深专家对工艺系统开展 HAZOP 分析。但是更多的企业选择了派遣自己的员工参加培训班的形式来学习 HAZOP 分析。近几年来，国家有关主管部门，陆续出台了相关文件，对 HAZOP 分析的推广应用提出了明确要求和指导性意见。尤其是国家安监总局，组织开展了一系列工作，极大地促进了 HAZOP 技术在我国的推广应用。

【项目实施】

任务安排列表

任务名称	总体要求	工作任务单	建议课时
任务 HAZOP 分析团队成员职责的确定	学生将通过该任务，掌握 HAZOP 分析团队成员的职责与会议主持技巧	4-1	1

任务 HAZOP 分析团队成员职责的确定

任务目标	1. 了解 HAZOP 分析成员的必备能力 2. 掌握各成员在 HAZOP 分析会议中的基本职责 3. 掌握主持 HAZOP 分析会议的基本技巧
任务描述	通过学习 HAZOP 分析团队成员的能力与职责，树立团队协作与责任担当意识

【相关知识】

一、HAZOP 分析团队的组建模式

HAZOP 分析工作是现代企业项目管理的一个非常重要的环节。组建 HAZOP 分析团队是一项重要的项目策划工作，这必须在项目的早期阶段明确。HAZOP 分析团队的组建主要有两种模式。

1. 第三方主导模式

业主发起 HAZOP 分析工作，但该项工作的实施由业主委托第三方完成。由第三方负责代表业主组织和完成 HAZOP 分析工作，设计方或项目执行方配合 HAZOP 分析工作。在这种情况下 HAZOP 分析主席和记录员一般来自第三方。

2. 自主完成模式

一些有实力的国际石油化工公司有时选择自己完成 HAZOP 分析工作。这些公司往往在过程安全管理方面，特别是 HAZOP 分析方面有长期积累的经验和长期培养的人力资源。在这种情况下，HAZOP 分析团队的核心人物如 HAZOP 分析主席、操作专家往往从集团的某个现有工厂或某个部门抽调过来。这些人长期在该集团公司工作，通常具有相当的经验和知识。

二、HAZOP 分析团队成员的资格条件

1. HAZOP 分析主席的资格条件

HAZOP 分析主席是 HAZOP 分析团队的组织者、协调者、指导者和总结者，必须具有相当的经验、知识、管理能力和领导能力。一般要求 HAZOP 分析主席具有以下资格条件：

❶ 本领域从事工艺、设备、安全专业的技术人员。

❷ 硕士研究生及以上学历，具有 5 年及以上工作经历；本科学历，具有 10 年及以上工作经历。

❸ 对于企业专业技术人员，作为主席主持 HAZOP 分析不少于 1 项或参与 HAZOP 分析项目不少于 2 项；对于技术机构专业技术人员，具有 2 年以上 HAZOP 分析工作经历，作为主席主持 HAZOP 分析项目不少于 3 项或参与 HAZOP 分析项目不少于 6 项。

❹ 必须参加公司 HAZOP 分析组长培训，并考试合格取得公司认可的 HAZOP 组长证书。

2. 参加 HAZOP 分析的各专业成员资格条件

表 4-1 为 HAZOP 分析团队成员经验能力参考表，在选择团队成员时可供参考。

表 4-1 HAZOP 分析团队成员经验能力参考表

团队成员的关键技能	建议				要求
	主席	工艺设计 / 技术人员	运行人员	技术联系人	团队成员
经验级别 / 年	10*	5*	>5	1/2	20（小组总数）
了解国内外安全政策和设计惯例	必须	良好	良好	基本	必须
接受正式有关 HAZOP 分析的培训	必须	任选	任选	任选	必须
参与其他 HAZOP 分析	必须	任选	任选	任选	必须
具有当前 HAZOP 分析装置的运行经验	基本	基本	必须	基本	必须
了解装置设计规程和惯例	基本	必须	基本	基本	必须
了解所使用的风险评估方法	必须	良好	基本	任选	必须

注：1. 必须指对 HAZOP 分析必须具有的技能；
2. 基本指对需要的技能有一般的认识和理解；
3. 良好指对需要的技能有良好的认识和理解；
4. 任选指可以不需要；
5.* 指 HAZOP 分析团队负责人和工艺设计 / 技术人员一起工作至少应具有 15 年的经验。

三、HAZOP 分析团队成员的能力与职责

1. HAZOP 分析主席

（1）对 HAZOP 分析主席的基本要求　熟悉工艺；有能力领导一支正式安全审查方面的专家队伍；熟悉 HAZOP 分析方法；有被证实的在石化企业进行 HAZOP 分析的记录，最好具有注册安全工程师专业资格或相当资格；有大型石化项目设计安全方面的

经验。对于现役装置的 HAZOP 分析，可能要求 HAZOP 分析主席有装置运行和操作方面的经验。

（2）HAZOP 分析主席的主要职责　HAZOP 主席应具有丰富的过程危险分析经验，在分析过程中起主导作用。HAZOP 主席在分析过程中应客观公正，引导分析小组的每位成员积极参与讨论，确保工艺装置的每个部分、每个方面都进行分析与讨论。一般来说，HAZOP 主席的主要职责包括但不限于：

❶ 确认输入文件是否准确与齐备；

❷ 确定工作范围、划分节点、确定风险矩阵，并与分析小组成员达成一致；

❸ 编制 HAZOP 工作计划，组织主持 HAZOP 会议，激发小组成员展开讨论，控制讨论内容、局面和进程，保证会议顺利召开；

❹ 总结讨论中心议题，概括分析结果，确保工作组就分析结果达成一致，当团队成员之间就某个问题存在严重分歧而无法达成一致意见时，HAZOP 分析主席应决定进一步的处理措施，如：咨询专业人员或建议进行进一步的研究等；

❺ 指导记录员对分析过程进行详细且准确的记录，特别是对建议和措施的记录；

❻ 将 HAZOP 分析结果向业主汇报，并审核由 HAZOP 秘书编制的 HAZOP 报告。

2. 记录员

记录员的重要任务是对 HAZOP 分析过程进行清晰和正确的记录，包括识别的危险源和可操作性问题以及建议的措施。HAZOP 分析记录员应该熟悉常用的工程术语，熟练掌握计算机辅助 HAZOP 分析软件，并且具有快捷的计算机文字输入能力。在进行 HAZOP 分析的过程中，记录员在主席的指导下进行记录。

3. 工艺工程师

工艺工程师一般应是被分析装置的工艺专业负责人。有时候业主也会派出工艺工程师参加会议，他们一般来自相同装置或是在建装置的工艺工程师。对于在役装置的 HAZOP 分析，业主方参加 HAZOP 分析的工艺工程师应是熟悉装置改造、操作和维护的人员。在 HAZOP 分析过程中，工艺工程师的主要职责有：

❶ 负责介绍工艺流程，解释工艺设计目的，参与讨论；

❷ 落实 HAZOP 分析提出的与本专业有关的意见和建议。

4. 安全工程师

安全工程师主要是协助负责检查安全生产状况，及时排查安全事故隐患。协助项目经理/设计经理计划和组织 HAZOP 分析活动，协调和管理 HAZOP 分析报告所提意见和建议整改措施的落实等。

5. 设备工程师

设备工程师主要负责设备的保养与维护，对于设备的异常工况具有丰富的处理经验，能帮助团队理解设备参数和设备损失等内容。

6. 操作专家

一般由业主方派出。熟悉相关的生产装置，具有班组长及以上资历，有丰富的操作经验和分析表达能力；清楚如何发现工艺波动和异常情况处理。主要职责是：

❶ 提供相关装置安全操作的要求、经验及相关生产操作信息，参与制订改进方案；

❷ 落实并完成 HAZOP 分析提出的有关安全操作的要求。

7. 工艺控制 / 仪表工程师

工艺控制 / 仪表工程师要求熟悉装置的控制系统与停车策略，一般来自设计方，有时候业主也会派出工艺控制 / 仪表工程师。其主要职责有：

❶ 负责提供工艺控制和安全仪表系统等方面的信息；

❷ 帮助 HAZOP 分析团队成员理解对工艺偏离的响应；

❸ 落实 HAZOP 分析提出的与本专业有关的意见和建议。

8. 专利商或供货商代表（需要时）

专利商代表一般由业主负责邀请。专利商代表负责对专利技术提供解释并提供有关安全信息，参与制订改进方案。供货商代表主要指大型成套设备的厂商代表。在进行详细工程设计阶段的 HAZOP 分析时，需要邀请供货商参加成套设备的 HAZOP 分析会。

9. 其他专业人员

❶ 按需参加 HAZOP 分析活动，负责提供有关信息；

❷ 落实 HAZOP 分析报告中与本专业有关的意见和建议。

四、HAZOP 分析会议的主持技巧

分析讨论会是 HAZOP 分析的主要工作方式，它可能持续数天或数月，持续时间的长短取决于工艺系统的规模和复杂性等因素。HAZOP 分析主席负责推进讨论会的各项工作。如何让讨论会卓有成效是每个 HAZOP 分析主席需要思考和努力解决的问题。采取下列策略，有助于提高分析讨论会的质量和效率。

1. 鼓励小组成员积极提问

在 HAZOP 分析讨论过程中，分析小组要坚持这样的原则：在 HAZOP 分析讨论会议上，所有提出的问题都是有价值的，没有任何一个是多余的，更不会有愚蠢的问题。HAZOP 分析主席应该捍卫这一原则，鼓励小组成员提出任何他们想要提的问题，并用实际行动予以鼓励。

会议中，要杜绝个别小组成员阻止其他成员提问题的情形。当然，鼓励大家提出问题和建议，并不意味着必须采纳所提出的意见。

2. 鼓励小组成员积极参与讨论

HAZOP 分析的重要特征是“头脑风暴”式的小组讨论。HAZOP 主席要调动小组成员的积极性，让他们积极参与讨论，提出自己的意见。讨论过程中要避免一言堂，防止出现只有一个人总在讲话，或只有两个人在讨论，其他人作壁上观的情形。

HAZOP 分析主席可以通过提问来激发大家的参与热情。例如，讨论没有流量的情形时，HAZOP 分析主席可以问小组成员，有哪些原因会导致管道内没有流量，只要有一个成员做出回应，其他成员就会跟进并参与讨论，这样可以消除大家的紧张感，营造一个大家积极参与的氛围。

3. 只开一个会议

在分析讨论期间，个别人可能私下讨论其他问题，或就当前话题在私下另行讨论，这样

会造成小组成员精力不集中，私下讨论还会影响会议的正常讨论。因此，HAZOP 分析主席要控制讨论的节奏，确保同一时间只有一处讨论、只开一个会议，避免出现“会中会”。如果出现私下讨论，HAZOP 分析主席可以通过敲击桌子等方式，提醒大家中止所有的讨论，回到会议正常的讨论轨道上。

4. 合理的进度控制

分析讨论的进度控制不当，可能出现两种极端情况。一是把大量需要讨论的东西压缩在很短的时间内，讨论过程匆匆忙忙、走马观花，这么做很容易漏掉关键的内容，严重影响 HAZOP 分析的工作质量。另一种情况，是在讨论过程中频繁出现跑题的情形，讨论那些超出 HAZOP 分析范畴的事情。

在讨论期间，应围绕当前的话题展开讨论，避免跑题。如果临时出现跑题的情况，HAZOP 分析主席要及时把讨论拉回到正确的轨道。反之，要避免“赶时间”的情形，HAZOP 分析主席应该对分析讨论的重点心中有数，为一些关键问题的讨论预备充足的时间。

5. 合理的工作时间

HAZOP 分析讨论是一种高强度的脑力激荡，如果分析讨论会持续时间过长，小组成员精力会分散，注意力很难一直保持集中，会影响工作质量和效率。在一般情况下，每天分析讨论 6 ～ 7h，基本上可以保持分析小组的活力。有些企业规定，每天 HAZOP 分析讨论会最多不允许超过 6h。在 HAZOP 会议期间，通常每工作 60 ～ 90min，HAZOP 分析主席应该安排大家休息 10 ～ 15min。

6. 及时备份

及时备份 HAZOP 分析的相关记录是非常必要的。最可靠的备份方法是在每天分析讨论会结束时，打印出一份书面的草稿。也可以将会议记录备份在移动存储设备里，如 U 盘和移动硬盘等。还可以通过邮件方式将分析的记录发到自己的邮箱里，备份在服务器或网络上。

7. 总结会

在 HAZOP 分析讨论会结束时，分析小组会进行总结，召开一个简单的总结会。总结会通常由 HAZOP 分析主席主持，时间较简短，一般是非正式的。总结会期间，分析小组通常回顾此前讨论中提出的建议项，根据需要对个别事故情景加以修正。总结会上，分析小组还可以对本次 HAZOP 分析工作的过程做简单的回顾，总结出哪些环节做得好，哪些方面还可以改进（此部分不需要做相关记录），为小组成员今后开展 HAZOP 分析提供借鉴。此外，也可以讨论需要由分析小组完成的后续工作的安排，例如，确定何时提交分析报告，对分析报告的一些具体要求等。

【任务实施】

通过任务学习，完成 HAZOP 分析团队成员职责的确定（工作任务单 4-1）。

要求：1. 按授课教师规定的人数，分成若干个小组（每组 5 ～ 7 人）。

2. 完成后，以小组为单位向全体分享。

3. 时间在 30min 内，成绩在 90 分以上。

<table>
<tr><td colspan="3">工作任务　HAZOP 分析团队成员职责的确定　　编号：4-1</td></tr>
<tr><td colspan="3">考查内容：HAZOP 分析团队成员能力与职责</td></tr>
<tr><td>姓名：</td><td>学号：</td><td>成绩：</td></tr>
<tr><td colspan="2"></td><td>选项</td></tr>
<tr><td colspan="2">1. HAZOP 分析团队成员能力与职责
（1）HAZOP 分析主席
HAZOP 分析主席必须具有相当的专业知识、（　　）、管理能力和（　　）。熟悉工艺装置，有能力领导一支正式安全审查方面的专家队伍。
在 HAZOP 分析会议进行过程中，HAZOP 分析主席负责主持会议和（　　），要指导记录员对分析过程进行详细且准确的记录，特别是对（　　）的记录。
（2）HAZOP 分析记录员
熟练掌握计算机辅助（　　），并且具有快捷的计算机（　　）能力。
记录员的重要任务是对 HAZOP 分析过程进行清晰和正确的（　　），包括（　　）和可操作性问题以及建议的措施。
（3）工艺工程师
HAZOP 分析的工艺工程师应是熟悉（　　）、操作和维护的人员。在 HAZOP 分析过程中，工艺工程师的主要职责有：
a. 负责介绍（　　），解释（　　），参与讨论；
b. 落实 HAZOP 分析提出的与本专业有关的意见和建议。
（4）安全工程师
安全工程师主要是协助负责检查（　　），及时排查（　　）。协助项目经理 / 设计经理计划和组织 HAZOP 分析活动，协调和管理（　　）所提意见和建议整改措施的（　　）等。
（5）设备工程师
设备工程师主要负责设备的（　　），对于设备的（　　）具有丰富的处理经验，能帮助团队理解设备参数和（　　）等内容。
（6）操作专家
熟悉相关的生产装置，具有（　　）及以上资历，有丰富的操作经验和分析表达能力；清楚如何发现（　　）。主要职责是：
a. 提供相关（　　）、经验及相关生产操作信息，参与制订改进方案；
b. 落实并完成 HAZOP 分析提出的有关（　　）。
（7）仪表工程师
工艺控制 / 仪表工程师要求熟悉装置的（　　），其主要职责有：
a. 负责提供（　　）等方面的信息；
b. 帮助 HAZOP 分析团队成员理解对（　　）的响应；
c. 落实 HAZOP 分析提出的与本专业有关的意见和建议。</td><td>① 领导能力
② 安全评价经验
③ HAZOP 分析软件
④ 建议和措施
⑤ 引导分析
⑥ 识别的危险源
⑦ 记录
⑧ 文字输入
⑨ 工艺流程
⑩ 装置改造
⑪ 安全生产状况
⑫ 工艺设计目的
⑬ 安全事故隐患
⑭ 落实
⑮ 保养与维护
⑯ HAZOP 分析报告
⑰ 设备损失
⑱ 异常工况
⑲ 工艺波动和异常情况处理
⑳ 装置安全操作的要求
㉑ 安全操作的要求
㉒ 班组长
㉓ 控制系统与停车策略
㉔ 工艺偏离
㉕ 工艺控制和安全仪表系统</td></tr>
<tr><td colspan="2">2. HAZOP 分析团队的成员组成及资格条件
HAZOP 分析团队应主要包括业主、设计方和承包商等方面的人员。
HAZOP 分析团队一般具体包括以下成员：
（1）HAZOP 分析主席，必须参加公司 HAZOP 分析组长培训，并考试合格取得公司认可的（　　）；
（2）（　　）（通常兼秘书职责），应具备与 HAZOP 分析项目相适应的专业背景，了解（　　），参与过 HAZOP 分析项目；
（3）工艺工程师，应具有至少（　　）年石油石化领域工艺、设备、安全、仪表、电气等专业的工作经历；</td><td>① 业主
② 安全工程师
③ 记录员
④ 操作专家 / 代表
⑤ 大
⑥ 小
⑦ HAZOP 分析方法
⑧ HAZOP 组长证书</td></tr>
</table>

续表

（4）过程控制 / 仪表工程师，应具有至少 5 年石油石化领域仪表、电气等专业的工作经历； （5）（　　），应具有至少 5 年现场操作经验，宜为班长或技师； （6）（　　），应具有至少 5 年石油石化领域安全专业的工作经历； （7）设计工程师，应至少具有 5 年（　　）相关专业设计工作经历； （8）（　　）工程师，应具有至少 5 年石油石化领域设备专业的工作经历； （9）专利商或供货商代表（需要时）； （10）其他专业人员。 HAZOP 分析团队每个成员均有明确的分工。要求团队成员具有 HAZOP 分析所需要的相关技术、操作技能以及经验。HAZOP 分析团队应尽可能（　　）。通常一个分析团队至少（　　）人，很少超过（　　）人。团队越大，进度越慢。	⑨ 石油石化 ⑩ 机械设备 ⑪ 5 ⑫ 4 ⑬ 7 ⑭ 8

【任务反馈】

简要说明本次任务的收获、感悟或疑问等。

1 我的收获

2 我的感悟

3 我的疑问

【项目综合评价】

姓名		学号		班级	
组别		组长及成员			
项目成绩：			总成绩：		
任务	HAZOP 分析团队成员职责的确定				
成绩					

续表

自我评价		
维度	自我评价内容	评分
知识	1. 了解 HAZOP 分析团队的组建模式及成员组成（10 分）	
	2. 了解 HAZOP 分析团队成员的资格条件（5 分）	
	3. 知晓团队组建对 HAZOP 分析工作的重要性（5 分）	
	4. 掌握 HAZOP 分析成员的必备能力（10 分）	
	5. 掌握各成员在 HAZOP 分析会议中的基本职责（10 分）	
	6. 掌握主持 HAZOP 分析会议的技巧（10 分）	
能力	1. 能明确 HAZOP 分析团队的组建模式及优缺点（5 分）	
	2. 能明确 HAZOP 分析团队成员所需资格条件和能力（5 分）	
	3. 能掌握 HAZOP 分析团队成员在会议中的具体分工与职责（10 分）	
	4. 能够主持 HAZOP 分析会议（10 分）	
素质	1. 通过学习 HAZOP 分析团队成员的能力与职责，提升化工安全意识（10 分）	
	2. 通过学习 HAZOP 分析会议主持技巧，树立团队协作与责任担当意识（10 分）	
总分		

我的反思		
我的反思	我的收获	
	我遇到的问题	
	我最感兴趣的部分	
	其他	

【项目扩展】

HAZOP 分析会议的基本流程

HAZOP 分析会议基本流程如图 4-1 所示。HAZOP 分析会议包括划分节点、偏离确认、分析事故后果、查找事故原因及剧情保护措施、分析剩余风险、讨论建议措施等。在会议进行过程中，HAZOP 分析团队全体成员，应根据自己的专业特长对分析做出相应的贡献，配合 HAZOP 分析主席掌握会议的节奏和气氛，避免出现“开小会”或者“一言堂”的局面，共同协作形成一份能够得到各方认可的、高质量的 HAZOP 分析报告。

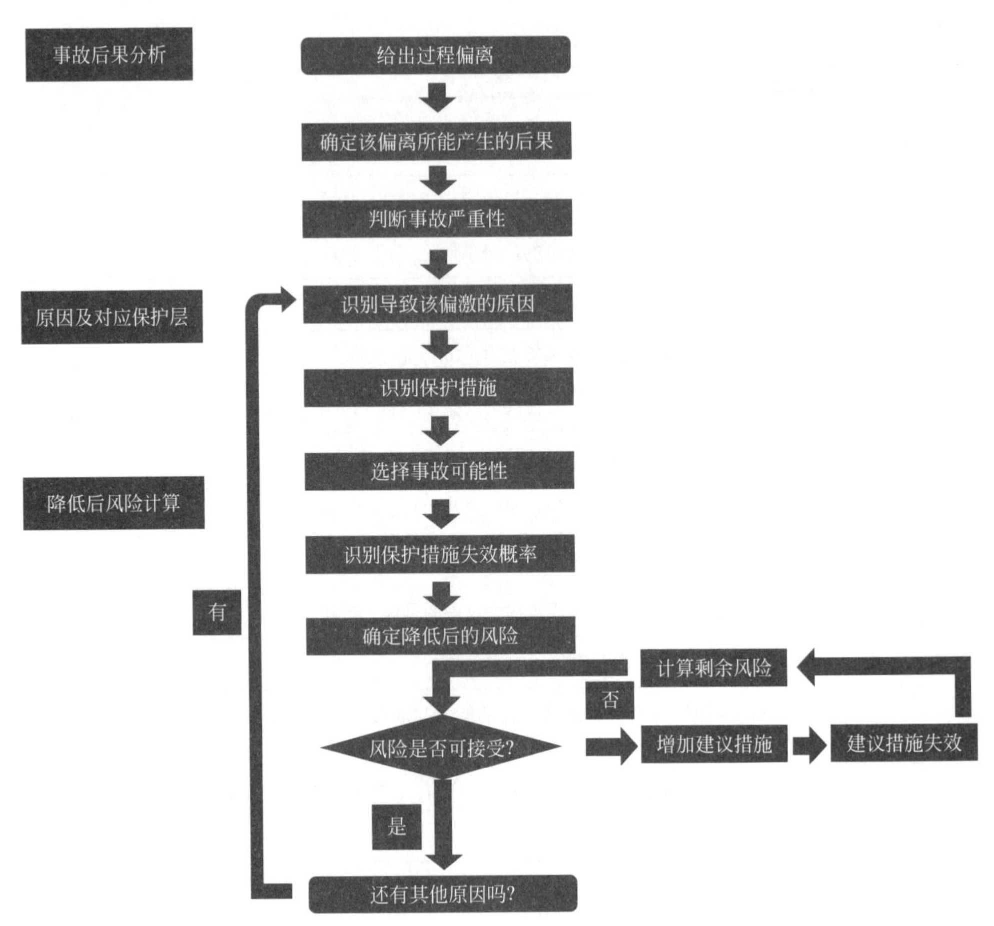

图 4-1　HAZOP 分析会议基本流程

项目五

HAZOP 分析准备

【学习目标】

1. 熟悉制订 HAZOP 分析计划的要点及注意事项；
2. 熟悉收集 HAZOP 分析所需要的技术资料的内容及注意事项。

能力目标

1. 能够合理制订工程设计阶段和生产运行阶段 HAZOP 分析计划；
2. 能够准确收集并审查 HAZOP 分析所需要的技术资料。

素质目标

1. 通过学习制订 HAZOP 分析计划的要点，树立安全分析思维、逻辑思维；
2. 通过学习收集 HAZOP 分析所需要的技术资料，培养理论先进性、生产安全性的工程观念。

【项目导言】

在进行 HAZOP 分析前，由 HAZOP 分析主席负责制订 HAZOP 分析计划。具体应包括分析目标和范围，分析成员的名单，详细的技术资料，参考资料的清单，管理安排、HAZOP 分析会议地点，要求的记录形式，分析中可能使用的模板等。还应为 HAZOP 分析会议准备合适的房间设施、可视设备及记录工具，以便会议有效地进行。

在第一次会议前，宜对分析对象开展现场调查（适用于生产运行阶段的 HAZOP 分析），HAZOP 分析主席应将包含分析计划及必要参考资料的简要信息包分发给分析团队成员，便于他们提前熟悉内容。HAZOP 分析主席可以安排人员对相关数据库进行查询，收集相同或相似的曾经出现过的事故案例。

HAZOP 分析是一种有组织的团队活动，要求遍历工艺过程的所有关键“节点”，用尽所有可行的引导词，而且必须由团队通过会议的形式进行，是一种耗时的任务。因此，在进行HAZOP分析准备时，其中一项重要事情就是确定HAZOP分析会议的进度安排，即HAZOP分析会议的起始时间和工作日程安排。此外，在HAZOP分析会议前，对HAZOP分析团队的人员应进行HAZOP分析培训，使HAZOP分析团队所有成员具备开展HAZOP分析的基本知识，以便高效地参与HAZOP分析。

HAZOP分析开始前，业主单位要准备好分析过程中所需的技术资料，即过程安全管理的一个要素——工艺安全信息。如果所需资料不完整、不与所分析的装置实际情况相符，那么就不要急于开始HAZOP分析，而是要设法补充完整和更新所需要的工艺安全信息，否则即使开展了HAZOP分析，所得的分析结果将不可信。一个避免上述问题最好的办法就是企业要建立、健全过程安全管理体系，在制度上保证工艺安全信息的完整性和更新的及时性。如果企业的技术资料准确齐全，对于一个比较简单的化工过程，HAZOP分析前的准备时间需要1～2天；对于一个比较复杂的化工过程，HAZOP分析前的准备时间需要一个星期左右。

【项目实施】

任务安排列表

任务名称	总体要求	工作任务单	建议课时
任务一 制订HAZOP分析计划	通过该任务的学习，掌握制订HAZOP分析计划的要点及注意事项	5-1	1
任务二 收集HAZOP分析需要的技术资料	通过该任务的学习，掌握HAZOP分析需要的技术资料的内容及收集注意事项	5-2	1

任务一 制订HAZOP分析计划

任务目标	1. 掌握制订HAZOP分析计划的要点 2. 掌握HAZOP分析的注意事项及成功因素
任务描述	通过对本任务的学习，知晓制订HAZOP分析计划的重要性

【相关知识】

一、制订HAZOP分析计划的要点

对于一个项目而言，进行HAZOP分析前要制订一个分析管理流程，一般按照图5-1所示HAZOP分析步骤开展。在进行HAZOP分析时按作业程序开展工作。这个程序通常由业

主制订或由业主认可。下面主要讨论 HAZOP 分析作业程序内容，也就是制订 HAZOP 分析计划的要点。

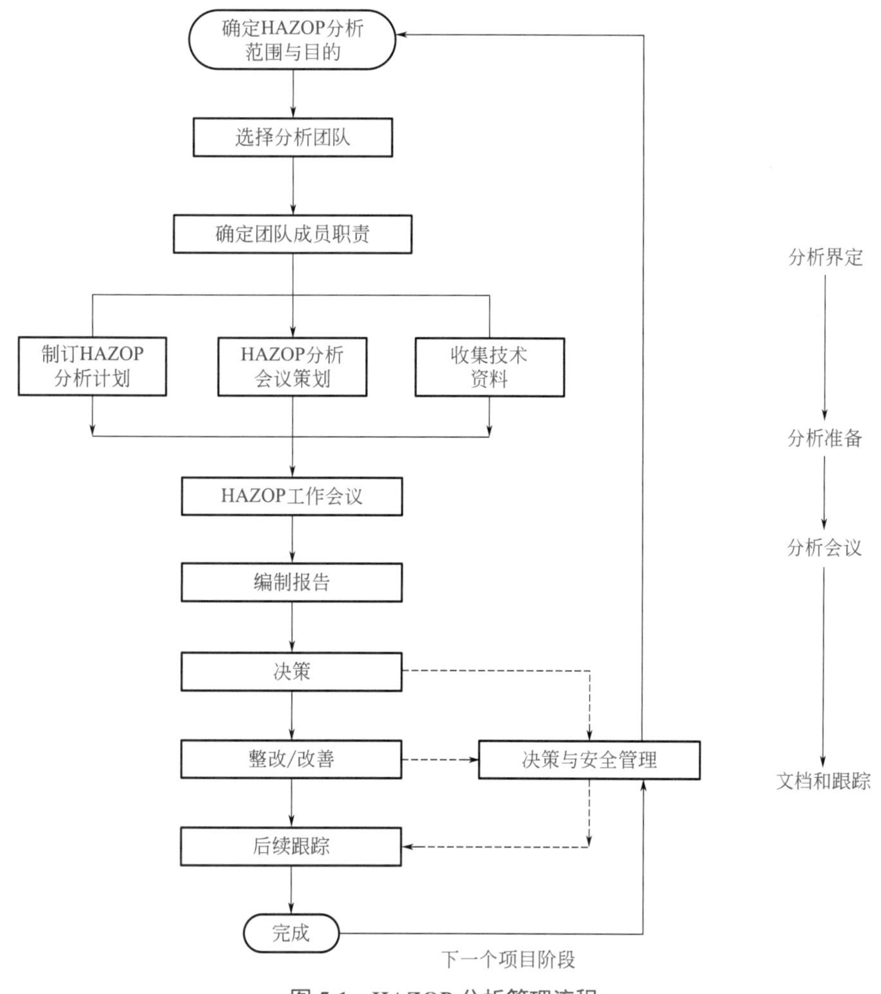

图 5-1　HAZOP 分析管理流程

1. 明确 HAZOP 分析的组织者

作业程序要明确项目经理是 HAZOP 分析工作的第一责任人。在实际工作中，项目经理关注此事，体现了项目管理层对此项工作的重视。HAZOP 分析的具体协调与安排等工作，一般由安全工程师、HSE 经理、HSE 工程师、项目工程师等负责。

2. 明确 HAZOP 分析的研究范围

在 HAZOP 分析程序里要确定对哪些工艺装置、单元和公用工程及辅助设施进行 HAZOP 分析。在作业程序里要明确 HAZOP 分析的主要对象是工艺管道及仪表流程图（P&ID）和相关资料。设计阶段产生的文件种类成百上千，但 HAZOP 分析的对象主要是工艺设计的核心文件，这些文件是过程安全设计最主要的信息载体。

3. 确定 HAZOP 分析团队成员及职责分工

前面已经详细介绍过 HAZOP 分析团队成员的资格、能力与职责。在 HAZOP 分析会议开始前，HAZOP 主席要确定团队成员并制订参会人员信息表（表 5-1）。

表 5-1　HAZOP 分析会议参加人员信息

	序号	姓 名	单 位	职务 / 职称
主持单位	1	×××	××× 项目组	HSE
	2	×××		工艺
	3	×××		HSE
	4	……		副总工程师
评价单位	5	×××	××× 有限公司	HAZOP 分析主席
	6	×××		HAZOP 分析记录员
	7	……		工艺专家
设计单位	8	×××	×××	工艺
	9	×××		工艺
	10	×××		仪表
	11	×××		仪表
	12	……		工艺

4. 确定 HAZOP 分析时间进度计划

HAZOP 分析的组织者要根据装置的规模、P&ID 的数量和难易程度估算 HAZOP 分析的时间。HAZOP 分析的时间长短直接决定了 HAZOP 分析本身需要的费用。

由于 HAZOP 分析的对象是工艺设备、工艺管线和仪表，HAZOP 分析的结果对于下游专业有很大的影响。这意味着只要 HAZOP 分析没有完成，工艺方面很有可能产生变化。所以在安排工程进度的时候，必须考虑 HAZOP 分析工作对工程进度的影响，提前做好 HAZOP 分析策划和关闭等工作安排的策略。

HAZOP 分析完成后，更重要的是相关方如何去落实 HAZOP 分析所提的建议。只有落实了 HAZOP 分析建议，HAZOP 分析才有意义，因此关闭的时间也要进行考虑。

5. 准备 HAZOP 分析资料和信息审查

在进行 HAZOP 分析会议之前，HAZOP 分析主席和记录员应当提前几天开始工作。他们的主要任务是：

❶ 检查 HAZOP 分析所需资料是否齐全，是否能满足 HAZOP 分析要求。最重要的就是检查 P&ID 图纸的版次、深度及完善程度。HAZOP 分析所需要的主要资料是管道仪表流程图（P&ID）、工艺流程图（PFD）、物料平衡和能量平衡、设备数据表、管线表、工艺说明等文件。这些图纸和资料需要在 HAZOP 分析会开始前准备好。特别是 P&ID，应保证与会人员每人一套。P&ID 要信息完整、符合设计深度要求，以保证分析的准确性。

❷ 与工艺设计人员沟通以便了解更多的信息。在 HAZOP 分析之前，很有可能已经开展过其他安全分析工作并有相应的分析报告。那么，HAZOP 分析团队要在 HAZOP 分析开始前和分析过程中审查这些报告，重点检查安全报告内是否有需要在当前设计阶段落实的建议和措施。

❸ 初步划分 HAZOP 分析节点（注：有时候划分节点的工作也可以在分析会上进行）。向 HAZOP 分析记录软件里输入一些必要的信息。

6. HAZOP 分析会场及条件

HAZOP 分析是一项重要的安全审核工作，它是一项正式的安全活动，因此在会议室准备方面也不能忽视。首先应根据参加 HAZOP 分析人员的多少估计会场的大小，一般要选择一个能容纳 12 ～ 13 人的会议室。会议室应尽量选择在安静的地方。会议室应该有投影仪、笔记本电脑、黑板、翻页纸、胶带等。有时候要考虑在墙上悬挂大号的 P&ID 图纸，所以要求会议室的墙壁不能有影响悬挂的物件。

还有一项重要工作是选择 HAZOP 分析的管理软件，现在的 HAZOP 分析一般都要采用专门的 HAZOP 分析软件，进行记录和管理。要在作业程序里明确用哪一种 HAZOP 分析软件。国内外都有专业化开发的计算机辅助 HAZOP 分析软件。这些管理软件能有效地帮助记录 HAZOP 分析过程，管理 HAZOP 分析的有关信息，提高分析工作的效率。当然，也可以用普通的办公软件如 Word 或 Excel 进行记录和管理。

HAZOP 分析是一项非常耗费精力的工作，必须安排适当的休息时间。会议室一般要准备茶水、咖啡、水果和甜点等。

7. HAZOP 分析会议前的准备

HAZOP 分析会议的第一天，在分析工作正式开始前，HAZOP 分析主席最好对参会人员进行一个简短的 HAZOP 分析方面的培训，即使参会人员已经有很多经验。简短培训完毕后，参会人员一般会介绍自己，让大家知道各成员的工作经验、专业特长以及在 HAZOP 分析中的角色。在接下来的时间里，HAZOP 分析团队成员在 HAZOP 分析团队主席的领导下按 HAZOP 分析程序要求的步骤开展工作。

二、HAZOP 分析的成功因素

1. 选好 HAZOP 分析团队主席

HAZOP 分析主席不仅要掌握 HAZOP 分析的方法，还需要有较强的组织会议的能力和沟通能力，同时还应当拥有比较丰富的生产和操作实践经验。HAZOP 分析主席只有将能力、技术和实践经验充分地结合才能有效地组织团队完成 HAZOP 分析。为确保 HAZOP 分析的质量，有的企业建立了选择 HAZOP 分析主席的内部标准，对 HAZOP 分析主席在工厂工作的年限、从事 HAZOP 工作的年限等有明确的规定。

该 HAZOP 分析主席应当接受过系统的 HAZOP 分析培训，且此前曾作为分析团队成员参加过多次 HAZOP 分析，同时 HAZOP 分析主席必须熟悉此类装置的运行并具有操作方面的经验和知识。

如果装置原来进行过 HAZOP 分析，再次进行分析时，不宜再选择前一次的 HAZOP 分析主席担任本次分析团队的领导，这样有助于克服思维定式。

2. 团队成员应能代表多种相关技术专业并具有一定的经验

HAZOP 分析团队成员应具备一定的能力和经验，以适应分析工作的需要。有关 HAZOP 分析团队成员的资格和职责详见项目四。

3. 充分发挥装置技术人员的作用

对于在役装置可能已经运行数年乃至几十年的时间，对装置运行期间情况的了解非常重要。企业自己组织开展的生产运行阶段的 HAZOP 分析，其团队成员要尽可能从负责本装置 / 单元生产的技术、设备、操作专家中选择。他们对装置的运行情况最为熟悉和了解，也最关心本装置 / 单元可能存在的风险，他们的参加有利于保证 HAZOP 分析的质量，对后续安全措施的落实也是非常有利的，如能请本装置 / 单元有经验的老师傅、老班长参与到 HAZOP 分析中来，对分析工作也是很有益的。要注意充分发挥这些装置技术人员的作用，在工作安排上要保证这些人员能够全程参与。

4. 分析所依据的过程安全信息等资料要与实际情况相符合

过程安全信息的完整性和准确性对生产运行阶段的 HAZOP 分析极其重要，特别是 P&ID 必须符合现场的实际情况。生产运行阶段的装置已经历经了多年甚至几十年的生产运行，如果企业未能严格落实变更管理的各项措施，将会导致工艺、装置的改动缺乏准确的记录。当这些改动未能在 P&ID 上准确反映，并且没有对这些改动的地方开展必要的安全审查及评估时，就可能埋下了 HAZOP 分析无法识别的安全隐患。

5. 重视现场评价

对在役装置开展 HAZOP 分析，一个较为有利的条件就是几乎所有的分析结果都可以进行现场验证。因此开展现场 HAZOP 分析是很有用的。为此，生产运行阶段 HAZOP 分析的工作地点最好选择在距离装置较近的地方。开展现场 HAZOP 分析的一般做法是顺着装置的流程从入口端一直走到出口端。现场评价能识别：

❶ 中央控制室和其他建筑物的位置，危险物质的存储，高风险的设备，例如：泵、压缩机和高温设备；

❷ 设备通道和间隔，火灾监控覆盖是否被其他改变所影响；

❸ 关键的设备和操作，尤其是对于重要的机组；

❹ 安全阀的安装（水平隔离阀、液体收集器的潜在危险，波纹管安全阀泄放）；

❺ 铅封阀颜色标识，铅封管理的应用；

❻ 采样和排水带来的危险；

❼ 图纸出现争议和不符的地方。

6. 合理安排 HAZOP 分析会议时间

由于生产运行阶段的 HAZOP 分析团队成员大多是日常生产管理的骨干，在企业组织开展 HAZOP 分析时，要考虑这些团队成员的工作特点，统筹安排 HAZOP 分析会议的时间，既要保证这些人员参加 HAZOP 分析会议，又要兼顾正常生产。

某企业的做法是：HAZOP 分析的时间要错开每天处理日常生产事务的高峰时间。如上午分析的时间安排在 10 点开始，目的是给参加 HAZOP 分析的那些骨干留出在单位处理工作的时间。具体时间安排见表 5-2。

表 5-2　某企业的 HAZOP 分析时间安排

时间	工作安排	人员
8：30 ～ 10：00	做 HAZOP 分析工作准备	HAZOP 分析主席、记录员和协调员
	在工作例会中关注前一天 HAZOP 分析结果中涉及的问题并安排整改工作	车间主任
	处理自身日常工作	专业技术人员
10：00 ～ 12：00	进行 HAZOP 分析	分析团队成员
12：00 ～ 13：00	休息	分析团队成员
13：00 ～ 16：00	进行 HAZOP 分析	分析团队成员
16：00 ～ 17：00	做当日分析工作小结	HAZOP 分析主席、记录员和分析协调员
	及时了解当天分析结果识别出的装置 / 单元存在的风险问题	车间主任
	处理各自日常工作	专业技术人员

此日程一方面兼顾了 HAZOP 分析和日常生产工作，另一方面，参与分析的专家会及时把问题带回生产车间进行整改落实。这样，往往 HAZOP 分析还未结束，提出的问题已完成整改了大约 1/5。

【任务实施】

通过任务学习，掌握制订 HAZOP 分析计划的要点（工作任务单 5-1）。

要求：1. 按授课教师规定的人数，分成若干个小组（每组 5 ～ 7 人）。

2. 完成后，以小组为单位向全体分享。

3. 时间在 30min 内，成绩在 90 分以上。

工作任务一　制订 HAZOP 分析计划　　编号：5-1		
考查内容：HAZOP 分析计划制订的要点及注意事项		
姓名：	学号：	成绩：
1. 确定 HAZOP 分析时间进度计划 HAZOP 分析的组织者要根据装置的规模、(　　) 和难易程度估算 HAZOP 分析的时间。HAZOP 分析的时间长短直接决定了 HAZOP 分析本身需要的（　　)。这项工作一般由业主、HAZOP 分析主席、过程安全工程师完成。根据经验，对于中等复杂程度的 P&ID，在采用“（　　)”进行 HAZOP 分析时，平均每天大概能完成 3.5 张。在策划 HAZOP 分析工作时，可以据此对花费的时间进行估计。		选项 ①费用 ②引导词法 ③ P&ID 的数量 ④设计问题 ⑤经济损失 ⑥标准和规范 ⑦非正常操作

续表

2. 根据 HAZOP 分析管理流程用对应选项将下图补充完整

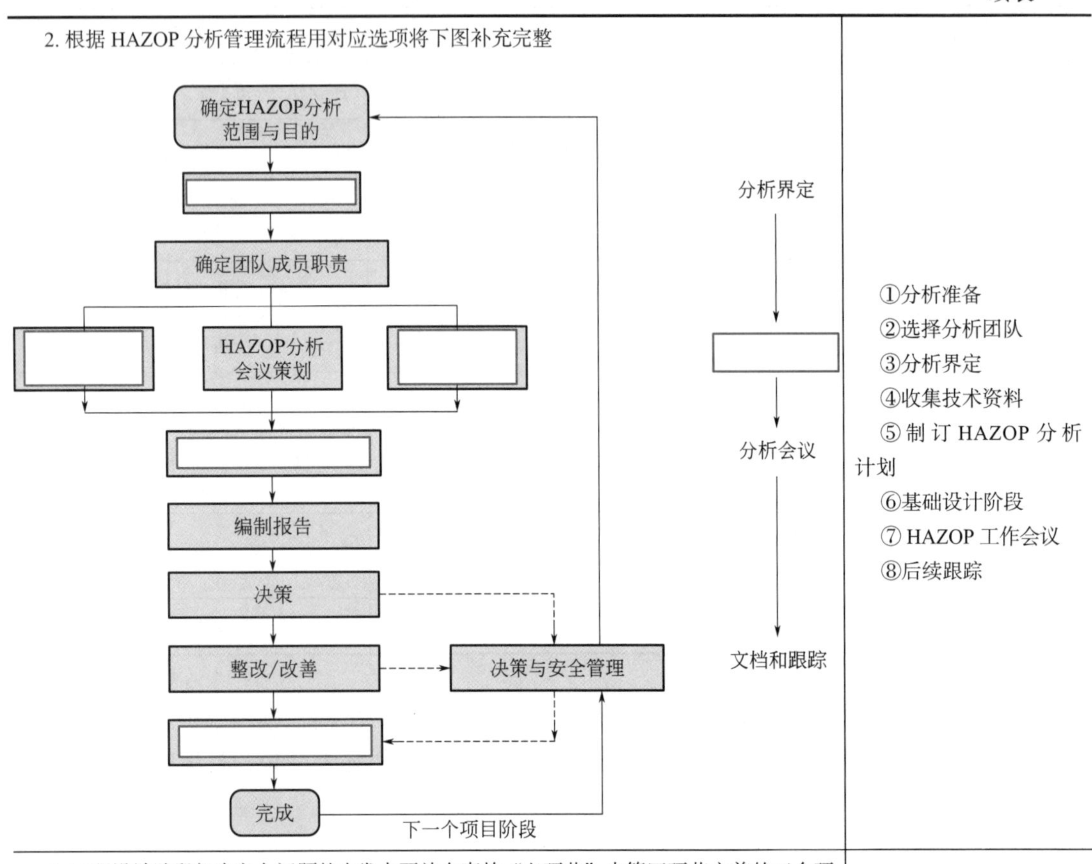

①分析准备
②选择分析团队
③分析界定
④收集技术资料
⑤制订 HAZOP 分析计划
⑥基础设计阶段
⑦ HAZOP 工作会议
⑧后续跟踪

3. 工程设计阶段解决安全问题的出发点要放在事故“七环节”中第四环节之前的三个环节，请对事故“七环节”进行排序

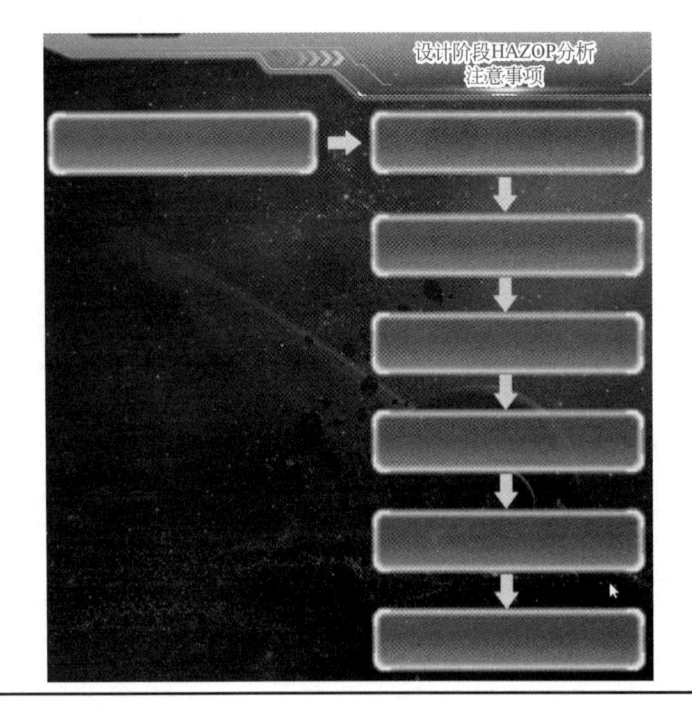

① 造成人员伤害、财产损失、环境破坏等
② 各种后果
③ 存在危险源
④ 危险“事件”发生
⑤ 着火、爆炸
⑥ 某种可以导致“偏离”的原因产生
⑦ 泄漏的物料遇到点火源
⑧ 工艺操作状态产生“偏离”

续表

	选项
4. 从右侧的选项中，选择正确的生产运行阶段 HAZOP 分析的成功因素	①根据装置实际，合理运用 PHA 方法 ②会议地点靠近装置区 ③选好 HAZOP 分析主席 ④合理安排会议时间 ⑤充分发挥装置技术人员的作用 ⑥去现场确认安全问题 ⑦重视现场分析 ⑧团队成员具有一定的技能 ⑨分析输入文件可靠

5. 通过任务学习，完成以下问题

（1）在进行 HAZOP 分析之前，由（　　）负责制订 HAZOP 分析计划。

A. HAZOP 分析记录员　　B. 安全员

C. HAZOP 分析主席　　D. 企业业主

（2）HAZOP 分析方法可按分析的准备、完成分析和编制 HAZOP 评价表的步骤进行。（　　）

A. 正确　　B. 错误

（3）HAZOP 分析项目的截止日期至关重要，如果发现在规定的时间内不能完成分析任务，那么就需要严格执行预定时间，减少部分分析。（　　）

A. 正确　　B. 错误

【任务反馈】

简要说明本次任务的收获、感悟或疑问等。

1 我的收获

2 我的感悟

3 我的疑问

任务二 收集 HAZOP 分析需要的技术资料

任务目标	1. 掌握 HAZOP 分析需要的技术资料的内容 2. 掌握收集 HAZOP 分析需要的技术资料的注意事项
任务描述	通过对本任务的学习，知晓准确收集 HAZOP 分析需要的技术资料的重要性

【相关知识】

一、收集 HAZOP 分析需要的技术资料的目的

HAZOP 分析是一项能够有效排查工艺装置事故隐患、预防重大事故和保障安全生产的重要工作，为保证分析工作的系统化、规范化和严谨性，必须提供大量准确规范的技术材料作为支撑。收集 HAZOP 分析需要的技术资料和数据，就是为了能对装置工艺过程本身进行非常精确的描述，使 HAZOP 分析范围明确，并使 HAZOP 分析尽可能地建立在准确的基础上。重要的技术资料和数据应当在分析会议之前分发到每个分析人员手中。

二、HAZOP 分析需要的技术资料的内容

1. 工程设计阶段 HAZOP 分析所需技术资料

对于建设项目和科研开发的中试及放大装置，开展 HAZOP 分析所需的技术资料包括但不限于以下内容：

❶ 项目或工艺装置的设计基础。主要包括装置的原辅材料、产品、工艺技术路线、装置生产能力和操作弹性、公用工程、自然条件、上下游装置之间的关系等方面的信息以及设计所采用的技术标准及规范。

❷ 工艺描述。工艺描述是对工艺过程本身的描述，一般是根据原料加工的顺序和操作工况进行表述。工艺描述是工艺装置的核心技术文件之一 。工艺描述从工艺包阶段就已经生成。

❸ 管道和仪表流程图（P&ID）。在设计阶段，工艺专业会产生几个版次的 P&ID。在基础设计阶段有内部审查版（A 版）、提出条件版（B 版）、供业主审查版（0 版），详细工程设计阶段有 1、2、3 版。主流程的 HAZOP 分析一般在基础设计阶段进行，P&ID 的深度应该接近 0 版，一般项目组会单独出一版供 HAZOP 分析的 P&ID。成套设备的 HAZOP 分析一般在详细工程设计阶段进行，P&ID 应该包含所有的设备和管线信息及控制回路。

❹ 以前的危险源辨识或安全分析报告。在基础设计阶段进行 HAZOP 分析时，要检查工艺包阶段的危险源辨识或安全分析报告是否有需要在基础设计阶段落实的建议或措施。在开展详细设计阶段的 HAZOP 分析时，分析团队首先要检查基础设计阶段的安全分析报告（如 HAZOP 分析报告）是否有需要在详细设计阶段落实的建议和措施。

❺ 物料和热量平衡数据。物料平衡反映了工艺过程原料和产品的消耗量、比例、相态

和操作条件。工程设计都是以物料平衡和热量平衡为基础开展的。在设计阶段，只要工艺路线和规模没有发生变化，物料和热量平衡就是不变的。

❻ 联锁逻辑图或因果关系表。这里主要指安全仪表系统的逻辑图和因果关系表。通过这些资料，HAZOP 分析团队可以理解联锁启动的原因和执行的动作，也可以了解联锁系统的配置。

❼ 全厂总图。全厂总图体现了工艺装置单元、辅助设施的相对关系和位置。

❽ 设备布置图。在平面图上显示了所有设备的位置和相对关系。

❾ 化学品安全技术说明书（MSDS）。MSDS 含有物料的物理性质和化学性质，是进行工艺设计和工程设计的重要过程安全信息。在 HAZOP 分析过程中，往往会查询相关物料的 MSDS。

❿ 设备数据表。设备数据表包含了工艺设备的操作条件、设计条件、管口尺寸、设备等级等各种信息。

⓫ 安全阀泄放工况数据表。数据表包含了安全阀、爆破片等安全泄放设施的设计工况和有关工艺数据。

⓬ 工艺特点。即使是生产同一种产品的工艺装置，不同专利商的工艺技术可能有自己的工艺特点，因此要注意获得这方面的资料。HAZOP 分析团队要特别注意这一点，避免犯经验主义或低估某些过程安全风险。

⓭ 管道材料等级规定。规定了各种温压组合工况对材料的选择要求。

⓮ 管线规格表。包含管线的操作条件、设计条件、材质和保温方面的信息。

⓯ 操作规程和维护要求。新装置可以参考已有装置。

⓰ 紧急停车方案。

⓱ 控制方案和安全仪表系统说明。

⓲ 设备规格书。它含有材质、设计温度 / 压力的有关信息。

⓳ 评价机构及政府部门安全要求。如：《建设项目安全设立评价报告》和《职业卫生预评价报告》提出的建议措施。

⓴ 类似工艺的有关过程安全方面的事故报告。在设计过程中也应该吸取以前的或类似装置的事故教训，避免类似的事故再次发生。

2. 生产运行阶段 HAZOP 分析所需技术资料

对于在役装置，除了包括以上工程设计阶段 HAZOP 分析所列明的资料外，还需要补充以下资料：

❶ 工艺描述。由于在役工艺装置可能进行过改扩建或变更，因此要补充完整、准确的工艺描述。

❷ 管道和仪表流程图。对于在役装置的 HAZOP 分析，应该获得含有变更信息的最新 P&ID。

❸ 以前的危险源辨识或安全分析报告。在进行在役装置 HAZOP 分析时，要回顾设计阶段完成的 HAZOP 分析报告。

❹ 操作规程和维护要求。对在役装置进行 HAZOP 分析时，应获得有效版本的操作规程。

❺ 类似工艺的有关过程安全方面的事故报告。对于在役装置，要特别注意搜集本装置

曾经发生过的事故和未遂事件。

⑥ 装置分析评价的报告。

⑦ 相关的技改等变更记录和检维修记录。

⑧ 本装置或同类装置事故记录及事故调查报告。

⑨ 装置的现行操作规程和规章制度。

⑩ 其他必要的补充资料。

三、收集 HAZOP 分析需要的技术资料的注意事项

收集 HAZOP 分析需要的技术资料时，应确保分析使用的资料是最新版的资料，资料应准确可靠。因为 HAZOP 分析的准确度取决于可用的技术资料与数据，这些资料与数据能准确表达所要分析的环境和相关装置。不正确的技术资料将导致不准确的结果。例如，如果北欧海上设施失效数据被用于东南亚海上设施的 HAZOP 分析，由于大气和水温不同，人的反应和设备性能也不同，那么，HAZOP 分析结果的可靠性将降低。因此，不能直接把一方面的信息数据应用于另一方面。

当所有的资料准备好时，就可以开始 HAZOP 分析。如果资料不够，会造成 HAZOP 分析进度拖延，同时不可避免地影响 HAZOP 分析结果的可信性。HAZOP 分析主席或协调者必须确保所有的资料文件在开始 HAZOP 分析之前一周准备好，所有的文件需经过校核，并具备进行 HAZOP 分析的条件。

四、案例分析

1. 项目背景

根据国务院、国家安全监管总局相关文件以及中国海洋石油总公司《关于推广应用 HAZOP 风险分析的通知》（海油总安〔2012〕758 号）等有关要求，为提高惠州炼化二期 2200 万吨 / 年炼油改扩建及 100 万吨 / 年乙烯工程项目的本质安全水平，对项目涉及“两重点一重大”的装置和单元，在项目基础设计阶段开展危险与可操作性（HAZOP）分析。目前惠炼二期项目总体设计已经完成，为确保基础设计的质量，惠炼在基础设计阶段组织实施 HAZOP 分析。惠州炼化二期项目的工作范围包括 400 万吨 / 年渣油加氢、180 万吨 / 年催化重整、100 万吨 / 年乙烯等 20 个单元的危险与可操作性分析（HAZOP）服务。本次 HAZOP 分析对象为 180 万吨 / 年连续重整装置。

2. 装置简介

本项目为中海石油炼化有限责任公司惠州炼油二期 2200 万吨 / 年炼油改扩建及 100 万吨 / 年乙烯工程中拟新建的 180 万吨 / 年催化重整（Ⅱ）装置。根据全厂总加工流程安排，本装置以轻烃回收装置来的混合重石脑油、加氢裂化装置来的重石脑油和乙烯裂解汽油抽余油为原料，采用连续重整工艺技术，生产 C5+RONC 为 102 的高辛烷值重整生成油，送至下游的芳烃抽提装置分离出苯和甲苯后作为全厂汽油调和组分，以满足新汽油标准对出厂汽油质量的要求。本装置副产的含氢气体与来自渣油加氢、蜡油加氢和柴油加氢装置的低分外排气（含氢气体）混合送至变压吸附（PSA）部分，生产 99.9% 的产品纯氢送往工厂的 1 号氢气管网，尾气经压缩机升压后作为全厂燃料气组分。

12 万吨 / 年重整氢变压吸附（PSA）氢提纯单元是以重整气和低分气的混合气为原料，

采用变压吸附（PSA）工艺分离提纯氢气的成套装置。PSA 部分以重整气和低分气的混合气为原料，采用成都华西化工科技股份有限公司的 10-2-4 PSA 流程变压吸附氢提纯技术，从原料气中提纯分离出纯度大于 99.9% 的氢气，然后送出界区去氢气管网。原料气在提纯氢后，剩余的解吸气 PSA 装置的解吸气送至压缩机。

3. 相关资料的准备

HAZOP 分析是对装置的整体评估，涉及工艺技术、设计、操作、安全等方方面面的信息。一个完整的资料文档系统可以使分析更顺畅、更全面。部分技术资料清单见表 5-3。

表 5-3　180 万吨 / 年连续重整装置 HAZOP 分析技术资料清单

1. 工艺流程中的化学反应
2. 最大的液存量
3. 主要参数可接受的上限和下限：温度、压力、流量、组成
4. 如果超出了设计极限，引发的安全和健康方面的问题
5. 建设用材质
6. 设计说明（包括工艺、布置、管道及防腐设计说明）
7. P&ID 图的界区条件
8. 设备的设计规格
9. 操作手册
10. 设备及管线规格
11. 对停工、自锁、检测、安全系统的描述
12. 收集最新的物性及危险数据（MSDS 数据）：毒性；放射性；渗透性极限；热力学、化学稳定性；反应活性；腐蚀性；物质混合的危险性；可燃性；材料紧急处理手册
13. 材料运输、储藏和处理手册
……

【任务实施】

通过任务学习，完成 HAZOP 分析所需技术资料的收集（工作任务单 5-2）。

要求：1. 按授课教师规定的人数，分成若干个小组（每组 5 ～ 7 人）。

2. 完成后，以小组为单位向全体分享。

3. 时间在 30min 内，成绩在 90 分以上。

工作任务二　收集 HAZOP 分析需要的技术资料　　编号：5-2		
考查内容：收集工程设计阶段和生产运行阶段 HAZOP 分析技术资料的要点及注意事项		
姓名：	学号：	成绩：
1. 通过任务学习，完成下列选择题 （1）HAZOP 分析所需的基本资料中不包括（　　）。		

续表

<table>
<tr><td colspan="2">A. 计算机程序　　B. 逻辑图　　C. 流程图　　D. 作业人员资历证书
（2）进行 HAZOP 分析必须要有工艺过程流程图及工艺过程详细资料。正常情况下，只有在（　　）设计的阶段才能提供上述资料。
A. 开始　　B. 最后　　C. 中间　　D. 全部
（3）下面选项中，（　　）不是危险和可操作性（HAZOP）分析通常所需的资料。
A. 带控制点工艺流程图 P&ID　　B. 现有流程图 PFD、装置布置图
C. 操作规程　　D. 设备维修手册
（4）工艺管道及仪表流程图是 HAZOP 分析是最重要的资料之一。（　　）
A. 正确　　B. 错误</td></tr>
<tr><td>2. 收集 HAZOP 分析需要技术资料的注意事项
收集 HAZOP 分析需要的技术资料时，应确保分析使用的资料是（　　）的资料，资料应（　　）。因为 HAZOP 分析的准确度取决于可用的技术资料与数据，这些资料与数据能准确表达所要分析的（　　）和相关装置。不正确的技术资料将导致不准确的结果。
当所有的资料准备好时，就可以开始 HAZOP 分析。如果资料不够，会造成 HAZOP 分析进度拖延，同时不可避免地影响 HAZOP 分析结果的（　　）。HAZOP 分析主席或协调者必须确保所有的资料文件在开始 HAZOP 分析之前（　　）准备好，所有的文件需经过（　　），并具备进行 HAZOP 分析的条件。</td><td>选项
① 环境
② 最新版
③ 可信性
④ 准确可靠
⑤ 一周
⑥ 两周
⑦ 校核</td></tr>
<tr><td>3. 案例中提供的 HAZOP 分析技术资料不完整，将还需要补充的资料填入下表
<table><tr><th>案例中需要补充的技术资料</th></tr><tr><td></td></tr><tr><td></td></tr><tr><td></td></tr><tr><td></td></tr></table></td><td>①作业人员资历证书
②准确的管道仪表图（P&ID）
③安全评价报告或以前所做 HAZOP 分析报告
④设备维修手册
⑤物料平衡表
⑥工艺流程图</td></tr>
</table>

【任务反馈】

简要说明本次任务的收获、感悟或疑问等。

1 我的收获

2 我的感悟

3 我的疑问

【项目综合评价】

姓名		学号		班级	
组别		组长及成员			

项目成绩：　　　　　　总成绩：

任务	任务一	任务二
成绩		

自我评价

维度	自我评价内容	评分
知识	1. 掌握制订 HAZOP 分析计划的要点（5 分）	
	2. 掌握进行 HAZOP 分析的成功因素 （5 分）	
	3. 掌握事故分析“七环节”的内容（5 分）	
	4. 掌握 HAZOP 分析“7 问”法的内容（5 分）	
	5. 掌握 HAZOP 分析所需技术资料的基本内容（5 分）	
	6. 理解收集 HAZOP 分析需要的技术资料的注意事项（5 分）	

续表

维度	自我评价内容		评分
能力	1. 能清晰描述制订 HAZOP 分析计划的要点（10 分）		
	2. 能规范合理制订 HAZOP 分析计划（10 分）		
	3. 能够描述 HAZOP 分析所需技术资料的内容（10 分）		
	4. 能够描述收集 HAZOP 分析需要的技术资料的注意事项（10 分）		
	5. 能够对收集的 HAZOP 分析技术资料进行审查（10 分）		
素质	1. 通过学习 HAZOP 分析计划的制订，增加对 HAZOP 分析工作的统筹管理能力（10 分）		
	2. 通过学习收集 HAZOP 分析技术资料的内容及注意事项，知晓技术资料准确可靠的重要性（10 分）		
总分			
我的反思	我的收获		
	我遇到的问题		
	我最感兴趣的部分		
	其他		

【项目扩展】

高级 HAZOP 分析案例——加热炉单元

1. 案例背景

石油化学工业简称石油化工，是以石油和天然气为原料，生产石油化工产品的流程工业，在国民经济发展中发挥着极其重要的作用。经过几十年的发展，石油化工已建成门类齐全、具有相当规模、自动化水平较高的产业，成为振兴工业、保证国民经济持续稳定发展的支柱性产业。但同时必须看到的是，它为人类创造巨大的财富的同时也给人类带来了沉重的灾难。在石油化工生产中，操作介质和产品多为易燃易爆物质，如原油、汽油、液化石油气、乙烯、丙烯等，在生产中还常伴随物料对设备造成强烈的腐蚀，而且近年来石化生产装置的发展日趋大型化、自动化、高速化，石油化工生产中存在着大量高压、高温以及剧毒、易燃、易爆的危险化学品，这些都使得石油化工装置一旦发生事故，很可能造成大量人员伤亡、巨大的财产损失以及环境污染，后果将极其严重。

随着石化设备的服役期加长，生产规模加大，事故损失也逐渐增加。HAZOP 分析的重要作用在于，通过结构化和系统化的方式识别潜在的危险与可操作性问题，分析结果有助于确定合适的补救措施。本案例（图 5-2）展示典型石油化工工艺装置中加热炉单元的 HAZOP 分析所提供的部分技术资料。

2. 工艺说明

本单元选择的是石油化工生产中最常用的管式加热炉。管式加热炉是一种直接受热式加热设备，主要用于加热液体或气体化工原料，所用燃料通常有燃料油和燃料气。管式加热炉的传热方式以辐射传热为主，管式加热炉通常由以下几部分构成。

辐射室：通过火焰或高温烟气进行辐射传热的部分。这部分直接受火焰冲刷，温度很高（600～1600℃），是热交换的主要场所（约占热负荷的70%～80%）。

对流室：靠辐射室出来的烟气进行以对流传热为主的换热部分。

燃烧器：是使燃料雾化并混合空气，使之燃烧的产热设备，燃烧器可分为燃料油燃烧器、燃料气燃烧器和油－气联合燃烧器。

通风系统：将燃烧用空气引入燃烧器，并将烟气引出炉子，可分为自然通风方式和强制通风方式。

（1）工艺物料系统　某烃类化工原料在流量调节器FIC101的控制下先进入加热炉F-101的对流段，经对流的加热升温后，再进入F-101的辐射段，被加热至420℃后，送至下一工序，其炉出口温度由调节器TIC106通过调节燃料气流量或燃料油压力来控制。

采暖水在调节器FIC102控制下，经与F-101的烟气换热，回收余热后，返回采暖水系统。

（2）燃料系统　燃料气管网的燃料气在调节器PIC101的控制下进入燃料气罐V-105，燃料气在V-105中脱油脱水后，分两路送入加热炉，一路在PCV01控制下送入长明线；一路在TV106调节阀控制下送入油－气联合燃烧器。

来自燃料油罐V-108的燃料油经P101A/B升压后，在PIC109控制下压送至燃烧器火嘴前，用于维持火嘴前的油压，多余燃料油返回V-108。来自管网的雾化蒸汽在PDIC112的控制压与燃料油保持一定压差情况下送入燃料器。来自管网的吹热蒸汽直接进入炉膛底部。

3. 工艺流程P&ID图

4. 加热炉单元复杂控制方案说明

炉出口温度控制：工艺物流炉出口温度由TIC106控制，TIC106通过一个切换开关HS101，实现两种控制方案：其一是直接控制燃料气流量，其二是与燃料压力调节器PIC109构成串级控制。当使用第一种方案时：燃料油的流量固定，不做调节，通过TIC106自动调节燃料气流量控制工艺物流炉出口温度；当使用第二种方案时：燃料气流量固定，TIC106和燃料压力调节器PIC109构成串级控制回路，自动调节燃料油的压力，从而控制工艺物流炉出口温度。

❶ 串级回路。串级回路是在简单调节系统的基础上发展起来的。在结构上，串级回路调节系统有两个闭合回路。主、副调节器串联，主调节器的输出为副调节器的给定值，系统通过副调节器的输出操纵调节阀动作，实现对主参数的定值调节。所以在串级回路调节系统中，主回路是定值调节系统，副回路是随动系统。

❷ 分程控制。分程控制就是由一只调节器的输出信号控制两只或更多的调节阀，每只调节阀在调节器的输出信号的某段范围中工作。

具体实例：

❶ DA405的塔釜液位控制LC101和塔釜出料FC102构成一串级回路。

❷ FC102.SP随LC101.OP的改变而变化。

❸ PIC102为一分程控制器，分别控制PV102A和PV102B，当PC102.OP逐渐开大时，PV102A从0逐渐开大到100；而PV102B从100逐渐关小至0。

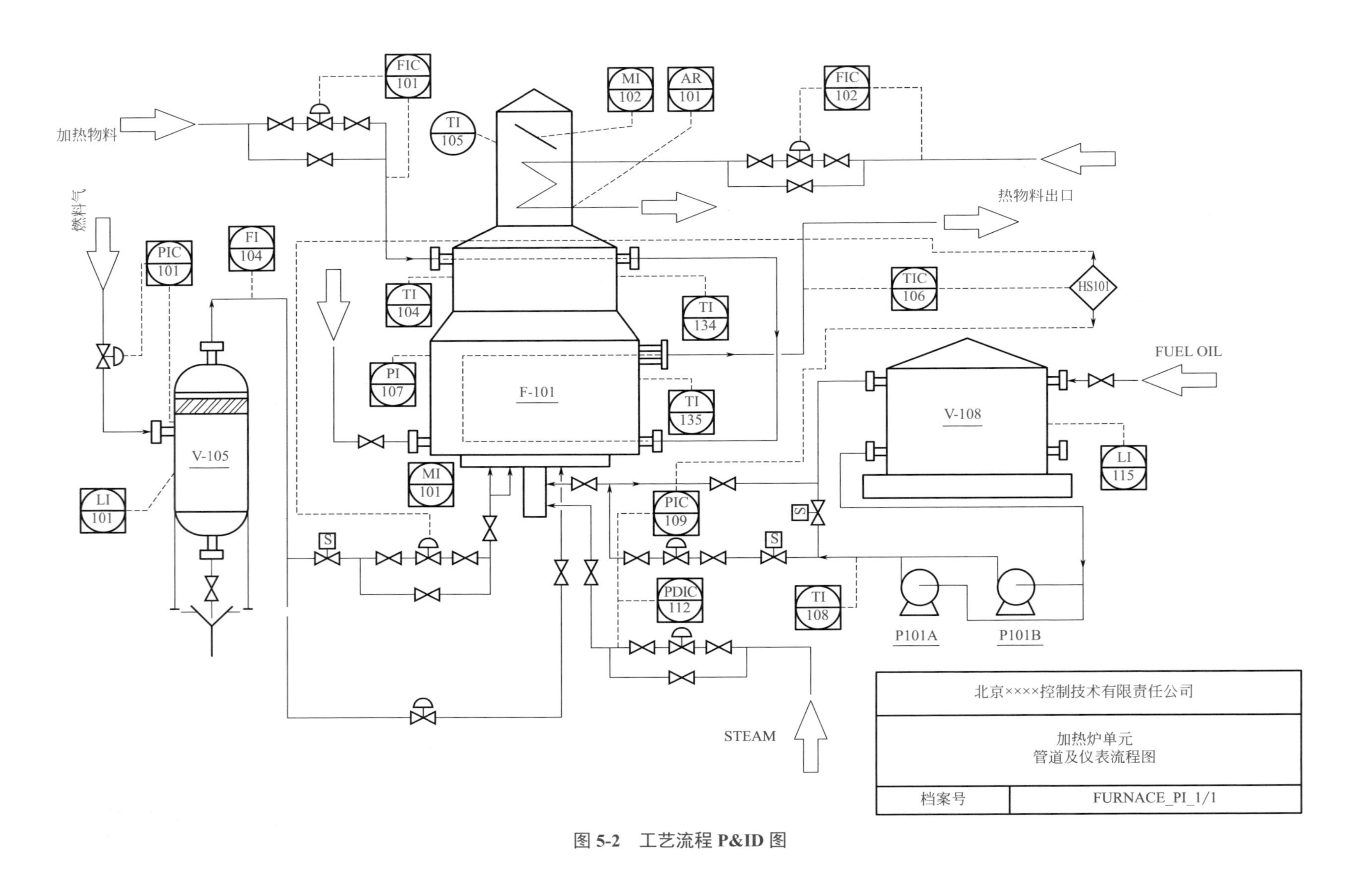

图 5-2 工艺流程 P&ID 图

5. 设备一览表

V-105：燃料气分液罐；V-108：燃料油贮罐；F-101：管式加热炉；P-101A：燃料油 A 泵；P-101B：燃料油 B 泵。设备一览表见表 5-4、表 5-5。

表 5-4 设备一览表（一）

序号	容器位号	容器名称	数量 / 台	规格 /mm		操作参数（管 / 壳）			主体材料（壳）
				内径	长度	温度 /℃	压力 /MPa	介质	
1	V-105	燃料气分液罐	1	φ2600	4000（切）	43	0.5	燃料气	20R
2	V-108	燃料油贮罐	1	φ4600	8600（切）	98	0.05	燃料油	20R
3	F-101	管式加热炉	1	Φ18000	3500（切）	420	0.75	甲苯	0Cr18Ni9

表 5-5 设备一览表（二）

序号	容器位号	容器名称	数量 / 台	规格 /mm		操作参数（管 / 壳）			轴功率 /kW
				形式	密封形式	温度 /℃	扬程	吸 / 排出压力 /MPa	
1	P-101A	燃料油泵	1	离心	机械密封	95	84	0.35/0.85	8.5
2	P-101A	燃料油泵	1	离心	机械密封	95	84	0.35/0.85	8.5

6. 仪表一览表（略）

项目六

HAZOP 分析

【学习目标】

知识目标

1. 了解 HAZOP 分析基本步骤与采用的顺序方法；
2. 掌握节点划分的方法与设计意图描述的准确性；
3. 了解常见的偏离与说明，识别出有意义的偏离；
4. 掌握识别后果的方法与事故后果分类；
5. 掌握化工企业风险评估方法，对存在的风险进行合理、精准的评估；
6. 了解安全措施的类型，在事故情景中识别出独立保护层；
7. 了解建议措施提出的策略及建议措施类型选择的优先级；
8. 了解常见原因的类型与原因的分析步骤。

能力目标

1. 根据不同的 HAZOP 分析步骤的特点，能挑选出适合所分析工艺的分析步骤；
2. 能够对不同生产工艺进行节点的合理划分；
3. 能够对不同的工艺存在的偏离进行合理和全面的识别，并掌握书写规则；
4. 了解偏离造成的声誉、财产、人员等影响的后果，并会判断其合理性；
5. 能够识别初始原因并审核其可信性，掌握常用的原因分析方法；
6. 能够掌握独立保护层及其相关特性的含义，并会审核其独立性和有效性；
7. 能判断风险可接受标准满足法规、企业的要求，并能判定初始原因的频率和事故后果严重程度；
8. 能根据风险评估结果提出合理建议措施，并审核其有效性。

素质目标

1. 通过学习 HAZOP 分析，可识别潜在的安全隐患，增加对风险的认知能力；
2. 通过学习 HAZOP 分析，提升化工安全意识，建立危害辨识与风险管控的思维，增强对潜在风险的识别能力；
3. 通过学习 HAZOP 分析，可针对企业生产过程中出现的事故做出科学准确的判断，提出具体的技术措施和应对策略；
4. 通过学习 HAZOP 分析，从思想上树立起高度的安全责任意识，能够通过参数的科学控制落实安全生产实施策略。

【项目导言】

随着我国对危险化学品企业的生产安全性要求越来越高，HAZOP 分析已经成为危险化学品项目建设和运行过程中进行过程危险源分析的一种常用和重要的手段。越来越多的企业已经逐渐认识到可以利用 HAZOP 分析方法的系统性分析优势，查找出一些被忽视的设计缺陷、在役装置的安全隐患等，并开始接受和主动应用这种方法。

HAZOP 分析是一种定性的风险分析方法，其益处很多，如：能对分析对象（流程、设备）的隐患和可操作性进行系统、全面的评审；能对误操作的后果进行分析评价并提出相应的预防措施；能对从未发生过但可能出现的事故和险情进行预测性的评价；能改进流程设备的安全性和效率；通过 HAZOP 分析的过程能让参与者对分析对象有彻底深入的了解。

本项目根据HAZOP分析会议包含的重要步骤，从中选取适合在校学生学习的知识内容，形成本项目下的九个任务，即基本步骤确认、节点划分、设计意图描述、偏离确定、后果识别、原因识别、现有安全措施识别、风险等级评估、建议措施提出。

【项目实施】

任务安排列表

任务名称	总体要求	工作任务单	建议课时
任务一 HAZOP 分析基本步骤确认	通过该任务的学习，掌握 HAZOP 分析基本步骤的分类与适用工况	6-1	1
任务二 HAZOP 分析节点划分	通过该任务的学习，掌握节点划分的意义与方法	6-2	1
任务三 HAZOP 分析设计意图描述	通过该任务的学习，掌握设计意图描述方法	6-3	1
任务四 HAZOP 分析偏离确定	通过该任务的学习，掌握偏离确定的原则	6-4	1

续表

任务名称	总体要求	工作任务单	建议课时
任务五 HAZOP 分析后果识别	通过该任务的学习，掌握后果识别的原则与分类	6-5	1
任务六 HAZOP 分析原因识别	通过该任务的学习，掌握常见的原因及原因分析方法	6-6	1
任务七 HAZOP 分析现有安全措施识别	通过该任务的学习，掌握独立保护层的概念与有效性和独立性	6-7	1
任务八 HAZOP 分析风险等级评估	通过该任务的学习，掌握事故后果严重性的判断与初始原因失效概率的选择，及风险计算方法	6-8	1
任务九 HAZOP 分析建议措施提出	通过该任务的学习，掌握建议措施的合理性与有效性	6-9	1

任务一 HAZOP 分析基本步骤确认

任务目标	1. 了解“参数优先”分析顺序的 HAZOP 分析基本步骤 2. 了解“引导词优先”分析顺序的 HAZOP 分析基本步骤
任务描述	通过本任务，学习“参数优先”分析顺序和“引导词优先”分析顺序，以及这两种 HAZOP 分析基本步骤，知晓哪个方法最为常用

【相关知识】

HAZOP 分析主席按照分析计划，组织分析会议。HAZOP 分析会议开始时，HAZOP 分析主席应进行以下工作：

❶ 概述分析计划，确保分析成员熟悉系统以及分析目标和范围；

❷ 概述设计描述，并解释要使用的建议偏离；

❸ 审查已知的危险和可操作性问题及潜在的关注区域。

分析应沿着与分析主题相关的流程或顺序，并按逻辑顺序从物流输入端到物流输出端进行分析。HAZOP 分析的优势源自规范化的逐步分析过程。分析顺序可分为“参数优先”和“引导词优先”，一般采用“参数优先”。

【讲解视频】
分析流程

一、“参数优先”分析顺序

“参数优先”顺序如图 6-1 所示，可描述如下：

❶ 划分节点。HAZOP 分析主席选择某一节点作为分析起点，并做出标记。随后，由设计工程师解释该节点的设计意图，确定相关参数及要素（要素即系统一个部分的构成因素，如：物料等）。

❷ HAZOP 分析主席选择其中一个参数或要素，确定首先使用哪个引导词。

❸ 将选择的引导词与分析的参数或要素相结合，检查其解释，以确定是否有合理的偏离。如果确定了一个有意义的偏离，则分析偏离发生的原因及后果。分析后果时应假设任何

已有的安全保护措施都失效，所导致的最终不利后果。

❹ HAZOP 分析团队识别系统设计中对每种偏离现有的保护、检测和显示装置（措施），这些现有安全措施可能包含在当前节点或者是其他节点设计意图的一部分内。

❺ 按照后果的潜在严重性或根据风险矩阵评估风险等级。如果认为现有安全措施已经可以把风险降至可接受的程度，那么此危险剧情的分析到此结束，否则分析团队要提出建议安全措施使风险降至可接受的程度。

❻ HAZOP 分析主席应对记录员记录的文档结果进行总结。当需要进行相关后续跟踪工作时，也应记录完成该工作的负责人的姓名。

然后依次将其他引导词和该参数或要素相结合，重复以上步骤 ❸ ～ ❻；依次对分析节点每个工艺参数或要素重复步骤 ❸ ～ ❻。一个节点分析完成后，应标记为“完成”。重复进行以上过程，直到系统所有节点分析完毕，见图 6-1。

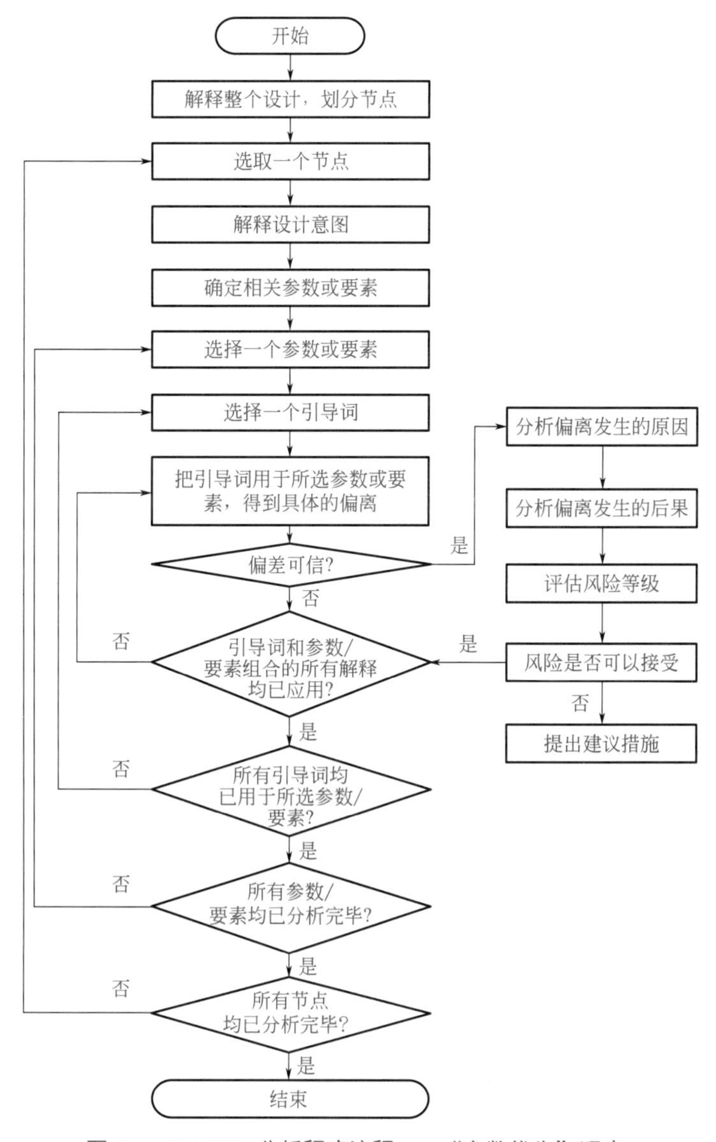

图 6-1　HAZOP 分析程序流程——“参数优先”顺序

二、“引导词优先”分析顺序

引导词应用的另一种方法是将第一个引导词依次用于分析部分的各个要素。这一步骤完成后，进行下一个引导词分析，再一次把引导词依次用于所有要素。重复进行该过程，直到全部引导词都用于分析部分的所有要素，然后再分析系统下一部分，“引导词优先”顺序如图 6-2 所示。

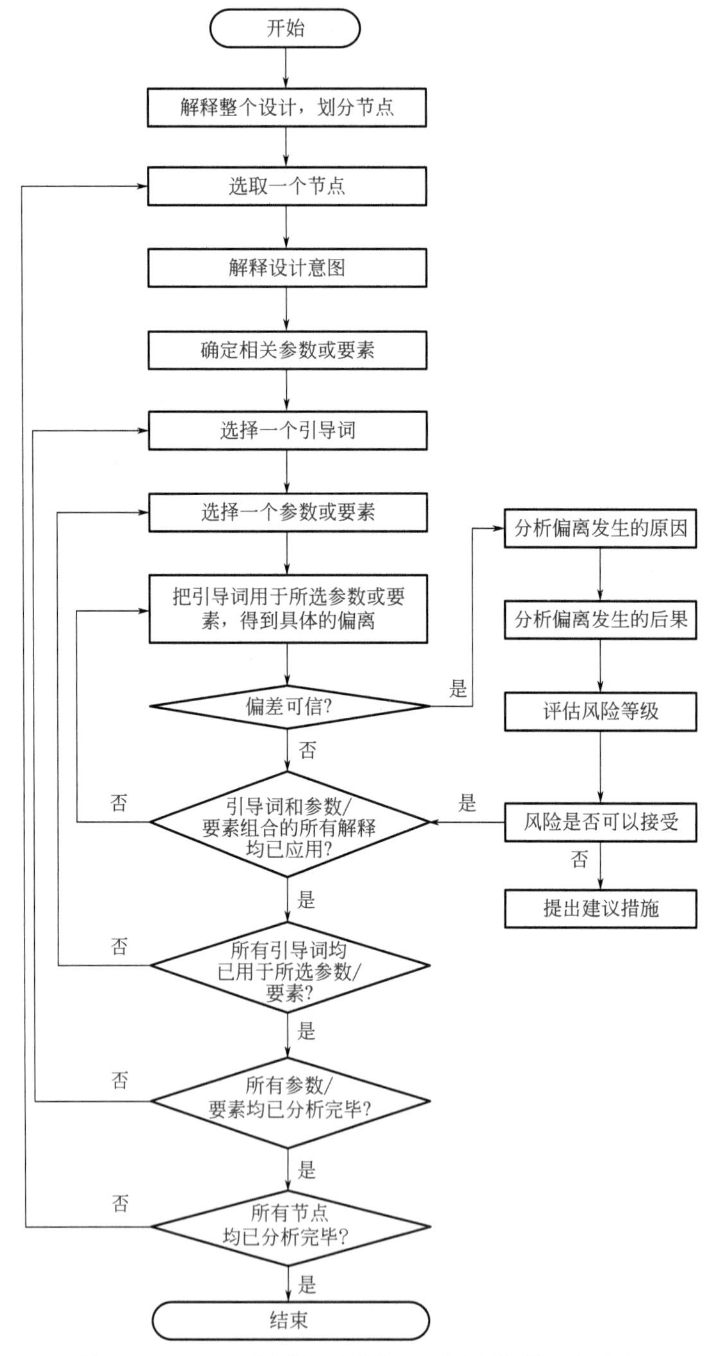

图 6-2　HAZOP 分析程序流程——“引导词优先”顺序

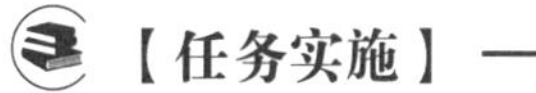

【任务实施】

通过任务学习，完成工程设计阶段 HAZOP 分析目标的确定（工作任务单 6-1）。

要求：1. 按授课教师规定的人数，分成若干个小组（每组 5 ～ 7 人）。

2. 完成后，以小组为单位向全体分享。

3. 时间在 30min 内，成绩在 90 分以上。

<table>
<tr><td colspan="3">工作任务一　HAZOP 分析基本步骤确认　　编号：6-1</td></tr>
<tr><td colspan="3">考查内容：HAZOP 分析基本步骤与分析顺序</td></tr>
<tr><td>姓名：</td><td>学号：</td><td>成绩：</td></tr>
</table>

<table>
<tr><td></td><td>选项</td></tr>
<tr><td>1. HAZOP 分析基本步骤
HAZOP 分析主席概述分析计划时，要确保分析成员熟悉系统，还需熟悉（　　）和（　　）。审查已知的（　　）和（　　）问题。
分析应按逻辑顺序从（　　）到（　　）进行分析。HAZOP 分析的优势源自规范化的逐步分析过程。分析顺序可分为（　　）和（　　）。</td><td>① 可操作性
② 输出物流端
③ 危险
④ 分析目标
⑤ 引导词优先
⑥ 参数优先
⑦ 范围
⑧ 物流输入端</td></tr>
<tr><td>2. HAZOP 分析顺序
从右侧选项中挑选出 “参数优先” HAZOP 分析顺序图中空缺部分所对应的选项。

选择节点或操作步骤
解释工艺指标或操作步骤
（　　）
（　　）
分析偏差后果(假设所有保护措施失效)
列出偏差的可能原因
识别已有避免偏差的保护装置
根据后果、原因及保护估计风险
提出措施
（　　）
（　　）
下一个节点的操作步骤

从右侧选项中挑选出 “引导词优先” HAZOP 分析顺序图中空缺部分所对应的选项。

--</td><td>① 选择某工艺参数
② 选择某一个引导词
③ 使用工艺参数 + 引导词建立有意义的偏离
④ 使用引导词 + 工艺参数建立有意义的偏离
⑤ 下一个参数
⑥ 下一个引导词</td></tr>
</table>

【任务反馈】

简要说明本次任务的收获、感悟或疑问等。

1 我的收获

2 我的感悟

3 我的疑问

任务二 HAZOP 分析节点划分

任务目标	1. 能掌握连续生产工艺节点划分并会审核其合理性 2. 能对加热炉单元进行合理的节点划分 3. 了解节点划分的方法与画法
任务描述	通过本任务，学习节点划分的方法与画法，知晓节点划分在 HAZOP 分析中的作用与意义

【相关知识】

一、HAZOP 分析节点划分概述

HAZOP 分析的基础是“引导词检查”，它可仔细地查找与设计意图背离的偏离。为便于分析，可将系统分成多个节点，各个节点的设计意图应能充分定义。

节点（Nodes）：在开展 HAZOP 分析时，通常将复杂的工艺系统分解成若干“子系统”，每个子系统称作一个“节点”。这样做可以将复杂的系统简化，也有助于分析团队集中精力参与讨论。各节点的设计意图应能充分定义。

节点的划分一般按照工艺流程的自然顺序进行，从进入的 P&ID 管线开始，继续直至设计意图的改变，或继续直至工艺条件的改变，或继续直至下一个设备。

对于连续的工艺过程，HAZOP 分析节点可能为工艺单元（工艺流程图的一部分）；对于间歇过程来说，HAZOP 分析节点可能为操作步骤。

（1）连续过程

❶ 节点为流程的一部分，可能为工艺单元；

❷ 可以是一条线，也可以是一台设备；

❸ 可以根据经验将一些管线和一些设备合并成一个节点；

❹ 可以根据功能将复杂设备分成不同节点；

❺ 应根据工艺的变化，划分不同的节点。

（2）划分的目的　便于一部分一部分地进行 HAZOP 分析；在节点内找偏离，通过偏离挖掘事故剧情。

（3）目标　在节点内尽可能包含完整的事故剧情。

（4）划分原则

❶ 所有设备：管线都要划到节点内；

❷ 同一台设备要划在同一节点内，如换热器、反应罐、塔等，管线除外。注：在 HAZOP 分析时，还需要考虑流程图中无法显示的部分，如设备之间的距离、围堰、探头（检测点）的位置、按钮的位置、排放口的位置、是否方便取样、阀门位置等。

（5）节点描述

❶ 起止范围：从哪里到哪里；

❷ 包括哪些管道和设备。

如：从界区来的直馏石脑油到预加氢进料缓冲罐 D-101 之间的管道，包括预加氢进料缓冲罐 D-101、氮封管线、排污管线和预加氢进料泵 P-101 返回管线。

二、HAZOP 分析节点划分方法

当前流行的有三种划分节点的方法。

❶ 传统派画法：以工艺介质流向为核心，每一工艺介质为一个节点；

❷ 实战派画法：以设备（比如储罐、塔、反应器、压缩机等）为中心，且设备组合，将管线按照一定的规则划入，设备的附件可划入同一节点，以达到一个完整的工艺目的；

❸ 理论派画法：没有原则，根据主席对流程的理解，随意画，小到一个管线，大到一张图纸。

节点划分建议：1 ～ 3 台主设备，包括附属的管线、仪表、管件，至少达到一个完整的工艺意图（图 6-3）。注意：同一条管道不要划归两个节点。

节点画法：描图法（图 6-4）和圈图法（图 6-5）。

❶ 描图法（推荐）：不同节点使用不同颜色的记号笔去描绘设备外形、管线、阀门、管件，但不包括仪表线，并用与节点相同的颜色标注节点号。

❷ 圈图法（不推荐）：不同节点使用不同颜色的记号笔，把设备、管线、阀门、管件圈在一个圈内，并标注节点号。

三、HAZOP 分析节点划分注意事项

首先要掌握所分析的内容，针对一套工艺系统，既要从整体上把握，也要清楚每一个生产环节，这是节点划分的最基本思路，也是粗略确定各节点范围的依据。

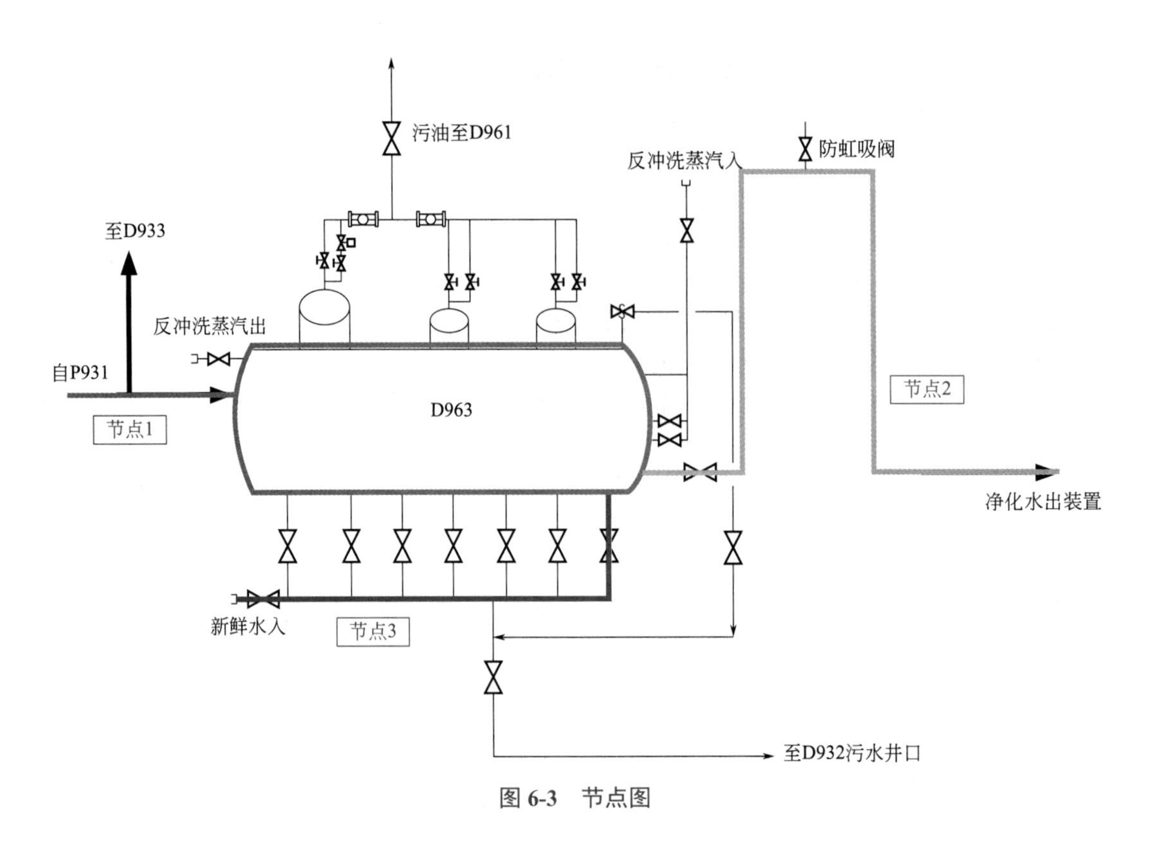

图 6-3　节点图

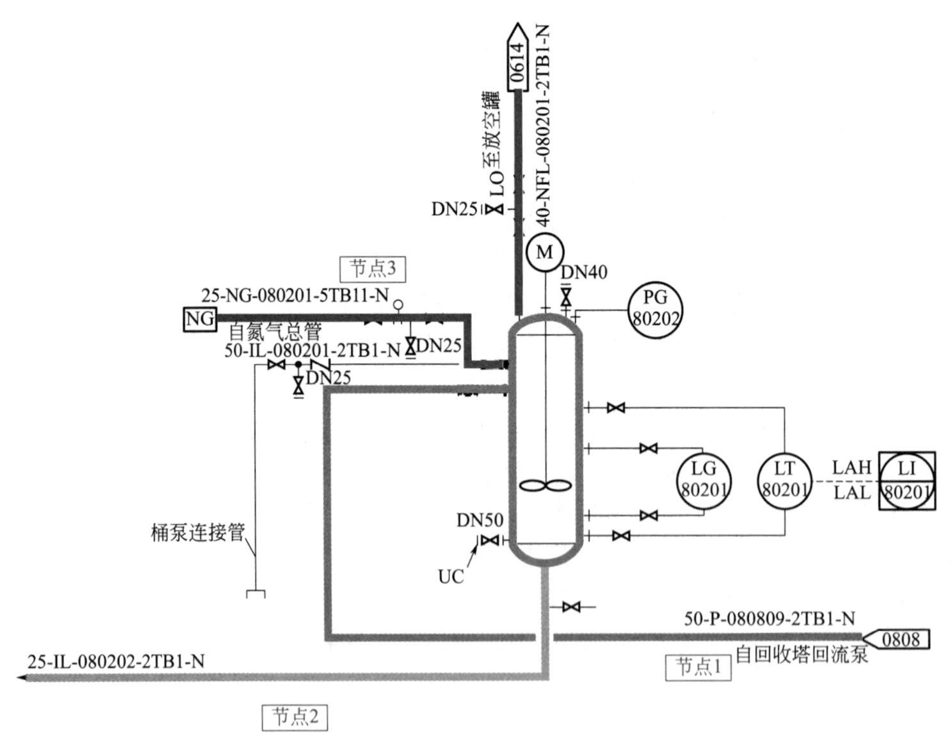

图 6-4　节点图（描图法）

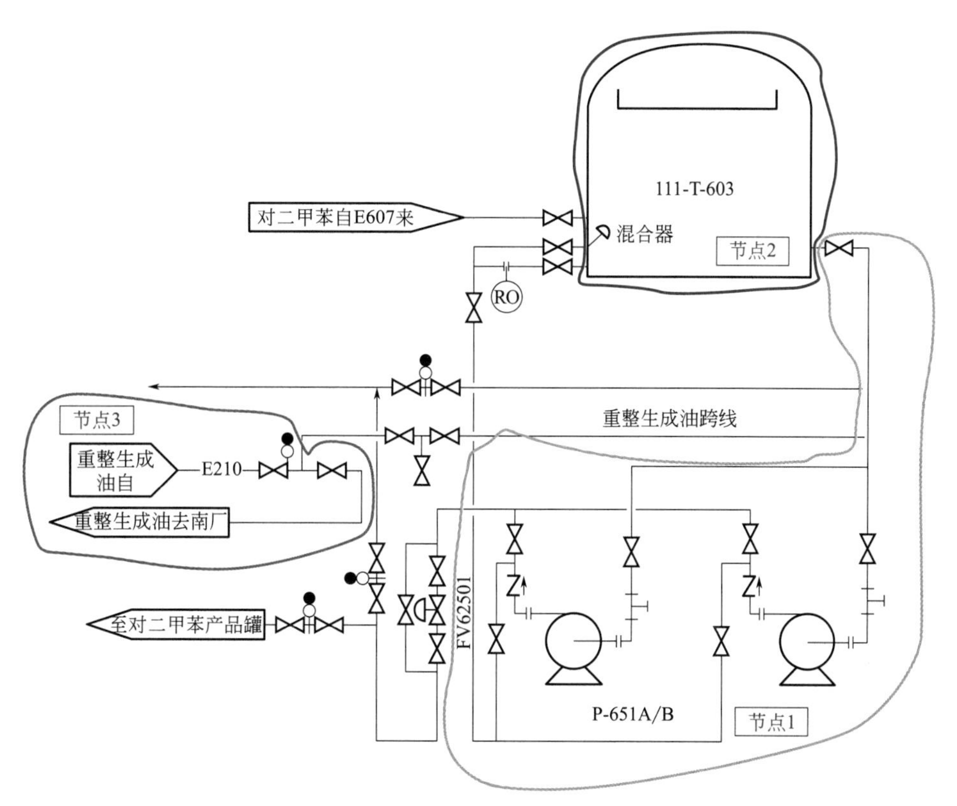

图 6-5 节点图（圈图法）

其次，要按照工艺系统所处理的物料进一步确定节点范围。为什么要按照物料的属性、流向来划分呢？原因很简单，同一种或几种物料处理，一般都集中在某一个小的单元内处理，根据物料的属性和流向能够更加清晰地确定节点范围。这有点像素描，经过上一步粗略线条的勾勒，做更加细致的临摹。在这一步要问自己这样几个问题：该节点输入了哪些物料？经过什么样的处理？输出了哪些产品或中间品？为了达到处理物料的目的，中途经过了哪些设备设施？采用这种发问形式，会使自己的思路更加清晰。

到此，节点划分的工作还未完成，因为还涉及一些工艺管道没有划分清楚。工艺管道的划分，原则上遵循进入设备的工艺物料管道归节点内，从设备送出的工艺物料管道划分到对应的其他节点。但这样划分的原则不是绝对的，还应考虑每一条工艺管道的设计意图。比如，一个储罐的进料管道从原则上来讲应归到储罐的节点内，但是该管道上设有一个液位串级控制回路，用于控制上游一个塔的液位，那么此时将该管道划分到上游塔的节点内更加合适。再比如，一个卧式储罐底部脱水管道，从原则上来说可划分到下一个节点内，但该脱水管道事实上控制的是卧式储罐脱水包的液位，用于控制卧式储罐水相液位，所以应该把它划分到卧式储罐所在节点更加合理。

四、节点划分方法与事故剧情的关系

节点划分方法与事故剧情的关系有以下四种：

❶ 整个事故剧情在节点内；

❷ 原因和偏离在节点内，后果在节点外；

❸ 后果和偏离在节点内，原因在节点外；
❹ 偏离在节点内，原因和后果在节点外。

1. 整个事故剧情在节点内

原因	偏离	后果
控制回路 FIC101A/B 故障，导致阀门 FV101A/B 关小	加热炉进料流量过低	炉管结焦，设备损坏，严重时物料泄漏，引发火灾爆炸造成人员伤亡

2. 原因和偏离在节点内，后果在节点外

原因	偏离	后果
控制回路 FIC101A/B 故障，导致阀门 FV101A/B 开大	加热炉出口温度过低	影响甲苯塔的正常操作，甲苯的分离效果变差

3. 后果和偏离在节点内，原因在节点外

原因	偏离	后果
控制回路 TIC106（串级 PIC602）故障，导致阀门 PV602 开大	加热炉出口温度过高	炉管结焦，设备损坏，严重时物料泄漏，引发火灾爆炸造成人员伤亡

4. 偏离在节点内，原因和后果在节点外

原因	偏离	后果
控制回路 TIC106（串级 PIC602）故障，导致阀门 PV602 关小	加热炉出口温度过低	影响甲苯塔的正常操作，甲苯的分离效果变差

五、节点划分区域大小

❶ 节点划分没有错与对，只有大与小的问题。节点的大小取决于系统的复杂性和危险的严重程度。复杂或高危险系统可分成较小的节点，简单或低危险系统可分成较大的节点。

❷ 节点划分不可过小，例如一条管线、一个换热器、一台转液泵，这样的缺陷是事故剧情的两头在外，现有的保护措施大多也在外，分析质量差，分析下个节点时，还要重复分析。

❸ 节点划分不可过大，例如蒸馏塔加若干个进液罐、若干个出液罐、再沸器、冷凝器，这样的缺陷是节点内包含的事故剧情过多，容易遗漏。

❹ 牢记：划分节点的目的不是分析节点内的事故，而是通过节点内的偏离，挖掘出整个事故剧情，并加以分析。确定所要分析的偏离才是最核心的。

❺ 若用表格记录 HAZOP 分析结果，要求有较高的节点划分的水平，否则由于表格中偏离之间不好连接，容易造成事故剧情识别不完整。

❻ 若用 CAH 软件采用图形化方式记录 HAZOP 分析结果，则与节点划分的大小无关，因为偏离之间可以建立连接，容易识别沿流程传播的危险。划分好节点的流程图是最终 HAZOP 分析报告的一部分，也包含在最终的存档资料中。

【任务实施】

通过任务学习，完成 HAZOP 分析节点划分相关练习题，以加深对划分节点相关知识点

的掌握程度（工作任务单 6-2）。

要求：1. 按授课教师规定的人数，分成若干个小组（每组 5 ～ 7 人）。

2. 完成后，以小组为单位向全体分享。

3. 时间在 30min 内，成绩在 90 分以上。

工作任务二　**HAZOP 分析节点划分**　　编号：**6-2**		
考查内容：**HAZOP 分析节点划分**		
姓名：	学号：	成绩：

1. HAZOP 分析节点划分

节点的划分一般按照工艺流程的自然顺序进行，从进入的 P&ID 管线开始，继续直至（　　）的改变，或继续直至（　　）的改变，或继续直至（　　）。

对于连续的工艺过程，HAZOP 分析节点可能为（　　）或（　　），也可以是（　　），且根据（　　）或（　　）分成不同节点；

划分节点便于进行 HAZOP 分析；在节点内找（　　），通过（　　）挖掘（　　）。

选项

① 工艺的变化
② 偏离
③ 设计意图
④ 工艺单元
⑤ 工艺条件
⑥ 一条线
⑦ 下一个设备
⑧ 事故剧情
⑨ 一台设备
⑩ 复杂设备

2. 节点划分与剧情关系

从右侧选项中，挑选出符合下列要求的选项。

（1）整个事故剧情在节点内

原因	偏离	后果

（2）原因和偏离在节点内，后果在节点外

原因	偏离	后果

原因

①燃料气阻火器 FA-101A/B 堵塞
②控制回路 TIC106（串级 PIC109）故障，导致阀门 PV109 开大
③控制回路 TIC106（串级 PIC109）故障，导致阀门 PV109 关小
④加热炉烟气冷却器循环水流量控制回路 FIC102 失效，导致阀门 FV102 故障关

偏离

①加热炉出口温度过高
②燃料气压力过低
③加热炉烟气冷却器循环水流量过低
④加热炉出口温度过低

（3）后果和偏离在节点内，原因在节点外

原因	偏离	后果

（4）偏离在节点内，原因和后果在节点外

原因	偏离	后果

后果
①影响甲苯塔的正常操作，甲苯的分离效果变差 ②可能导致燃料气管线火嘴熄灭，燃料气炉内聚集，严重时发生闪爆，造成人员伤亡 ③烟气温度过高，损坏冷却器 ④炉管结焦，设备损坏，严重时物料泄漏，引发火灾爆炸造成人员伤亡

【任务反馈】

简要说明本次任务的收获、感悟或疑问等。

1 我的收获

2 我的感悟

3 我的疑问

任务三 HAZOP 分析设计意图描述

任务目标	1. 了解分析设计意图在 HAZOP 分析中的作用 2. 了解分析设计意图的重要性 3. 了解分析设计意图的描述方法
任务描述	通过对本任务的学习，知晓设计意图描述的必要性与描述方法，可以独立地对相关单元进行设计意图描述

【相关知识】

一、HAZOP 分析设计意图描述必要性

对需分析的单元和划分的节点进行准确且全面的设计描述是完成 HAZOP 分析的先决条件。设计描述是对物理设计或逻辑设计的描述，其描述内容应清晰。

HAZOP 分析结果的质量取决于设计描述（包括设计意图）的完整性、充分性和准确性。因此，在收集信息资料时应注意：如果 HAZOP 分析在装置运行、停用和拆除阶段进行，应注意确保对体系所做过的任何变更均体现在设计描述中。开始分析前，分析团队应再次审查信息资料，若有必要，应进行修改。

二、HAZOP 分析设计意图描述方法

HAZOP 分析是对系统与设计意图偏离的缜密查找过程。为便于分析，将系统分成多个节点，并充分明确各节点的设计意图。节点的设计意图可通过各种参数和要素来表示，参数是要素定性或定量的性质，如压力、温度和电压等。而要素是指节点的构成因素，用于识别该节点的基本特性，要素的选择取决于具体的应用，包括所涉及的物料、正在开展的活动、所使用的设备等。此外，参数和要素的关系是，要素常通过定量或定性的性质做更明确的定义。例如，在化工系统中，“物料”要素可以进一步通过温度、压力和成分等参数定义。对于“运输活动”要素，可通过行驶速度或乘客数量等性质定义。参数和要素既代表了该节点的自然划分，也体现了该节点的基本特性。分析参数和要素的选择在某种程度上是一种主观决定，为达到分析目的，可根据不同的应用目的选择不同的参数和要素。参数和要素可能是构成节点因素的定性或定量的性质，或是工艺程序中不连续的步骤或阶段，或是控制系统中的单独信号和设备元件，或是工艺过程中的设备等。

有些情况下，可以用如下方式表示划分的某一节点的设计意图：

❶ 物料的输入；

❷ 物料的处理；

❸ 产物的输出。

因此，设计意图可包含以下要素和参数：物料、生产活动、可视为该节点要素的输入原料和输出产品以及这些因素定性或定量的性质。下面将举例说明如何通过参数和要素对设计意图进行描述。

甲苯重沸炉将含甲苯的芳烃化合物加热到320℃左右，送到下游甲苯塔，进行甲苯的分离，甲苯加热炉利用燃料气和燃料油，为炉膛加热。从界区来的燃料气进入到燃料气缓冲罐，燃料气缓冲罐出口分为两路，一路为燃料气，一路为长明灯，送到加热炉进行燃烧；燃料油从界区来，经过从蒸汽管网来的低压蒸汽雾化后，进入到加热炉燃烧，燃料油设置有循环线，从而保证燃料油压力更加稳定。加热炉烟道设置有冷却器，降低加热炉烟气温度，以便于加热炉烟气系统正常运行。

节点内流程中包含了冷却水进水管道和回水管道、烟气冷却器，节点的设计意图是利用公用工程送来的冷却水，使其进入冷却器，将烟气冷却降温。设计意图可通过表 6-1 来表示。

表 6-1　物料走向流程

物料	来源	目的地	功能
冷却水	公用工程系统	冷却器	冷却烟气

在确定了能描述设计意图的参数和要素后，将各个引导词依次用于这些参数和要素，产生偏离，结果记录在 HAZOP 分析工作表中。在分析完此节点的所有偏离后，再选取另一节点，重复该过程。最终，该系统的所有节点都会通过这种方式分析完毕，并对结果进行记录。

“设计意图”构成分析的基准，应尽可能准确完整。设计意图的验证（参见 IEC61160）虽然不在 HAZOP 分析范畴内，但 HAZOP 分析主席应确认设计意图准确完整，使分析能够顺利进行。通常，HAZOP 分析所需的技术资料中对设计意图的叙述多局限于正常运行条件下系统的基本功能和参数，而很少涉及可能发生的非正常运行条件和不利的活动（如强烈的振动、管道的水击、可能失效引发的电涌）。但是，在 HAZOP 分析期间，对这些非正常条件和不利活动应予以识别和考虑。此外，设计意图的描述中也未明确说明功能失效机理，如老化、腐蚀和侵蚀，以及造成材料特性失效的其他机理，但是，在 HAZOP 分析期间必须使用合适的引导词对这些因素进行识别和考虑。

【任务实施】

通过任务学习，完成 HAZOP 分析设计意图描述相关练习题，以加深对设计意图相关知识点的掌握程度（工作任务单 6-3）。

要求：1. 按授课教师规定的人数，分成若干个小组（每组 5 ～ 7 人）。

2. 完成后，以小组为单位向全体分享。

3. 时间在 30min 内，成绩在 90 分以上。

工作任务三　**HAZOP 分析设计意图描述**　　编号：**6-3**		
考查内容：**HAZOP 分析设计意图描述**		
姓名：	学号：	成绩：

	选项
1. HAZOP 分析设计意图描述必要性 设计描述可以是对（　　）或（　　）的描述，其描述内容应（　　）。 HAZOP 分析结果的质量取决于设计描述（包括设计意图）的（　　）、（　　）和（　　）。	①完整性 ②物理设计 ③清晰 ④充分性 ⑤逻辑设计 ⑥准确性

2. HAZOP 分析设计意图描述方法

根据下面节点图，说出节点 1、节点 2、节点 3 的设计意图。

【任务反馈】

简要说明本次任务的收获、感悟或疑问等。

1 我的收获
2 我的感悟
3 我的疑问

任务四 HAZOP 分析偏离确定

任务目标	1. 能掌握连续流程偏离确定原则并会审核其合理性和全面性 2. 能掌握间歇操作偏离确定原则并会审核其合理性和全面性 3. 能掌握偏离的选择原则并会审核其准确性
任务描述	通过对本任务的学习，知晓常用的偏离种类与说明，学习选择偏离的原则，合理地选择偏离

【相关知识】

一、产生偏离

对于每一节点，HAZOP 分析团队以正常操作运行的参数和要素为标准值，分析运行过程中参数和要素的变动（即偏离），这些偏离通过引导词和参数 / 要素组合产生。确定偏离最常用的方法是引导词法，即“偏离 = 引导词 + 参数 / 要素”。在 HAZOP 分析的准备阶段，HAZOP 分析主席应提出要使用的引导词的初始清单。HAZOP 分析主席应仔细考虑引导词的选择，并对提出的引导词进行验证并确认其适宜性。如果引导词太具体可能会影响分析思路或讨论，如果引导词太笼统可能又无法有效地集中到 HAZOP 分析中。不同类型的偏离和引导词及其实例见表 6-2。

表 6-2　偏离类型及其相关引导词的实例

偏离类型	引导词	过程工业实例
否定	无，空白（NO）	没有达到任何目的。如：无流量
量的改变	多，过量（MORE）	量的增多。如：温度高
	少，减量（LESS）	量的减少。如：温度低
性质的改变	伴随（ASWELLAS）	出现杂质 同时执行了其他的操作或步骤
	部分（PARTOF）	只达到一部分目的。如：只输送了部分流体
替换	相反（REVERSE）	管道中的物料反向流动以及化学逆反应
	异常（OTHERTHAN）	最初目的没有实现，出现了完全不同的结果。如：输送了错误物料
时间	早（EARLY）	某事件的发生较给定时间早。如：冷却或过滤
	晚（LATE）	某事件的发生较给定时间晚。如：冷却或过滤
顺序或序列	先（BEFORE）	某事件在序列中过早地发生。如：混合或加热
	后（AFTER）	某事件在序列中过晚地发生。如：混合或加热

上述引导词有多种解释。除上述引导词外，还可能有对辨识偏离更有利的其他引导词，这类引导词如果在分析开始前已经进行了定义，就可以使用。“引导词 + 参数 / 要素”组合在不同系统的分析中、在系统生命周期的不同阶段以及当用于不同的设计描述时可能会有不同的解释。有些组合在分析中可能没有实际物理意义，应不予考虑。应明确并记录所有“引导词 + 参数 / 要素”组合的解释。如果某组合在设计中有多种解释，应列出所有解释。另一方面，有时会出现不同的组合具有相同的解释。在这种情况下，应进行适当的相互参考。

“引导词 + 参数 / 要素”的组合可视为一个矩阵，其中，引导词定义为列，参数 / 要素定义为行，所形成的矩阵中每个单元都是特定引导词与参数 / 要素的组合。为全面进行危险识别，参数和要素应涵盖设计意图的所有相关方面，引导词应能引导出所有偏离。并非所有组合都会给出有意义的偏离，因此，考虑所有引导词和参数 / 要素的组合时，矩阵可能会出现空格。表 6-3 和表 6-4 分别为常用偏离与偏离说明，供进行 HAZOP 分析时参考。

表 6-3　常用偏离

参数	引导词								
	无	低	高	逆向	部分	伴随	先	后	其他
流量	无流量	流量过低	流量过高	逆流	错误浓度	其他相			物料错误
压力	真空丧失	压力过低	压力过高	真空	错误来源	外部来源			空气失效
温度		温度过低	温度过高	换热器内漏					火灾 / 爆炸
黏度		黏度过低	黏度过高						
密度		密度过低	密度过高						
浓度	无添加剂	浓度过低	浓度过高	比例相反		杂质			

续表

参数	引导词								
	无	低	高	逆向	部分	伴随	先	后	其他
液位	空罐	液位过低	液位过高		错误的罐	泡沫/膨胀			
步骤	遗漏操作步骤			步骤顺序错误	遗漏操作动作	额外步骤			
时间		时间太短太快	时间太长太迟				操作动作提前	操作动作延后	错误时间
其他	公用工程失效	低混合/反应	高混合/反应	逆向反应		静电			腐蚀
特殊	取样/测试/维护/倒淋	开车	停车		粉尘爆炸	人员因素			设施布置

表 6-4　常用偏离说明

偏离	说明	偏离	说明
无流量	没有流量	黏度过低	黏度比设计/操作要求低
流量过低	流量比设计/操作要求少	黏度过高	黏度比设计/操作要求高
流量过高	流量比设计/操作要求多	密度过低	密度比设计/操作要求低
逆流	流量沿设计或操作目标相反的方向	密度过高	密度比设计/操作要求高
错误浓度	在正常流量中伴随其他物质（如污染物）	无添加剂	未按设计/操作要求加入适当的添加剂
其他相	流量是错误的状态（如液态取代气态）	浓度过低	浓度比设计/操作要求低
物料错误	流量不是预期的产品（或错误的等级/规格）	浓度过高	浓度比设计/操作要求高
真空丧失	真空丧失（如抽风机故障）	比例相反	物料比例偏离设计/操作要求
压力过低	压力比设计/操作要求低	杂质	物料内杂质含量超过设计/操作要求
压力过高	压力比设计/操作要求高	空罐	容器液位丧失
真空	异常真空（如蒸汽泄漏/排污/喷射）	液位过低	液位比设计/操作要求低
错误来源	错误压力来源（如软管/快速接头连接错误）	液位过高	液位比设计/操作要求高
外部来源	外部压力源压力偏离设计/操作要求	错误的罐	物料进入错误的罐，不同物料可能混合（如不同规格产品混合）
空气失效	仪表空气中断	泡沫/膨胀	容器内产生泡沫/膨胀导致液位无法准确测量
温度过低	温度比设计/操作要求低	遗漏操作步骤	操作步骤遗漏（如干燥器未经再生直接使用）
温度过高	温度比设计/操作要求高	步骤顺序错误	操作步骤执行顺序错误（如再生流程步骤错误）
换热器内漏	换热器管束或管板泄漏，流体可能从高压侧窜入低压侧	遗漏操作动作	操作步骤中某一动作遗漏（如再生时遗漏 N_2 吹扫）
火灾/爆炸	外部火灾/爆炸影响	额外步骤	增加设计/操作要求之外的步骤

续表

偏离	说明	偏离	说明
时间太短太快	操作时间比设计 / 操作要求的短 / 快	静电	静电积聚，潜在点火源
时间太长太迟	操作时间比设计 / 操作要求的长 / 迟	腐蚀	过度降低操作寿命期
操作动作提前	操作动作早于设计 / 操作要求	取样 / 测试 / 维护 / 倒淋	取样、测试、维护、倒淋操作时可能导致危害、生产延误及财产损失
操作动作延后	操作动作晚于设计 / 操作要求	开车	开车操作时可能导致危害、生产延误及财产损失
错误时间	设计 / 操作要求之外的时间进行操作	停车	停车操作时可能导致危害、生产延误及财产损失
公用工程失效	公用工程系统故障失效（如停电、蒸汽中断）	粉尘爆炸	粉尘爆炸
低混合 / 反应	混合 / 反应比设计 / 操作要求低	人员因素	设计 / 操作要求对人员影响（如连续工作时间、劳动强度、人体工程学）
高混合 / 反应	混合 / 反应比设计 / 操作要求高	设施布置	设施布置不满足设计 / 操作要求或影响操作效率
逆向反应	反应沿设计 / 操作目标相反的方向		

在节点内找偏离，因节点内包括塔、贮槽 / 容器、管线、热交换器、泵等设备，所以设备对应的偏离可用下列的矩阵（表 6-5）来表示。

表 6-5　偏离矩阵

偏离	节点类型				
	塔	贮槽 / 容器	管线	热交换器	泵
高流量			√		
低 / 无流量			√		
高液位	√	√			
低液位	√	√			
高界面		√			
低界面		√			
高压力	√	√	√		
低压力	√	√	√		
高温度	√	√	√		
低温度	√	√	√		
高浓度	√	√	√		
低浓度	√	√	√		
逆 / 反向流动			√		

续表

偏离	节点类型				
	塔	贮槽/容器	管线	热交换器	泵
管道泄漏				√	
管道破裂				√	
泄漏	√	√	√	√	√
破裂	√	√	√	√	√

间歇过程 HAZOP 分析，确定偏离时，首先要知晓间歇过程 HAZOP 分析常用的引导词，间歇生产过程 HAZOP 分析必须包括提示执行顺序和时间的引导词，如无/不、伴随、以及、比……早/过早、比……晚（迟）/过晚等。

间歇生产过程中，每个操作阶段、操作步骤的起止时间和操作顺序通常“需要操作人员按照操作规程来完成”。若由于操作人员的失误，导致操作起止时间和操作顺序发生错误，则极易引发工艺危险。这样的危险被称为是由设备误操作引起的。所以还需要考虑人为误操作导致的偏差。提示人为误操作的引导词包括：多、少、更多、更少等。表 6-6 ～表 6-8 为某间歇工艺操作阶段、阶段对应的操作步骤、HAZOP 分析偏离的产生。

表 6-6　间歇工艺操作阶段

阶段	说明
1	加入一定量的油
2	加热至控制温度
3	利用真空系统除去空气，检测泄漏
4	以一定的流速通入氢气达到设定的压力，使反应维持预定的时间
5	去除剩余的氢气，并用空气进行吹扫
6	将加氢后的油导入过滤系统

表 6-7　第一阶段的操作步骤

步骤	操作
1	关闭所有反应器的阀门并确认
2	打开排气阀并确认
3	设定原料油流量计至目标值
4	打开进料阀，加入一定量的原料油后再关闭该进料阀
5	关闭排气阀并确认

表 6-8　HAZOP 分析偏离的产生

参数	引导词								
	无/不	多	少	相逆	部分	伴随	前/后	早/晚	其他
数量	√	√	√						
流量	√	√	√	√	√	√	√	√	
温度		√	√						

续表

参数	引导词								
	无 / 不	多	少	相逆	部分	伴随	前 / 后	早 / 晚	其他
压力		√	√						
步骤 1	√				√	√	√	√	
步骤 2	√				√	√	√	√	√
步骤 3	√	√	√		√	√	√	√	
步骤 4	√				√	√	√	√	√
步骤 5	√				√	√	√	√	
操作人员行为						√			√

以第 1 阶段步骤 4 为例：打开进料阀，加入一定量的原料油后再关闭该进料阀。

❶ “无步骤”——没有执行该步骤—原料油没有加入反应器—无安全影响

❷ “部分步骤”——可能是进料阀没有关闭，发生溢流。会发生什么？

❸ “前 / 后”——可能会产生计量的错误，除了可能会发生溢流（同上）以外，无其他严重危险。

二、偏离选择原则（2+1）

1. 列出节点内可能产生的偏离（具体参数的确定办法）

❶ 有保护和监测的偏离（安全释放、控制、联锁；报警、显示）。

❷ 两条基本原则。管线：基本参数为流量，温度、压力、组分可选，如果管线上有换热设备，可选温度；容器：基本参数为压力，温度、液位可选，原料或产品的储罐必须要考虑温度，有液相时需要考虑液位。

❸ 在理解设计意图的基础上，利用适用于节点内引导词和参数的有意义组合进行补充（要在头脑内过滤）。

❹ 意外情况导致的偏离。

2. 选择有价值的偏离（筛选）

❶ 可能有安全后果的偏离。

❷ 至少一头在内的偏离，且包含现有保护多的措施。

❸ 优先靠近后果的偏离（通常现有保护大多是围绕靠近后果的偏离）。

3. 描述清楚

流量到线，压力、温度到点，操作到步骤，液位到设备，详细偏离描述的时候，应加上设备名称和位号。例如：偏离“加热炉 F101 入口芳烃化合物进料流量（无）”不能写为“流量无，进料量无”。

以甲苯重沸炉单元为例，在辅助工具中可以列出以下偏离，如图 6-6 所示。

HAZOP 分析的主要目的是识别危害和潜在的危险事件序列（即事故剧情）。借助引导词与相关参数和要素的组合，分析团队可以系统、全面地识别各种异常工况，综合分析各种事故剧情，涉及面非常广泛，符合安全工作追求严谨缜密的特点。引导词的运用还有助于激发分析团队的创新思维，弥补分析团队在某些方面的经验不足。

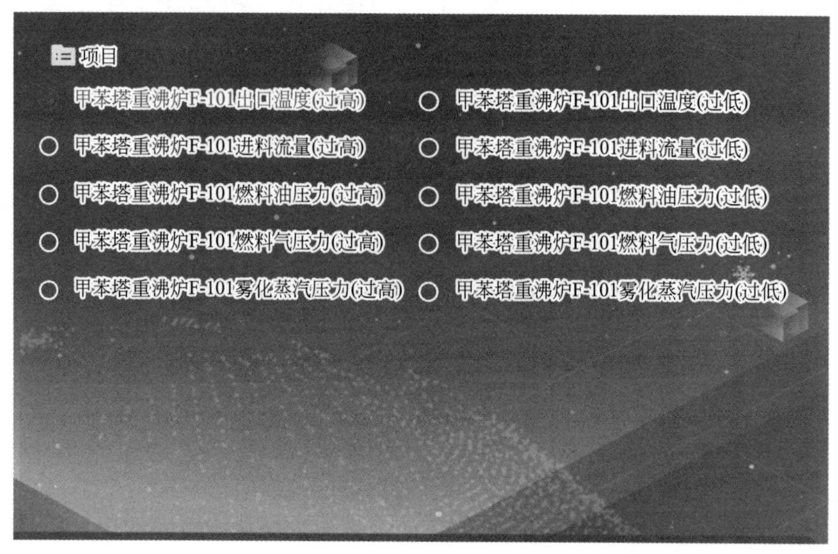

图 6-6　辅助工具界面

【任务实施】

通过任务学习，完成 HAZOP 分析偏离确定的相关练习题，以加深对偏离确定相关知识点的掌握程度（工作任务单 6-4）。

要求：1. 按授课教师规定的人数，分成若干个小组（每组 5 ～ 7 人）。

2. 完成后，以小组为单位向全体分享。

3. 时间在 30min 内，成绩在 90 分以上。

工作任务四　**HAZOP 分析偏离确定**　　编号：**6-4**		
考查内容：**HAZOP 分析偏离确定**		
姓名：	学号：	成绩：

1. 将引导词和对应的偏离类型进行连接

偏离类型：
- 性质的改变
- 量的改变
- 时间
- 替换
- 顺序或序列

引导词：
- 早/晚
- 部分
- 多/少
- 先/后
- 伴随
- 异常

续表

	选项
2. 根据节点类型与偏离的关系表，完成下面的习题 塔对应的偏离包括（ ）。 管线对应的偏离包括（ ）。 换热器对应的偏离包括（ ）。	① 高温度 ② 破裂 ③ 高界面 ④ 泄漏 ⑤ 高压力 ⑥ 高液位 ⑦ 管道泄漏 / 破裂 ⑧ 逆向 / 反向流动 ⑨ 高浓度 ⑩ 高流量

【任务反馈】

简要说明本次任务的收获、感悟或疑问等。

1 我的收获

2 我的感悟

3 我的疑问

任务五 HAZOP 分析后果识别

任务目标	1. 能识别偏离造成的健康影响后果并会判断其合理性 2. 能识别偏离造成财产影响后果并会判断其合理、可信性 3. 能识别偏离造成环境影响后果并会判断其合理、可信性 4. 能识别偏离造成声誉影响后果并会判断其合理、可信性
任务描述	通过对本任务的学习，知晓进行后果识别包括的内容，以及后果选取的原则

【相关知识】

【讲解视频】
HAZOP 分析后果

一、事故情景后果

后果是指偏离造成的后果，而不是原因的另外偏离的后果。分析后果时应假设任何已有的安全保护（如安全阀、联锁、报警、紧停按钮、放空等），以及相关的管理措施（如作业制度、巡检等）都失效。也就是说，分析团队应首先忽略现有的安全措施，分析在偏离所描述的事故剧情出现之后，可能出现的最严重后果。这样做的目的是提醒分析团队关注可能出现的最严重的后果，也就是最恶劣的事故剧情。

安全事故的后果通常有人员伤害（包括健康影响和伤亡）、环境损害、商务损失（直接财产损失、停产损失和事故处理成本等，HAZOP 分析中主要是指直接损失）、声誉影响等。

在进行 HAZOP 分析时，通常关心安全、健康、环境与财产损失相关的后果，有些企业也考虑事故对企业声誉的影响。不少企业在 HAZOP 分析过程中，只关心安全问题和少数对生产带来特别严重影响的事故情景，这么做的目的是专注于安全问题，并且提高分析工作的效率。

后果识别需要发挥 HAZOP 分析团队的知识和经验，以便 HAZOP 分析团队能够在 HAZOP 分析会议上快速地确定合理、可信的最终事故后果，而不能过分夸大后果的严重程度。此外，有的公司在标准中规定，在 HAZOP 分析估计后果时应该保守一些，其目的是保证必须考虑更安全的措施。例如：假设工艺设备由于超压而发生大口径的破裂，那么危险的工艺物料将发生泄漏。在发生火灾或蒸气云爆炸前，泄漏持续的时间可能是几分钟，也可能是半个小时，甚至是 1 个小时。假设根据统计知道，类似的泄漏 80% 能持续几分钟，20% 是半个小时以上，那么在 HAZOP 分析过程中，HAZOP 分析团队应该假设泄漏时间在 20% 的范围内。这样，可能发生火灾或爆炸的工艺物料的量就会增加，据此估计的事故是偏向保守的，据此设计的安全措施更多，装置更安全。

二、事故情景后果的选取原则

偏离造成的最终事故后果一般分为以下几类：

❶ 人员伤害；

❷ 财产损失；

❸ 物料泄漏；

❹ 环境污染；

❺ 生产中断；

❻ 质量问题；

❼ 社会影响；

❽ 出界区物料偏离；

❾ 偏离当后果的情况：大多数情况下后果重点在节点内，特殊情况下，可以扩展到本节点前后的 2 ～ 3 台设备，而且后果在节点外，且离当前正在分析的偏离过远时，偏离还需进一步分析。

后果中包括的操作性问题除了质量问题，还有其他操作性问题，如：工艺系统是否能够实现正常操作、是否便于开展维护和维修、是否会影响产品收率、是否增加额外的操作与检维修难度等。

在进行后果描述时，应该把对人、对环境和对生产的具体影响表述清楚。例如在甲苯重沸炉单元中，当燃料气压力低，会导致炉火变小，甚至熄灭，炉膛内可燃气体聚集，与空气混合形成爆炸性混合物，遇到引火源发生闪爆，造成操作人员伤亡（根据 MSDS 文件可知燃料气理化性）。在这个例子里，如果写成“当燃料气压力低会导致炉火变小，甚至熄灭，”就是不恰当的描述，并没有带来什么严重后果。

后果描述可以从以下几个方面入手：

❶ 从偏离开始，按照事故情景的发展过程和逻辑链条写出事故的后果，其中体现出事故情景不同阶段的状态转变过程，在刚才的例子中，这个过程是：炉火变小，炉火熄灭，与空气混合，遇到引火源，闪爆和人员伤亡。

❷ 尽量对后果做出具体的描述，例如使用相关设备的位号使描述更具体，并且尽可能列出相关的数值。

【任务实施】

通过任务学习，完成 HAZOP 分析后果识别相关练习题，以加深对后果识别相关知识点的掌握程度（工作任务单 6-5）。

要求：1. 按授课教师规定的人数，分成若干个小组（每组 5 ～ 7 人）。

2. 完成后，以小组为单位向全体分享。

3. 时间在 30min 内，成绩在 90 分以上。

工作任务五　HAZOP 分析后果识别　　编号：6-5		
考查内容：HAZOP 分析后果识别		
姓名：	学号：	成绩：
1. 根据事故情景后果描述，完成下列判断题 （1）安全事故的后果包括人员伤害、环境损害与声誉影响、商务损失（直接财产方面的损失等）。（　　） （2）正常生产时，甲苯重沸炉发生炉膛闪爆事故，对于此后果，造成的财产方面的损失包括加热炉管内物料损失、加热炉本身的破坏、周边设备的损坏、脱甲苯塔物料不合格方面的损失、维修成本等。（　　） （3）企业为了提高 HAZOP 分析效率，只需着重关心安全问题和对生产带来特别严重影响的事故情景即可。（　　） （4）在识别后果时，不管导致偏离的原因是什么，我们只需找出偏离发生后导致的最终不利后果。（　　） （5）当进行后果识别时，如果发现偏离造成的最严重的后果，发生的概率比较低，我们可以选择发生概率高但严重性不是最高的后果为最终所选。（　　）		
2. 根据事故情景后果选取原则，完成下面的连线题		

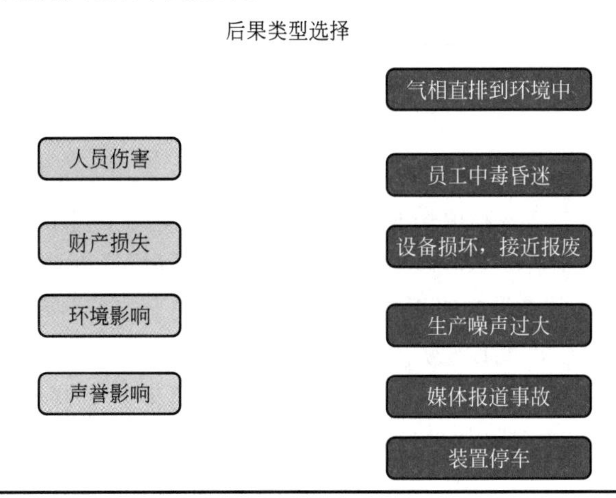

【任务反馈】

简要说明本次任务的收获、感悟或疑问等。

1 我的收获

2 我的感悟

3 我的疑问

任务六 HAZOP分析原因识别

任务目标	1. 了解初始原因与根原因的关系及区别，并会判断什么情况需分析到根原因 2. 了解常用原因分析方法 3. 能识别初始原因（设备仪表故障、人为因素、环境影响等）并会审核其可信性
任务描述	通过对本任务的学习，知晓原因分析的步骤与常见的原因类别，并通过对原因分析方法的学习，可自行识别出原因，根据不同类型原因之间的关系与区别，合理地进行原因选择

【相关知识】

【讲解视频】
HAZOP分析原因

一、原因分析概述

潜在危险的原因分析是HAZOP分析的重要环节，也是工艺事故调查的核心内容（《化工过程事故调查指南》，CCPS，2003）。原因分析过程可以增进对事故发生机制和各种原因的了解，同时有助于确定所需要的纠正措施。其重要性在于，不但有助于减少或避免当前特定事故的再度发生，还可以帮助设法减少或避免类似事故的重复发生。

原因是产生某种影响的条件或事件。换言之是对结果具有决定性作用或影响的任何事情。例如，对仪表信号通道的干扰事件、管道破裂、操作人员失误、管理不善或缺乏管理等。

过程安全事故可能是由单一原因或多个原因所致，通常原因可以分为三种。

1. 直接原因

直接导致事故发生的原因。例如，某泄漏事故的直接原因是构件或设备的故障；某系统失调故障的直接原因是操作人员调整系统时出错。

如果直接原因得到纠正，则在同一地点再度发生相同事故时，可能加以避免。但是无法防止类似事故发生。

2. 起作用的原因

对事故的发生起作用，但其本身不会导致事故发生。

例如，有关泄漏的案例，起作用的原因可能是操作人员在检查和应对方面缺乏适当的训练，导致了更加严重的其他事故发生。在有关系统失调案例中，起作用的原因可能是交接班时段过度地分散了操作人员的注意力，导致在调整系统时没有注意重要的细节。

3. 根原因

该原因如果得到矫正，能防止由它所导致的事故或类似的事故再次发生。根原因不仅应用于预防当前事故的发生，还能适用于更广泛的事故类别。它是最根本的原因，并且可以通过逻辑分析方法识别和通过安全措施加以纠正。

例如，有关泄漏的案例，根原因可能是管理方没有实施有效的维修管理和控制。这种原因导致密封材料使用不当或部件预防性维修错误最终导致泄漏。在系统失调案例中，根原因可能是培训程序的问题，导致操作人员没有完全熟悉操作规程。因此容易被过度分散注意力的事情所干扰。

为了识别根原因，要识别一系列相互关联的事件及其原因。应当沿着这个因果事件序列一直追溯到根部，直到识别出能够矫正错误的根原因（通常根原因是管理上存在的某种缺陷）。识别和纠正根原因将会大幅度减少或消除该事故或类似事故复发的风险。

4. 初始原因

初始原因又称为初始事件或触发事件，是指在一个事故序列（一系列与该事故关联的事件链）中的第一个事件。初始原因就是在大多数安全评价方法中所指的原因。

现代事故致因论认为，所有化工过程或设施都存在着毒物泄漏、爆炸或火灾等危险（又称恶兆），只是在通常的系统中没有被触发，其原因是受到了某些固有保护层或安全措施的抑制。然而一旦被初始原因所触发，相当于在抑制层（又称为第一级限制系统）出现了漏洞，某些危险将会在这个漏洞逸出并导致工艺参数的偏离。危险在偏离的推动下沿物料流、能量流或信息流传播。当危险传播至系统的薄弱环节，如果没有防止措施，事故将会爆发。事故爆发的第一位置称为失事点，如果没有减缓措施，事故可能进一步扩展，最终的后果将是灾难。以上所述的全过程称为一个事故剧情。

事故剧情是由事故初始原因起始，在偏离的推动下引发一系列中间事件，最终导致不利后果的事件序列。HAZOP 分析（包括 LOPA）所要求识别的事故剧情是单个初始原因与单个不利后果对应的事件序列。这种事件序列也是构成复杂事故剧情的基本线性事件链。

图 6-7 表示了一个没有安全措施的事故剧情全过程。图中左面的方框是抑制层，初始原因是

方框右边的缺口，事故从缺口逸出向右方扩展。事故经历失事点最终导致后果。抑制层是一个内容比较广泛的概念。例如，企业安全管理到位（包括严格执行了机械完整性程序）、工艺和设备的固有安全设计可靠、操作人员训练有素、操作规程准确且完整、基本过程控制系统有效等。此外，抑制层只影响初始原因的发生频率，无法防止危险剧情的继续传播，因此又称为第一防护系统。

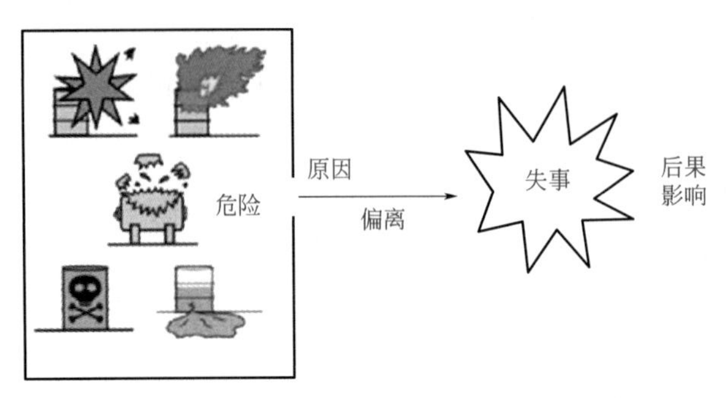

图 6-7　一个没有安全措施的事故剧情全过程

为了在 HAZOP 分析中准确界定初始原因，还可以通过工厂工况的状态改变进行识别。一个初始原因伴随着从正常工况向非正常工况的偏移，或者说初始原因是正常工况向非正常工况（非正常工况也称为偏离）偏移的分界点。失事点是非正常工况向紧急状态偏移的分界点。如图 6-8 所示，图中表达了时间（t 为横坐标轴）和操作范围偏离（P 为纵坐标轴）的直角坐标系。坐标系的下部用对应的列表说明了正常工况、非正常工况和紧急状态下，工厂所处的状态、操作目标、涉及的安全系统类别和操作支持行动等内容。在操作偏离随时间变化的斜线上标出了初始原因和失事点的确切位置。

从以上对不同原因类型的解释可以看出，HAZOP 分析所要求识别的初始原因与根原因既有区别又有联系，在进行 HAZOP 分析时，分析原因一般只找到初始原因（直接原因），所以把握原因分析的适当深度非常重要。

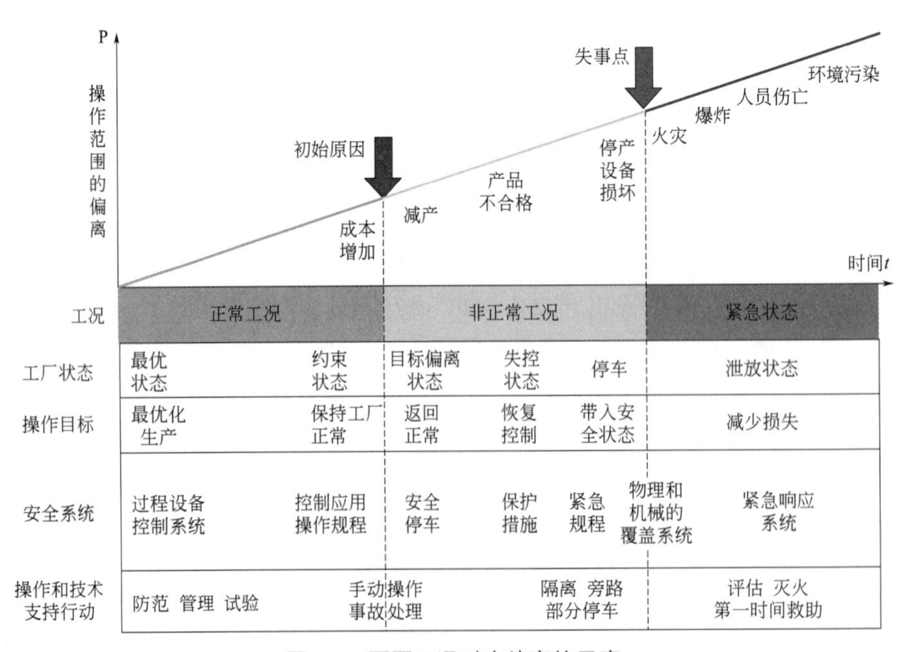

图 6-8　不同工况对应偏离的示意

二、原因分析步骤

任何原因分析都包括如下 5 个步骤。

1. 搜集资料

原因分析的第一步是搜集密切相关的信息资料（包括数据），主要内容有：

❶ 原因出现之前的条件；

❷ 原因发生的过程；

❸ 原因之后发生的事件；

❹ 人员的参与（包括人员的行动）；

❺ 环境因素；

❻ 其他相关发生的事件等。

2. 评估

评估是原因分析的核心内容，针对问题的复杂程度和危险程度可以选用不同的分析方法或工具。评估过程主要是原因的识别过程，包含以下方面：

❶ 识别问题；

❷ 确定重大问题；

❸ 识别直接作用和围绕该问题的原因（条件或行动）；

❹ 识别为什么在当前执行步骤中存在该原因，并且沿着故障或事故发生的线索追溯到根原因，根原因是事故的根本缘由，如果加以纠正，在整个装置中将会在源头上减少或防止该事故的再度发生。

原因的多样性和复杂性使我们充分认识到，事故的根原因可能不止一个。识别根原因是一个反复的过程，难以一蹴而就，但是借助于科学的分析方法有助于识别根原因。

3. 措施

对每一个确认的原因实施有效的纠正措施。该措施能减少一个问题再度发生的概率，并且改进系统的可靠性和安全性。

4. 报告

做出原因分析报告。其中应当包括对分析结果的讨论和解释，以及纠正措施。报告应当永久性存档，并且纳入安全管理和控制系统。

5. 跟踪

跟踪目标包括确认纠正措施是否已经有效地解决问题。实施审查能确保纠正措施的执行和从源头上预防事故。

以上 5 个步骤是开展事故调查的重要环节。在 HAZOP 分析过程中，主要涉及以上前两个步骤。HAZOP 分析时，分析团队在会议讨论过程中识别相关事故剧情的原因，提议为避免出现相应的事故采取必要的措施。

三、常见的原因

1. 常见原因分类

常见原因分类见表 6-9。为了克服识别原因时的盲目性，提高原因识别效率，以下 7 种原因分类有助于 HAZOP 分析团队成员抓住重点。

表 6-9 常见原因分类表

序号	类型	包含内容
1	设备 / 材料问题	① 有缺陷或失效的部件； ② 有缺陷或失效的材料； ③ 有缺陷的焊接处、合金焊或焊剂连接处； ④ 装运或检验引起的错误； ⑤ 电气或仪表干扰； ⑥ 污染
2	规程问题	① 有缺陷或不适当的规程； ② 无规程
3	人员失误	① 不适宜的工作环境； ② 疏忽了细节； ③ 违反了要求或规程； ④ 语言交流障碍； ⑤ 其他人员失误
4	设计问题	① 不适当的人机界面； ② 不适当的或有缺陷的设计； ③ 设备或材料选择错误； ④ 设计图、说明或数据错误
5	训练不足	① 没有提供训练； ② 实践不足或动手经验不足； ③ 不适当的要领； ④ 复习训练不足； ⑤ 不适当的资料或描述
6	管理问题	① 不适当的行政控制； ② 工作组织 / 计划不足； ③ 不适当的指导； ④ 不正确的资源配置； ⑤ 策略的定义、宣传或强制不适当； ⑥ 其他管理问题
7	外部原因	① 天气或环境条件； ② 供电的失效或瞬变； ③ 外部的火灾或爆炸； ④ 失窃、干涉、破坏、怠工、贿赂或损害公物行为

2. 引发严重事故的常见原因

（1）机械故障导致喷出、火灾和爆炸的原因（表 6-10） 物料释放到周围会导致池火、闪火、蒸气引发可能的爆炸或有毒蒸气云、粉尘烟雾或迷雾，伴随对人的急性刺激。

表 6-10　机械故障原因分类表

序号	原因类型	包含内容
1	容器故障	①来自安装：振动；疲劳；脆化 ②来自碰撞：起重机下降；重设备冲击；交通工具冲击；有轨机动车/驳船/履带车碰撞 ③来自超压：压力颠覆；普通排气口；泵/压缩机；供氮系统；至容器的吹扫管线；蒸汽吹扫；管道破裂；反应/低压锅炉连带高压锅炉；溢出；液体灌满/阀门开；水击；水冻结 ④由于自然力：闪电；地震；飓风；冰冻/雪灾 ⑤来自腐蚀/磨耗：应力腐蚀断裂；裂缝腐蚀/锈斑（凹痕）；内壁腐蚀；外部渗出带；衬里/夹套失效；磨耗；高温腐蚀 ⑥来自真空（塌陷）：急冷和蒸汽冷却/冷凝；填料过滤/管线；真空系统；从密封容器中用泵抽物料 ⑦来自高温：火烤；加热器故障；操作在最大允许工作温度以上 ⑧来自低温（断裂）：脆化——操作在金属最低设计温度之下；闪蒸导致的低温；低环境温度
2	管道系统故障	①来自安装：不适当的结构材料；不适当的安装；振动；疲劳 ②来自碰撞：起重机下降；重设备冲击；交通工具冲击；第三者介入（例如：锄头挖裂） ③由于自然力：地震；大风；海啸 ④来自腐蚀/磨耗：化学腐蚀（不适当的结构材料）；应力开裂；内壁；外壁（例如：安装部位下方）；衬里失效；磨耗；高温腐蚀 ⑤来自超压：普通排放口；高压泵/压缩机；管道中的化学反应；吹扫管线；供氮系统；蒸汽吹扫；水力膨胀；水击（水锤）；内部水结冰；管道/过滤器固体堵塞 ⑥来自温度过高：火烤；冷却失效；无液体流动（例如：加热炉管） ⑦来自温度过低：液体闪蒸；低温液体激冷 ⑧排气和排液开放：开状态；不适当的开启 ⑨阀门失效：阀盖垫圈/螺钉失效；填料脱开；管道（法兰）垫圈失效；有反应活性/低温的物料滞留在球阀内部
3	其他泄漏	①玻璃视孔 ②环状连接处 ③膨胀节 ④水管（接头） ⑤火炬余量 ⑥涤气器穿透 ⑦焚烧炉失效 ⑧换热器失效：管裂——内漏到加热或冷却系统（压力高端向压力低端漏）；管裂随之而来的夹套水力失效 ⑨气体往复压缩机气缸故障：阀片脱落；无法推进（曲轴连杆故障）；供电保险管熔断/跳闸；不适当的加热；错误地使用调制器/管道 ⑩泵故障：填料吹开；单个机械密封开裂；双/串联机械密封同时失效；空转；正向阻塞 ⑪透平压缩机故障：吸入端带液；润滑失效；负荷突降（喘振）；振动；透平超速；排除口堵塞 ⑫中间储罐（料桶）；不适当地加料（飞溅）；失去惰性保护（如氮气保护失效）；氮气/空气超压；铲车刺穿；叠放太高；融化（例如：冰醋酸） ⑬释放设备假开 ⑭界面附着：原料；废液；分配；反吹；能量系统；实验室；产品存储/处理（装卸）

（2）内部发生不期望的反应和爆炸导致的释放（表 6-11） 不期望的化学反应会导致的事件，例如，超压、超温或产生有毒蒸气云，或反应失控；不稳定的组分有可能爆炸或引爆；高反应活性的组分可能在污染和催化剂的作用下经历不可抑制的反应。

表 6-11 内部反应和爆炸原因分类表

序号	原因类型	包含内容
1	污染	①通过正常的传输； ②来自 / 至其他的单元； ③逆流； ④源头共用； ⑤公用工程； ⑥伴随有空气 / 水
2	反应活性化学品的混合	①识别错误； ②进料太快； ③加料顺序错； ④进料比例错； ⑤不适当的混合
3	放热反应	①分解反应； ②聚合反应； ③异构化反应； ④氧化 / 还原反应； ⑤混合 / 溶解放热
4	其他	①阻聚剂缺失； ②反应载体（例如溶剂）缺失； ③火烤（外部火灾）； ④冷却消失； ⑤反应物的积累

（3）通过内部可燃混合物的释放（表 6-12） 在容器、有外壳的、有限空间或建筑物内的可燃或易爆物料的混合物，当存在着火源时，例如：静电、闪电、电火花，由于机械冲击、摩擦或其他的能量源，可能导致火灾或爆炸。

表 6-12 可燃混合物原因分类表

序号	原因类型	包含内容
1	空气混合到碳氢化合物中	排放（置换）不充分； 建筑结构易燃； 惰性介质污染； 夹带着添加剂等； 鼓风机 / 压缩机吸入压力低； 用空气中断真空（或真空系统吸入了空气）； 维修之前的吹扫失败
2	碳氢化合物进入到空气中	在建筑物或其他有限空间中的积累； 在储罐浮动顶盖上面
3	引火源	发火化学品； 不稳定的物料（例如：乙炔化物）；

续表

序号	原因类型	包含内容
3	引火源	产生静电的物质（例如：绝缘和半导体液体）； 强氧化剂（例如：双氧水）； 热表面； 运动部件的摩擦 / 发热； 高吸热的物料； 绝热压缩； 特殊的催化剂（例如：铁锈）； 自发热聚合物； 排放系统导致的火源； 潜在的“冷焰”
4	其他	有限范围中的粉尘 / 空气混合物

（4）人员生命威胁事件（表 6-13）　人员生命威胁伤害类事件包括因特殊原因导致人员生命威胁或伤害的事件，它不同于火灾、爆炸蒸汽、不期望的化学反应、设备爆炸或前面列出的任何其他危害。

表 6-13　特殊原因分类表

序号	原因类型	包含内容
1	缺氧窒息	
2	有毒 / 腐蚀性的化学品暴露（吸入和接触）	
3	热暴露	① 热水； ② 热的化学品
4	机械能量	① 运动部件； ② 重力作用
5	电的能量	触电

（5）自动化仪表控制系统原因（表 6-14）　由自动化仪表控制系统导致危险的常见原因分类如下。

表 6-14　自动化仪表控制原因分类表

序号	原因类型	包含内容
1	不适当地执行了控制作用	① 未识别的危险； ② 对已识别的危险不适当、无效或错误的控制作用：创建过程的缺陷；过程变化了但控制算法没有相应改变（进度不同步）；不正确的改进和修正； ③ 过程模型不一致、不完备或不正确：缺陷产生于过程；缺陷产生于更新的过程；时间滞后； ④ 控制器和指令员之间协调不好
2	执行控制作用不适当	① 通信缺陷； ② 执行机构操作不当； ③ 时间滞后； ④ 不适当或反馈错误； ⑤ 系统设计时没有提供； ⑥ 传感器工作不正常（给出了不正确的信息）

四、常用原因分析方法

深入的原因分析不是 HAZOP 分析的最终目标，但掌握这些方法有助于提高 HAZOP 分析的工作质量。传统的原因分析方法往往缺乏系统性。例如，“一个操作工执行已有的规程失败。”基于这个结论，分析者会给出如何做才是最好，以便该特定岗位的操作人员遵守规程，并以此作为防止该事故再出现的建议。这种形式的分析需要的时间较少，分析人员也不需要太多的培训。但是这种分析方法的缺点是严重的，这种分析结果没有提供一个广泛深入的了解，即：

❶ 为什么事故会发生？

❷ 需要做什么，才能防止类似事故在其他地方继续发生？

❸ 管理系统是如何失效的？应如何改善？

传统的方法之所以不成功，是因为分析结论只对历史事故有意义。实践证明对过程安全事故分析是不合适的，它的结果不完全，对今后可能出现的事故没有太多参考意义，没有达到揭示出根原因的水平。

随着科学技术的进步，一些公司开始采用更加结构化和依靠团队协作的分析方法识别根原因。科学原理和概念被用来确定根原因和提出防止再次发生的建议。有效的分析应当使用经过试验的数据分析工具和方法。不同的方法侧重面不同，例如，有的是针对组织机构管理的疏忽和遗漏，有的重点考虑人为因素的结果。原因分析方法应当相对容易使用。

团队“头脑风暴”方法，与 HAZOP 分析的方式类似，由多专业专家组成团队，由 HAZOP 分析主席带领团队通过集体讨论分析原因。这种分析方法有三种形式，即经验法团队分析、故障假设法团队分析和“五个为什么”法团队分析。

1. 经验法团队分析

团队用集体的经验审定可信的原因。比传统的就事论事方法能提供更多的想法和经验。但本质上还是非结构化的方法。要使团队分析达到目标，应当对所发生的事件序列有所了解，即采用按照事件发生的时间线索或画出事件序列图的方法帮助讨论分析。在团队分析讨论时，HAZOP 分析主席运用以下三个提问有助于识别原因。

❶ 发生了什么？

❷ 如何发生的？

❸ 为什么发生？

这种非结构化的团队分析的缺点是，不同的团队成员思考的方向和内容不同，经验水平不同，容易产生不正确的结论。即讨论结果依赖于团队成员的经验水平，他们的经验可能是不完全的，是缺乏关键知识的。对于同一个事件，两个团队可能得出不同的结论。

2. 故障假设法团队分析

该方法是团队采用的较为结构化的方法，即故障假设方法（又称为“What-if”方法）。团队会议通过提出一系列的故障假设来引导分析。这些问题通常考虑了设备失效、人为因素或外部发生的事件。例如，“操作规程如果有错会怎么样？”“没有按照规程步骤执行会怎么样？”等问题。在“常见的原因”章节中给出了大量故障假设问题的要点，可以参照提问。所提问题可以是通用的，例如“常见原因分类”中给出的 7 种分类。也可以是针对特定的工艺和活动的。此种分析方法的缺点是，有时问题是个别成员准备的，可能使讨论出现偏向。而且有时分析结果不够全面，分析本身也缺乏系统性。因此，它不适用于危害大或复杂的工艺系统。

What-if 提问法比较适用于涉及危险化学品的物理加工过程的过程危害分析。例如，涉及化学材料的挤压、成型和粉料处理系统。

此外，对于一些复杂的工艺装置，可以在设计阶段的早期（如初步设计阶段）开展初步的过程危害分析，目的是在详细设计之前识别出工艺系统中的一些特别主要的危害，为详细设计提供参考。在设计阶段的早期，还缺少足够多的过程安全信息资料，带控制点的管道仪表流程图（P&ID 图）往往还没有编制好，通常仅有工艺流程图（PFD 图）。此时，可以采用 What-if 提问法开展初步分析，如表 6-15 所示。

表 6-15 What-if 工作表

<table>
<tr><th colspan="9">项目名称：ABC 项目</th></tr>
<tr><td colspan="9">节点编号：6</td></tr>
<tr><td colspan="9">节点名称：槽车经泵 P-102 卸甲苯至储罐 V-102</td></tr>
<tr><td colspan="9">分析日期：2021 年 12 月 3 日</td></tr>
<tr><td colspan="9">分析小组：见报告正文部分</td></tr>
<tr><td colspan="9">文件图纸：</td></tr>
<tr><th>编号</th><th>What-if</th><th>后果</th><th>现有措施</th><th>类别</th><th>建议项编号</th><th>建议项</th><th>负责人</th><th>备注</th></tr>
<tr><td>6.1</td><td>槽车卸料速度过快</td><td>槽车内甲苯（易燃液体物料）经卸料泵后在管道内快速流动，物料会带上静电进入储罐 V-102 内，在储罐内，如果易燃物料与空气混合形成爆炸性混合物，遇到静电释放产生的引火源，会引起罐内爆炸，靠近罐区的装置可能发生火灾，罐区周围 1～2 名操作人员可能伤亡</td><td>（1）槽车卸料流速控制措施：设计的卸料流速为 3m/s
（2）储罐 V-102 有氮封
（3）储罐 V-102 和卸料管道有静电接地和跨接（备注：甲苯导电性差，此措施防止静电累积的作用很有限）</td><td></td><td></td><td></td><td></td><td></td></tr>
<tr><td>6.2</td><td>储罐 V-102 液位过高，出现满罐</td><td>甲苯从储罐 V-102 的顶部安全阀进入大气，流到储罐的围堰内，在围堰内气化形成蒸气云，遇到引火源会被引燃形成池火；甲苯蒸气进入大气，操作人员暴露于甲苯蒸气中，影响健康并可能导致急性中毒</td><td>甲苯储罐 V-102 有一个远程液位计，有液位指示和高液位报警（报警信号进中控室的 DCS 系统）。操作人员接到报警后可以停止卸料</td><td>安全</td><td>6-1</td><td>在甲苯储罐 V-102 上增加一个高高液位联锁（当储罐内达到高高液位时，自动停卸料泵 P-102）</td><td>张三</td><td></td></tr>
<tr><td>6.3</td><td>卸料管破裂，甲苯从槽车卸料管道泄漏</td><td>甲苯泄漏到槽车卸料区的地面，局部形成甲苯蒸气云团，遇到引火源会被引燃形成池火；操作人员暴露于甲苯蒸气中，影响健康并可能导致急性中毒</td><td>（1）根据工厂目前的管理经验，卸料软管定期接受检查和维护
（2）操作人员在现场，可以及时关闭槽车出口的阀门以终止泄漏（操作人员备用呼吸器）</td><td>安全</td><td>6-2</td><td>详细设计时，槽车卸料区域应具备二次容纳收集功能</td><td>李四</td><td></td></tr>
</table>

3.“五个为什么”法团队分析

“五个为什么”分析方法可以为团队“头脑风暴”讨论增加一些结构性特点。这种方法采用了逻辑树原理，但不画出逻辑树。团队讨论的问题针对为什么非计划的、非意愿的、不利的事件或存在的条件会发生。团队将有针对性地追问“为什么？”，采用简问简答，每一次追问都应切中前一次回答内容的要点，连续五次追问，以便找到根原因。就此得名“五个为什么”。

在 HAZOP 分析中，为了找到初始原因，追问的起始点就是偏离点。然后沿事故传播的方向反向追溯提问。例如一个装有危险化学品储罐出现了压力超高的偏离，第一个为什么就是针对压力超高提问，回答问题应当尽可能靠近与其直接相关的前一时间线索上的事件，即：

第一个为什么：提问一，为什么储罐压力超高？
回答一，储罐中发生了化学反应（导致压力超高）。
第二个为什么：提问一，为什么发生化学反应？
回答一，混入了污水（反应物）。
回答二，储罐中有铁锈（催化剂）。
第三个为什么：提问一，为什么混入了污水？（针对回答一的要点）
回答一，操作人员开错了阀门。（已找到初始原因）
第四个为什么：提问一，为什么储罐中有铁锈？（针对回答二的要点）
回答一，储罐材质选错（或没有防腐措施）。（找到一个使能原因）
第五个为什么：提问一，为什么开错阀门会混入污水？
回答一，管路阀门设计有误，导致管路阀门互通。（找到第二个使能原因）

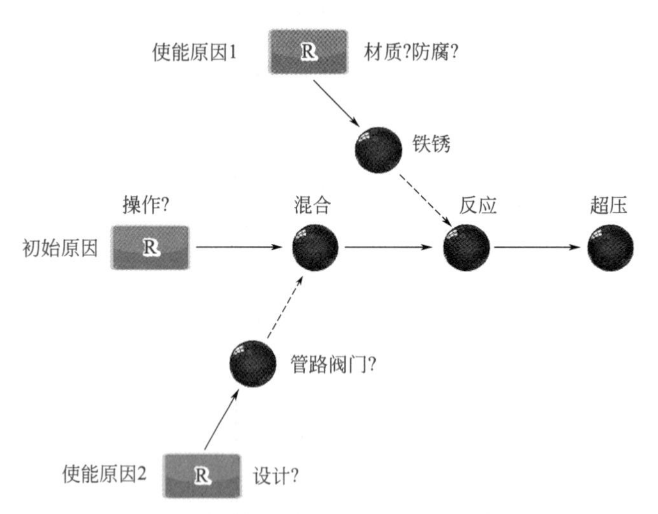

图 6-9 储罐超压事故原因分析事件序列图

如果团队成员认为尚未达到初始原因或根原因，提问与回答还可以继续下去，不必受五次提问的限制。从以上例子可以看出，所面对的问题不一定是简单的没有分支的事件链，当回答出现一个以上的要点时，反向追溯会出现分支。应当尽可能沿各分支连续追溯下去，最终全部分析路径是一个从偏离点出发的树形事件序列图，如图 6-9 所示，图中矩形块表示原因，圆球表示中间关键事件，有箭头的实线表示因果影响关系，有箭头的虚线表示使能影响关系。在相邻的两个事件间，连线箭头方向表示“因 - 果”影响方向。

当不同的终点原因之间逻辑关系是“与门”时，原因之间可能是根原因与使能原因的关系。本案例中储罐材质选错和管路阀门设计有误是系统固有存在的条件原因，没有操作人员失误混入污水事件，它们不会单独引发事故，因此是两个并列的使能原因。而操作人员开错阀门是触发事故的初始原因。反之两个使能原因得到纠正，即使操作失误，超压事故也可以避免。

如果不同的分支原因之间的逻辑关系是“或门”，则可能是各自独立的原因，即多原因问题。

“五个为什么”分析方法简单易学，但是分析水平取决于团队成员的知识和经验，不是所有的分析都能找到初始原因或根原因。为了提高分析准确性，建议在遇到比较复杂的情况时采用其他的图形化方法。

五、初始原因与根原因的关系及区别

初始原因（事件）是各种根原因的结果，包括外部事件、设备故障或人员失误，即“常见原因分类”列出的 7 个方面。在说明初始原因和根原因的关系时，最简单的解释就是根原因导致了初始原因的发生，或者说先有根原因才会有初始原因。

例如，在 HAZOP 分析中，一个偏离“甲苯塔重沸炉 F101 进料流量过低 / 无”的初始原因确定为“甲苯塔重沸泵 P-102A/B 停”。这是一种正确且规范的结果。如果要进一步识别“甲苯塔重沸泵 P-102A/B 停”的原因，有现场经验的团队成员立即会考虑到“停电”“操作工误关电源”“泵机械故障”等。这一层次的原因可以称为基本原因。从基本原因再进一步识别，以“操作工误关电源”为例，可能是“训练不当”“规程问题”“紧张”或“错误的指令”等原因。一般而言，追溯到这一层次的原因就是根原因，如图 6-10 所示。

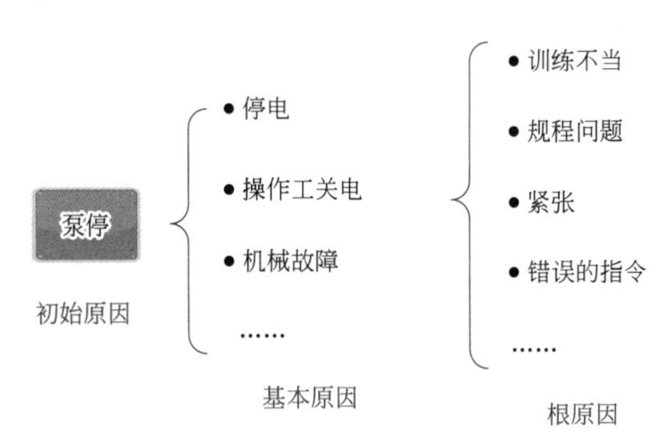

图 6-10　初始原因、基本原因和根原因的关系

通常在 HAZOP 分析报告中只记录初始原因或直接原因，如果细化到根原因将会导致太多的潜在危险剧情，花费太多的时间和精力。因此，HAZOP 分析的惯例是在确定初始原因时不宜太深究根原因。如果要求一定要分析到根原因的深度，这种情况可能涉及一个重要的安全措施或者剧情过于复杂。

以下情况建议 HAZOP 分析时在重要部位考虑根原因分析：

❶ 设计阶段没有实施过 HAZOP 分析的工艺过程和设施；

❷ 没有实施过程安全管理或安全管理不完善或不规范的工艺过程和设施；

❸ 变更管理阶段，对变更部位实施根原因分析；

❹ 相关人员 HAZOP 分析培训时要求分析到根原因。

需要特别指出的是，在事故发生后进行事故调查时，必须追溯到确切的根原因，否则事故调查结果是不全面的。

【任务实施】

通过任务学习，完成 HAZOP 分析原因识别相关练习题，以加深对原因识别相关知识点的掌握程度（工作任务单 6-6）。

要求：1. 按授课教师规定的人数，分成若干个小组（每组 5 ～ 7 人）。

2. 完成后，以小组为单位向全体分享。

3. 时间在 30min 内，成绩在 90 分以上。

工作任务六　HAZOP 分析原因识别　　编号：6-6		
考查内容：HAZOP 分析原因识别		
姓名：	学号：	成绩：

1. 根据原因的所属类型，完成下列连线题

外部事件

设备故障

人员失误

有缺陷或失效的材料

有缺陷或不适当的规程

电气或仪表干扰

有缺陷或失效的部件

违反了要求或疏忽了细节

天气或环境条件

不适当的人机界面

工作组织/计划不足

2. 请用“五个为什么”团队分析法，对甲苯塔重沸炉出口温度过高和燃料油压力过低这两个偏离进行分析，找出初始原因，并写出相应的“五个为什么”的分析步骤

3. 完成下列判断题

（1）在事故剧情中，初始原因的发生是由根原因导致的，也就是根原因发生在初始原因之前。(　　)

（2）在 HAZOP 分析时，我们只需分析出导致偏离的初始原因即可，如果细化到根原因将会导致太多的潜在危险剧情，花费太多的时间和精力。(　　)

（3）企业内的人员进行 HAZOP 分析培训时，分析到初始原因即可，不需深究根原因，因为深究到根原因，可能涉及一个重要的安全措施或者剧情过于复杂。(　　)

（4）在事故发生后进行事故调查时，必须追溯到确切的根原因，否则事故调查结果是不全面的。(　　)

（5）某装置在 5 年前的初设阶段进行过 HAZOP 分析，所以此时再做 HAZOP 分析，通常不需要在重要部位考虑根原因的分析。(　　)

【任务反馈】

简要说明本次任务的收获、感悟或疑问等。

1 我的收获

2 我的感悟

3 我的疑问

任务七 HAZOP 分析现有安全措施识别

任务目标	1. 掌握独立保护层及其相关特性的含义 2. 能识别工艺设计类措施、基本过程控制类措施、报警和操作人员干预类措施、安全仪表系统类措施、物理防护类措施，并会审核其有效性、独立性 3. 对于管理类等其他措施会审核其可用性
任务描述	通过对本任务的学习，知晓工程设计阶段 HAZOP 分析目标确定的重要性

【相关知识】

一、现有安全措施的分析

安全措施类型可以分为：工艺设计、基本过程控制系统、关键报警及人员干预、安全仪表系统、安全泄放设施、物理防护、应急响应。在分析现有安全措施和建议安全措施时，分析团队应首先忽略现有的安全措施（例如报警、关断或者放空减压等），在这个前提下分析事故剧情可能出现的最严重后果。这种分析方法的优点是能够提醒分析团队关注可能出现的最严重的后果，也就是最恶劣的事故剧情。分析团队进而分析已经存在的有效安全措施，还可以讨论现有的安全措施是否切合实际，能否有效实施。分析团队继续考虑是否需要增加建议的安全措施（有时可能是减少现有安全措施），从而确保分析团队所分析的安全措施对可能出现的最严重事故剧情能够做到有效的保护。安全措施可以是工程手段类型，也可以是管理程序类型。所有分析讨论的内容，在得到团队的一致确认后，应进行详细的记录。

在对分析危险或者可操作性问题进行定性风险评估时，要依赖分析团队对初始事件可能的概率和后果严重度的经验估计和判断。同时还必须正确估计和判断现有安全措施（包括建议安全措施）对降低初始事件发生频率和减缓后果严重度的作用，也就是安全措施降低事故剧情风险的作用。因此需要确定保护措施是否为独立的保护层，这样才能更精准地对风险进行评估。

二、独立保护层的概念

独立保护层（Independent Protection Layer，IPL）：能够阻止场景向不期望后果发展，并且独立于场景的初始事件或其他保护层的设备、系统或行动。独立保护层可以是一种工程措施（如联锁回路），也可以是一项行政管理措施（如带检查表的操作程序），还可以是操作人员的响应（如操作人员根据报警关闭阀门或停泵）。

所有的独立保护层都是安全措施。但是，安全措施不一定是独立保护层。安全措施必须满足以下三个基本条件，才能称为独立保护层。

❶ 有效性：具有足够的能力防止出现事故情景的后果。独立保护层的作用要么是防止初始原因发展成事故，要么能减缓事故的后果的严重程度。如果独立保护层的作用是防止初始原因发展成事故，那么，它的响应失效率应该不超过 10%，换言之，独立保护层应该至少有 90% 的可靠性。

❷ 独立性：与事故情景的初始原因相互独立，且不与同一事故情景中其他的独立保护层有交叉或关联。

❸ 能验证：独立保护层的效果能够通过某种方式进行验证，并可以记录在文件或图纸上。

常见的属于独立保护层的安全措施如下。

❶ 本质安全的设计：从根本上消除或减少工艺系统存在的危害。

❷ 基本过程控制系统（Basic Process Control System，BPCS）：BPCS 是执行持续监测和控制日常生产过程的控制系统，通过响应过程或操作人员的输入信号产生输出信息，使过程以期望的方式运行。由传感器、逻辑控制器和最终执行元件组成。

❸ 关键报警及人员干预：是指操作人员根据关键报警采取的应急操作或响应，例如，操作人员根据高液位报警及时关闭储罐的进料阀门。

❹ 安全仪表系统（Safety Instrumented System，SIS）：用来实现一个或几个仪表安全功能的仪表系统，可由传感器、逻辑控制器和最终元件的任何组合组成，如安全联锁等。

❺ 安全泄放设施：这类独立保护层有安全阀、爆破片、泄爆板等等，属于通过物理硬件实现安全的措施。

❻ 物理防护措施：可以有效减轻事故情景后果的一些措施，如围堰、防爆墙等。

通常不作为独立保护层的防护措施有：

❶ 培训和取证；

❷ 程序；

❸ 正常的测试和检测；

❹ 维护；

❺ 通信；

❻ 标识；

❼ 火灾保护。

在应急响应类保护措施中，包含了工厂应急响应、社区应急响应。工厂应急响应包含了消防队、人工喷水系统、工厂撤离等措施，通常不视为独立保护层，因为它们是在初始释放之后被激活，并且有太多因素（如时间延迟）影响了它们在减缓场景方面的整体有效性。社区应急响应包含了社区撤离和避难所等措施，通常也不被视为独立保护层，因为它们是在初始释放之后被激活，并且有太多因素影响了它们在减缓场景方面的整体有效性。它们对工厂的工人没有提供任何保护。

三、独立保护层的有效性

独立保护层的有效性是指它能够独立阻断事故发展路径，或者独立消除事故情景的后果，在此过程中它不需要第三方协助。

例如，2007 年 12 月 19 日，在美国佛罗里达州的一家中试工厂，发生了一起反应器爆炸事故，造成 4 人死亡和 32 人受伤。

在爆炸发生前，操作人员试图往反应器的夹套内通入冷却介质，将反应器此前的加热模式切换到冷却模式，以便带走反应热，为反应器内的物料降温（反应器内当时有放热反应）。由于冷却介质管道上某个阀门出了故障，操作人员未能按照工艺要求将反应器切换到冷却模式。反应器内的物料温度持续上升，压力随之升高。经过一段时间后，反应器的爆破片破裂并向外泄压，大约在爆破片破裂了 10s 后，反应器发生了灾难性的破裂（爆炸），造成了严重的人员伤亡，并摧毁了工艺装置。

在这起事故中，有一个细节值得我们思考：在反应器超压时，它的爆破片破裂并泄压，但是，就在爆破片破裂后的极短时间内，反应器就超压破裂了。这表明两点，首先，这个反应器的爆破片原本是一个试图防止它超压的安全措施（估计工厂的管理人员或工程师也是这么认为的）；其次，这个爆破片在事故中没有发挥应有的作用，它没有如设计者所设想的那样起到防止反应器超压的作用。

这起事故中的爆破片看起来是一项安全措施，实际上它并没有效果，它的存在未能阻止事故后果的出现。这类安全措施在流程工业企业中很常见，可以称之为“伪安全措施”。

伪安全措施是非常有害的，在开展 HAZOP 分析时，很容易将伪安全措施误以为是有效的措施，从而低估事故情景所带来的风险。譬如，在上述事故中，安装在反应器上的爆破片应该是被看成了有效的措施，装置的运营管理人员会因此认为已经有了足够的安全措施，不再考虑增加更多的措施，事实上该装置一直是在较高的风险下运行着的。

由此可见，在开展 HAZOP 分析时，确保分析质量的一个重要环节是要确认现有措施和所提出的建议项的有效性，剔除伪安全措施，或者把它们变成有效的措施。

消除“伪安全措施”的干扰是为了弄清楚安全措施的有效性、真正理解事故情景，使风险评估更加贴近实际情况。

所以防止容器超压的安全阀、爆破片等要成为独立保护层，必须有计算书证明其有足够的释放能力，满足相关事故情景的压力释放要求，并且释放至安全的地方。如果安全阀缺少计算书，在开展分析时，不能作为避免超压的有效措施。

又如，储罐的围堰要成为独立保护层，强度必须足够高，而且围堰内有足够大的空间，能容纳泄漏出来的物料。

当然，有效不代表它不会失效。所有的独立保护层都可能失效，它们的响应失效率 PFD（要求时的失效概率，Probability of Failure on Demand，PFD）在 0 ～ 1 之间，如果 PFD=0 则是 100% 可靠，客观上难以实现。

人们将独立保护层分成两类，一类是被动措施，另一类是主动措施。

被动措施是指那些在发挥作用时不需要做出任何响应动作的安全措施，譬如围堰，当有液体泄漏时，它不需要动作就能完成容纳。又如，反应器的设计压力高于其中可能出现的最高压力，从安全上而言，这种设计也是提供了防止反应器超压的被动措施。

主动措施是指那些必须做出某种响应动作才能发挥作用的安全措施，如弹簧式安全阀，当压力足够高时，它们需要起跳才能泄压。又如，联锁回路在检测到异常工况时，是通过响应动作（如关闭阀门）来确保安全的，它们也是主动措施。

以往，有些企业将被动安全措施视为 100% 可靠的措施，如果有被动的安全措施，就认为事故情景不存在或不会出现相应的后果，也就不再做更多的讨论；目前，支持这种看法的人较少了，因为即使是被动的安全措施，仍然存在失效的可能性，其响应失效率的确较低，但并非 100% 可靠。

1. 本质安全设计

对于本质安全设计功能，采取了消除场景而不是减缓场景后果的做法。例如，如果设计的设备可以承受内部爆炸，那么所有的由于内部爆炸导致容器破裂的场景就可以消除。使用这种方法时，过程设计将不作为独立保护层，因为没有场景或后果需要考虑，也就不需要独立保护层。然而，本质安全设计功能需要适当的检查和维护（审计）以确保变更过程不会改变本质安全设计功能的有效性。例如一个通过泵给容器供料的系统，容器的设计压力大于泵的切断压力。一些公司可能会把泵空转超压导致的容器破裂作为一种可能场景。他们把容器设计压力超过泵空转压力的本质安全设计功能作为独立保护层。

2. 基本过程控制系统（BPCS）

BPCS 是执行持续监测和控制日常生产过程的控制系统。BPCS 可以提供三种不同类型的安全功能作为独立保护层：

❶ 连续控制行动，保持过程参数维持在规定的正常范围以内，并努力防止导致初始事件发生的异常场景的发展；

❷ 状态控制器（逻辑解算器或报警跟踪单元），识别超出正常范围的过程偏差，并向操作人员提供信息（通常为报警信息），促使操作人员采取具体的纠正行动（控制过程或停车）；

❸ 状态控制器（逻辑解算器或控制继电器），采取自动行动来跟踪过程，而不是试图使过程返回到正常操作范围内。这种行动将导致停车，使过程处于安全状态。

BPCS 是一个相对较弱的独立保护层，因为 BPCS 通常几乎没有元件冗余。

当考虑 BPCS 作为独立保护层的有效性时，BPCS 安全访问控制方案尤其重要。如果安全系统不够完善，人员失误（逻辑修改、报警旁路和联锁旁路等）会严重降低 BPCS 系统的预期性能。

以下示例说明 BPCS 所采取的行动类型。

BPCS 独立保护层正常控制回路行动作为一个 IPL。

假设初始事件是由加热炉燃料气的异常高压引起。上游单元引起高压，导致加热炉高温。如果燃料气流量控制回路为压力补偿，随着压力的上升，回路的正常操作将减少燃料气的体积流量。如果该回路能够防止由于高压扰动导致的炉内高温后果，那么这种回路可以视为独立保护层。

3. 安全仪表系统（SIS）

安全仪表系统是由传感器、逻辑解算器和执行元件组成的，能够行使一项或多项安全仪表功能（SIF）的仪表系统。SIF 为状态控制功能，有时也称为安全联锁和安全关键报警。一系列安全仪表功能组成了安全仪表系统（也称为紧急停车系统）。

❶ 安全仪表功能在功能上独立于 BPCS。用于安全仪表功能的测量装置、逻辑控制器和执行元件独立于 BPCS 中的类似装置。在不牺牲安全仪表功能 PFD 的情况下，信号才可以共享。

❷ 安全仪表系统的逻辑解算器（通常包括多个冗余处理器、冗余电源供给和一个人机界面）可处理几个（或多个）安全仪表功能。

❸ 广泛使用冗余的元件和信号路径。可以在几个方面实现冗余。最明显的是为同一功能安装多个传感器或多个执行元件（如阀门）。多样化的技术将减少冗余元件的共因失效。

4. 物理防护类

当安全阀底座压力超过控制阀门关闭的弹簧施加的压力时，安全阀开启［导阀控制的安全阀的运行方式略有不同，见《压力释放和释放物处理系统指南》（CCPS，1998）］。有些系统使用爆破片保护设备。爆破片破裂后不能自行关闭，这可能会导致更加复杂的场景。对于安全阀系统，物质从容器进入阀门系统后，可直接排放到大气中，也可在排入大气前进入到某些减缓系统（放空管、火炬、骤冷槽、洗涤器等）中。压力容器规范要求保护容器或系统的安全阀应针对所有可能的场景（火灾、冷却失效、控制阀失效、冷却水损失等）进行设计，并且不能增加其他的功能要求。这意味着安全阀作为独立保护层仅能提供超压保护作用。

5. 报警及人员干预

人员 IPL 是指操作人员或其他工作人员对报警响应或在系统常规检查后，采取的防止不良后果的行动，与工程控制相比，通常认为人员响应的可靠性较低，必须慎重考虑人员行动作为独立保护层的有效性。然而，不把条件良好的人员行动作为独立保护层又太保守。人员行动应具有以下特点：

❶ 要求操作人员采取行动的指示（信号）必须是可检测到的，这些指示必须始终具备以下条件：

a. 对操作人员可用；

b. 即使在紧急情况下，对操作人员来说信号也是清晰的；

c. 简单明了，易于理解。

❷ 必须有充分的时间以便采取行动。这包括“确定要采取行动”的时间以及“采取行动”所花费的时间。采取行动可用的时间越长，人员行动独立保护层的 PFD 越低。操作人员决策时应要求：

a. 不需要计算或复杂的诊断；

b. 无需考虑中断生产的成本与安全之间的平衡。

❸ 不应期望操作人员在执行 IPL 要求的行动时同时执行其他任务，并且操作人员正常的工作量必须允许操作人员可以作为一个独立保护层有效采取行动。

❹ 在所有期望的合理情况下，操作人员都能采取所要求的行动。举个例子，假设一个独立保护层要求操作人员爬上平台打开阀门，如果火灾（作为初始事件）阻止了这种行动，那么把操作人员行动作为独立保护层是不合适的。

❺ 定期对要求的行动进行培训并记录。这应包括根据书面操作程序进行训练并定期审查，以证明单元的所有操作人员都能完成特定报警所触发的要求任务。

管理实践、程序和培训可以协助建立人员行动的 IPL（表 6-16），但它们本身不应被视为独立保护层。

表 6-16　人员行动 IPL 例子

IPL	说明（假设具有充分的文件、培训和测试程序）	PFD（来自文献和工业）/ 年
人员行动，有 10min 的响应时间	简单的、记录良好的行动，行动要求具有清晰的、可靠的指示	$1.0 \sim 1\times10^{-1}$
人员对 BPCS 指示或报警的响应，有 40min 的响应时间	简单的、记录良好的行动，行动要求具有清晰的、可靠的指示（IEC61511：IEC2001 限定了 PFD）	1×10^{-1}
人员行动，有 40min 的响应时间	简单的、记录良好的行动，行动要求具有清晰的、可靠的指示	$1\times10^{-1} \sim 1\times10^{-2}$

四、独立保护层的独立性

独立保护层的名字中就有“独立”二字，可见独立性是它非常重要的一个特征。这里的独立性包括两重含义：一方面，它要与事故情景的初始原因无关；另一方面，它要与本事故情景的其他独立保护层没有交叉或重叠。

1. 独立保护层应该与事故情景的初始原因无关

如图 6-11 所示，阀门 PVC-7A 故障开启，可燃气体会大量进入储罐 27V-16 内，导致储罐内压力升高甚至超压。相反，阀门 PVC-7B 开启可以排放气体，如果它的释放能力足够大，可以防止该储罐超压。但是，在这个例子中，阀门 PVC-7B 的开启泄压不是一个有效的安全措施，因为它与导致本事故情景的阀门 PVC-7A 共享了压力变送器 PT7，阀门 PVC-7A 故障开大是因为它所在回路某处发生了故障而导致的，可能是阀门本身有了故障，也可能是压力变送器 PT7 出了故障。如果是压力变送器出了故障（送出压力低的信号，开大阀门 PVC-7A），它就不会打开阀门 PVC-7B，因此，在此事故情景里，PVC-7B 开启不是可靠的安全措施。如果要让它变得有效，它应该与初始原因（阀门 PVC-7A 回路）无关。

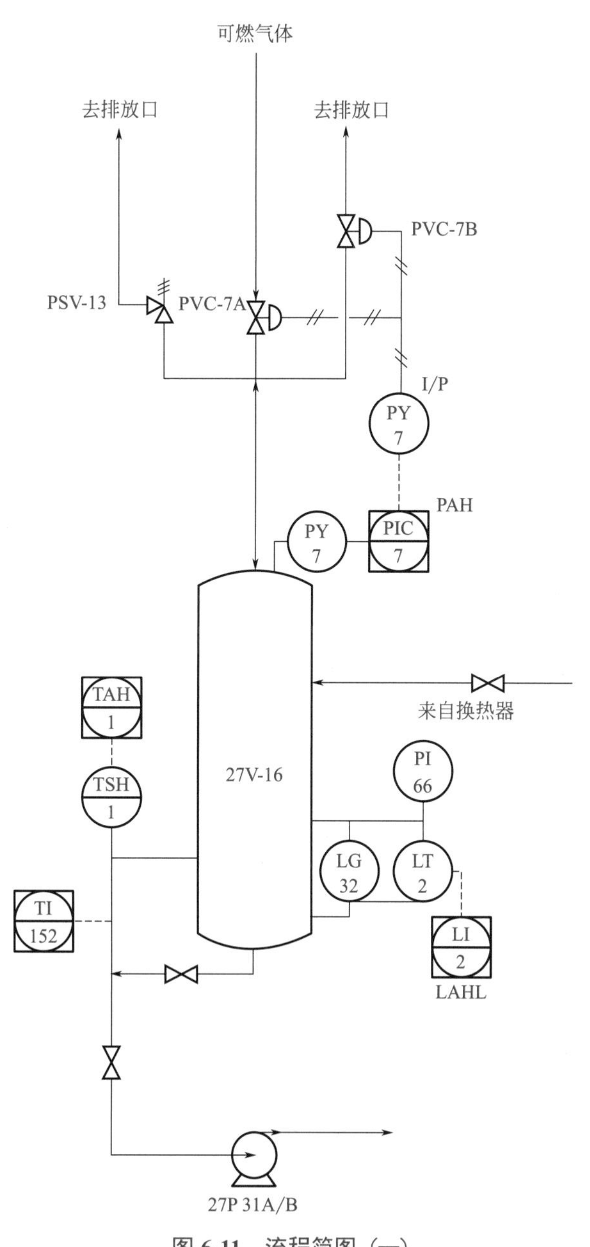

图 6-11　流程简图（一）

又如，在图6-12所示的事故情景中，造成事故的原因是反应器进料比例控制故障，反应放热增加，温度升高，会导致反应失控。但在反应器内有内盘管冷却器，它的冷却能力足够大，能阻止温度继续升高和避免反应失控。此处的内盘管冷却器是足够有效的安全措施（即独立保护层）。

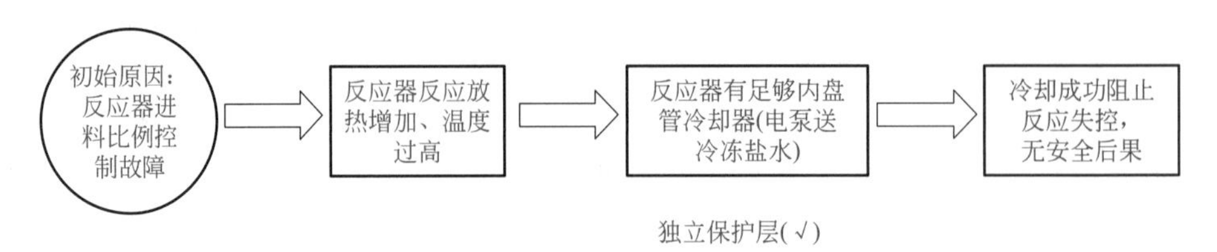

图6-12　安全措施与初始原因无关的事故情形

再如，在图6-13所示的事故情景中，造成事故的原因是装置区停电，反应器因为停电失去了搅拌，物料不能充分混合，局部浓度过高，反应器内温度升高，可能导致反应失控。此时，我们期望反应器内的内盘管冷却器阻止温度升高和避免反应失控。但此期望会落空，因为冷冻盐水是电泵输送的，停电会导致该泵停转，因此，此处的内盘管冷却器不是针对此事故情景有效的安全措施（非独立保护层），因为它与装置停电这一初始原因相关联。

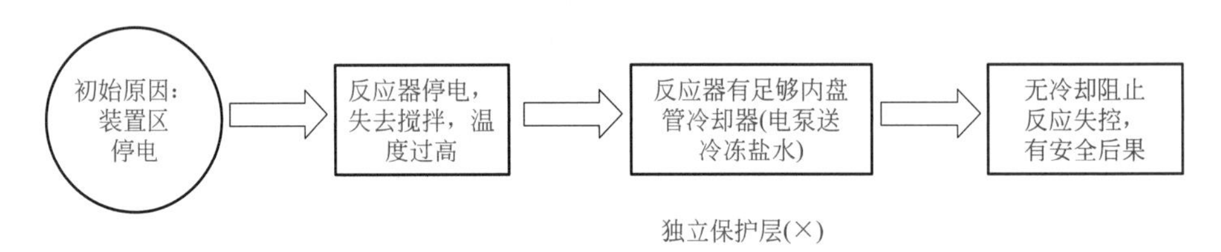

图6-13　安全措施与初始原因关联的事故情形

以上对比也告诉我们，同一项安全措施，对于某些事故情景它是有效的，对于另一些事故情景则可能是无效的。

人员操作失误也是造成事故情景的一类初始原因，另一方面，及时的人员干预也可以是有效的安全措施。如果事故情景是由操作人员A的操作错误导致的，他本人的干预就不能再作为有效的安全措施，因为此干预与初始原因相关（是同一个人来完成）。今天他之所以操作出错，可能是因为他本人情绪异常、身体状况不佳或缺乏培训等因素，因此不能再寄希望于他来解决问题。周围其他胜任的操作人员的响应，则可以作为有效的安全措施（独立保护层），但需要满足一定的条件。

2. 独立保护层应该与事故情景的其他独立保护层相互独立

如图6-14所示，如果上游物料进入储罐V-100导致压力升高，开关阀XV101可以关闭以切断进料防止超压；同时开关阀XV102开启释放压力，也可以避免储罐超压。但按照独立保护层的定义，此处的开关阀XV102开启不属于有效的安全措施，因为它与开关阀XV101所在的回路共享了压力开关PS101，换言之，它们是共因失效关系（共因失效：共因失效是指由于相同原因或初始事件，导致不止一个元件、行动或系统失效。当分析防护措施，并评估它们是否是独立保护层时，寻找共因失效模式尤其重要。共因失效涉及初始事件和一个或多个防护措施，或者几个防护措施的相互影响。所有受共因失效影响的防护措施只应被视为单一的独立保护层，而不是每个防护措施都被视为独立保护），不满足“在同一种事故情景中，所采纳的独立保护层都应该相互独立”的这一原则。

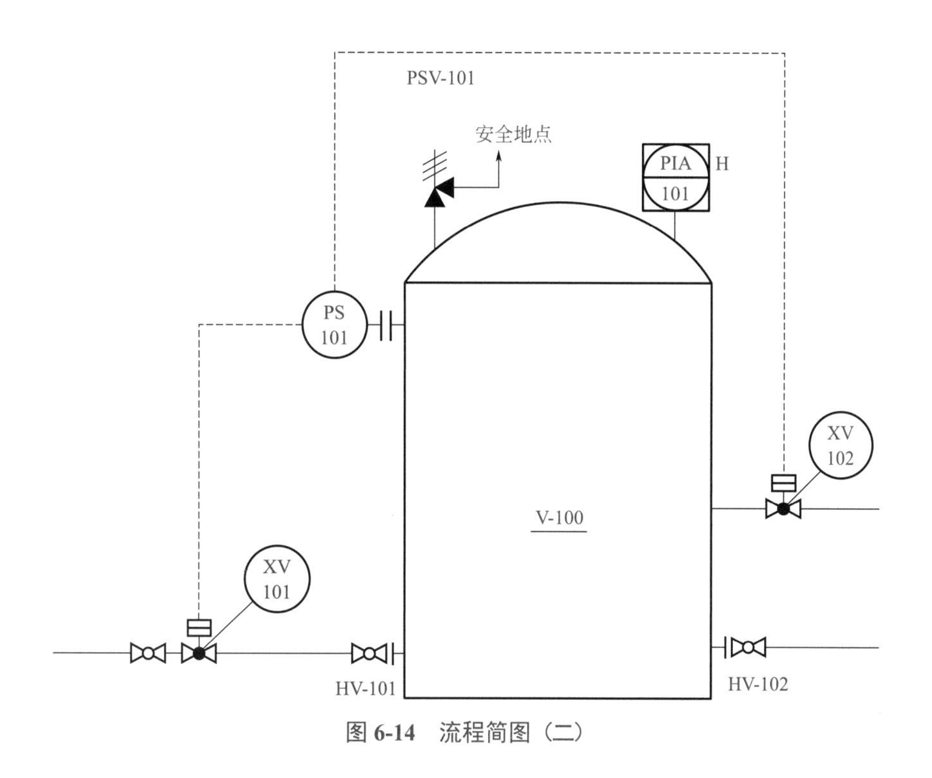

图 6-14　流程简图（二）

【任务实施】

通过任务学习，完成 HAZOP 分析现有安全措施识别相关练习题，以加深对现有安全措施识别相关知识点的掌握程度（工作任务单 6 ～ 7）。

要求：1. 按授课教师规定的人数，分成若干个小组（每组 5 ～ 7 人）。

2. 完成后，以小组为单位向全体分享。

3. 时间在 30min 内，成绩在 90 分以上。

工作任务七　**HAZOP** 分析现有安全措施识别　　编号：**6-7**		
考查内容：**HAZOP** 分析现有安全措施识别		
姓名：	学号：	成绩：

1. 对下列保护措施进行分类

常见的独立保护层安全措施　　　　通常不作为独立保护层的措施

① 关键报警及人员干预
② 正常测试与检测
③ 安全培训及取证
④ 基本过程控制系统
⑤ 物理防护措施
⑥ 程序及维护
⑦ 本质安全设计
⑧ 火灾保护及标识
⑨ 社区应急响应
⑩ 安全仪表系统

续表

2. 根据保护措施的内容介绍，完成下面的连线题

保护措施	内容介绍
物理防护措施	罐的设计压力高于异常工况超压的压力
基本过程控制系统	罐液位高报警，现场人员及时处理
本质安全设计	罐内超压，罐顶安全阀起跳泄压，罐压恢复正常
关键报警及人员干预	塔顶超压，塔顶压力高高联锁动作，塔压恢复正常
安全仪表系统	罐液位过高，液位控制系统自动调节进料阀开度变小
安全泄放设施	罐区设置有围堰，阻止物料外泄到其他区域

3. 完成下列判断题

（1）在分析设备超压时，我们可直接将设备的安全阀或爆破片等泄放设施，作为独立有效的保护层。（　　）

（2）在分析罐区物料泄漏，有可能外泄到其他区域时，只要有围堰，就可避免物料外泄，所以围堰可直接作为一个独立有效的保护措施。（　　）

（3）在确定了独立有效的保护措施后，我们也不能认为此保护措施 100% 可靠，也需要知道它的失效概率。（　　）

（4）安全仪表系统与基本过程控制系统可放在一起，这样方便于企业管理，减少成本的投入。（　　）

（5）在判断安全阀能否作为超压的独立保护措施时，我们需要核算安全阀的泄放能力，如果泄放能力达到要求，安全阀即可作为独立有效的保护措施，无需进行其他方面的考虑。（　　）

（6）在选择有效报警及人员响应类的独立保护层时，人员要有清晰的报警信号和充分的时间采取行动。而且人员没有同时进行的其他工作任务，最终在所有期望的合理情况下，操作人员能采取所要求的行动。（　　）

（7）以甲苯塔重沸炉单元为例，加热炉进料控制阀 FV101 失效关小，导致进料流量变小，导致炉管结焦烧穿，存在潜在火灾爆炸风险，此时 FIC101 高报警及人员响应可以作为一个独立的保护层。（　　）

（8）以甲苯塔重沸炉单元为例，加热炉进料控制阀 FV101 失效关小，导致进料流量变小，导致炉管结焦烧穿，存在潜在火灾爆炸风险，此时选取 TI134/135 高报警及人员响应为一个独立保护层时，TIC106 温度高报警及人员响应就不能作为一个独立的保护措施。（　　）

【任务反馈】

简要说明本次任务的收获、感悟或疑问等。

1 我的收获

2 我的感悟

3 我的疑问

任务八 HAZOP 分析风险等级评估

任务目标	1. 了解半定量 HAZOP 分析方法在风险等级评估过程中的使用 2. 掌握后果严重性判定的方法，准确地判定出后果的严重程度 3. 能准确地判定出不同类型初始原因发生的频率，并了解常见原因的失效频率 4. 了解风险消减方法，能准确地利用独立保护层进行风险的消减
任务描述	通过对本任务的学习，按照 HAZOP 分析流程一步步地进行风险等级的评估工作，进行事故严重程度的判定和初始原因发生频率的选择，通过消减风险的方法，判断剩余风险是否可以接受

【相关知识】

一、半定量 HAZOP 分析法

评估风险等级是 HAZOP 分析的重要环节，因为 HAZOP 分析团队要判断一个危险剧情的现有安全措施是否充分，从而判断是否已经把风险降低到了可以接受的程度。如果认为现有安全措施已经可以把风险降至可接受的程度，那么此危险剧情的分析到此结束。如果 HAZOP 分析团队认为现有安全措施不能使风险降至可接受的程度，那么分析团队要提出一个或若干个建议安全措施。例如：在易燃液体中进行的氧化反应，用空气中的氧气作为反应介质。在这个反应器中，控制残余的氧气浓度非常重要，如果残余的氧气浓度过高，它与易燃溶剂蒸气混合，会在反应器内形成爆炸性混合气体。在设计中，为反应器设计了残余氧含量在线分析仪，并设置氧含量高报警和高浓度联锁停车。当我们对此反应系统开展 HAZOP 分析时，会面临一个问题，到底是在反应器上安装一套在线氧含量分析仪，还是安装两套？如果只安装一套，它出了故障怎么办？因此，考虑安装两套（安装两套是一种冗余的设计，可以提高可靠性）。但是，如果安装两套，需要增加投资，今后的维护工作也会增加，假如客观上并没有必要安装两套，我们为什么要浪费投资和人为增加不必要的维护工作量呢？按照定性 HAZOP 分析方法，无论最后选择以上哪一种方案，都是分析小组凭自己的经验主观推断的结果，缺乏客观性。这种判断很大程度上要依靠 HAZOP 分析团队的经验、知识和能力，并且要最终取得一致意见，此过程在风险评估时有较大的主观随意性，容易出现低估风险的情况（偶尔也高估风险）。

因此在 HAZOP 分析过程中，通过引入保护层概念（HA-LOPA 分析），将定性分析提升至半定量分析，可以较客观地衡量安全措施和建议项的有效性，对事故情景的理解会更加深入，也更贴近实际情况，超越对事故情景的简单定性认知。

二、风险标准

在涉及危险化学品的企业，风险评估的目的是确认是否已经采取了必要的安全措施来防止各类事故的发生。工艺装置的风险评估不仅仅是编写文件和报告，而是务实地去识别存在的危害，及时采取措施降低工艺装置存在的风险。

风险评估需要参照风险标准，不同企业的风险标准会有所不同。在制订本企业的风险标准时，通常可以参考 ALARP 原则。

ALARP 是英文 As Low As Reasonably Practicable 的首字母缩写，意思是在合理可行的情况下尽量降低风险。有时候也会见到缩写 SFAIRP，它是英文 So Far As Is Reasonably Practicable 的缩写，与 ALARP 的意思是一样的。

ALARP 原则是落实风险管理的良好指南，很多企业运用 ALARP 原则来衡量风险及需要的投入，它不是投入与风险的简单平衡，而是要看投入对于风险的降低是否合理和可行。例如，投入 50 万元修一个栈桥以避免操作人员攀爬储罐的直梯（攀爬直梯可能造成膝盖扭伤），这显然缺乏合理性，按照 ALARP 原则，它是不必要的。反之，投入 50 万元改造反应器的进料系统，目的是防止反应失控，避免内部爆炸和操作人员伤亡，这是很必要的。这些判断都是基于 ALARP 原则。

图 6-15 粗略表达了风险、投入和 ALARP 之间的关系。ALARP 区域的左侧是高风险区域，如果事故情景的风险等级位于此区域，是不能接受的，必须采取措施进一步降低风险；在这个区域，适当的投入对于降低风险有较明显的效果。ALARP 区域的右侧是风险可以被接受的区域，如果事故情景的风险等级位于此区域，是可以接受的，不需要再采取任何措施降低风险；在此区域，进一步的投入对于降低风险的作用不再明显。对于落在 ALARP 区域内的事故情景，应该尽可能做些工作来继续降低风险，除非这么做不合理或实在做不到。

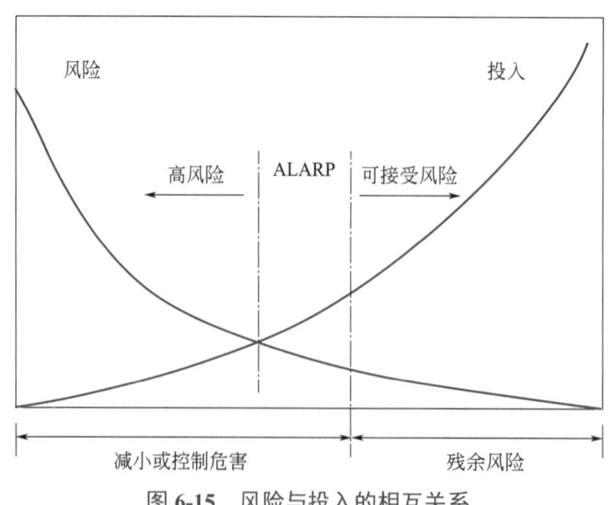

图 6-15　风险与投入的相互关系

图 6-16 所表达的是基于 ALARP 原则的风险标准。因为意外造成企业员工死亡的概率

大于 1×10⁻³/ 年，通常是不可以接受的；基于同样的运行状态，企业围墙外的公众面临的风险会低一些，对于外部公众，造成一人死亡的概率应该不大于 1×10^{-4}/ 年。因为意外造成企业员工死亡的概率小于 1×10^{-5}/ 年，是被广泛接受的风险水平。将造成一人死亡的概率控制在 1×10^{-5}/ 年或以下，对于大多数企业都是很大的挑战。实际情况是，为数不少的企业甚至是运行在高风险区域内（风险不可接受的区域），这类企业需要及时降低风险，至少应该在 ALARP 区域内运行。

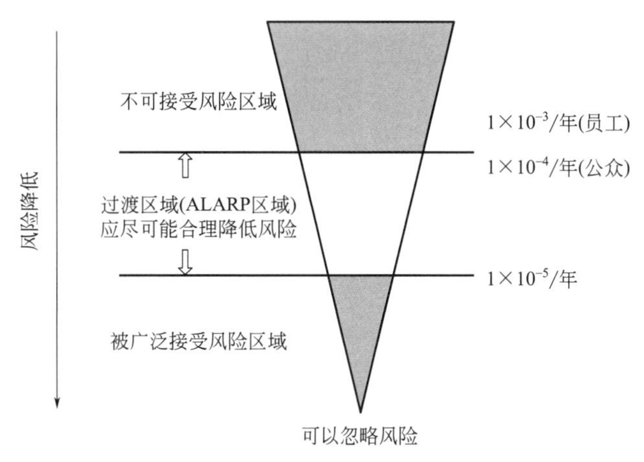

图 6-16 基于 ALARP 原则的风险标准

三、判断事故后果及严重性

根据 HAZOP 分析流程（图 6-17）可知，在进行风险等级评估时，先确定偏离，识别出后果，然后对事故后果严重程度进行判断。例如，对于偏离“甲苯塔重沸炉燃料气压力低”，判断其导致的严重后果时，可根据 MSDS 文件（图 6-18）知晓燃料气的理化性，最后可判断出该偏离导致最严重的后果。

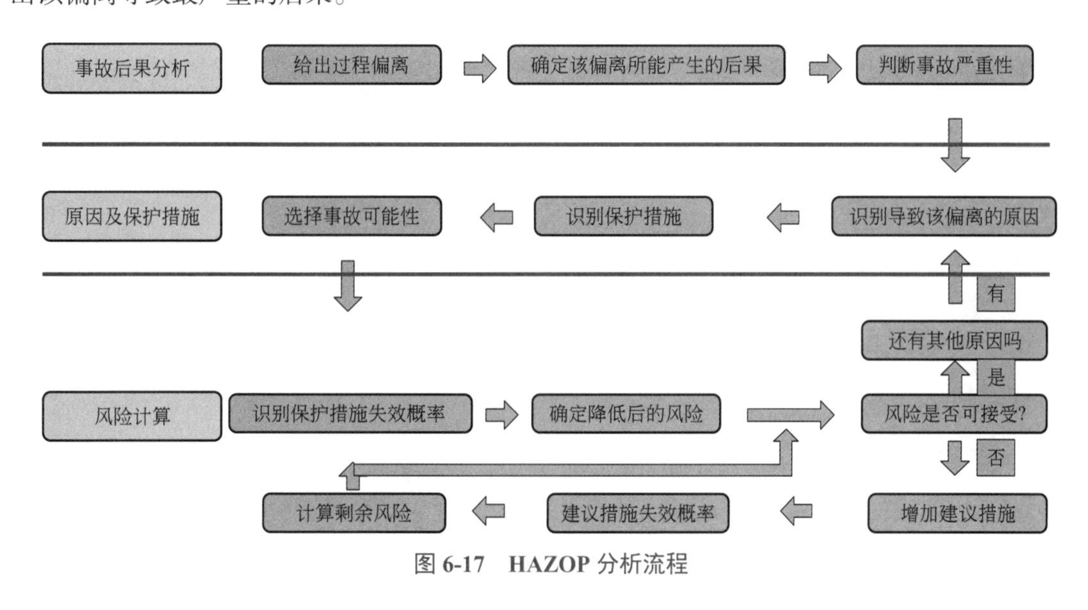

图 6-17 HAZOP 分析流程

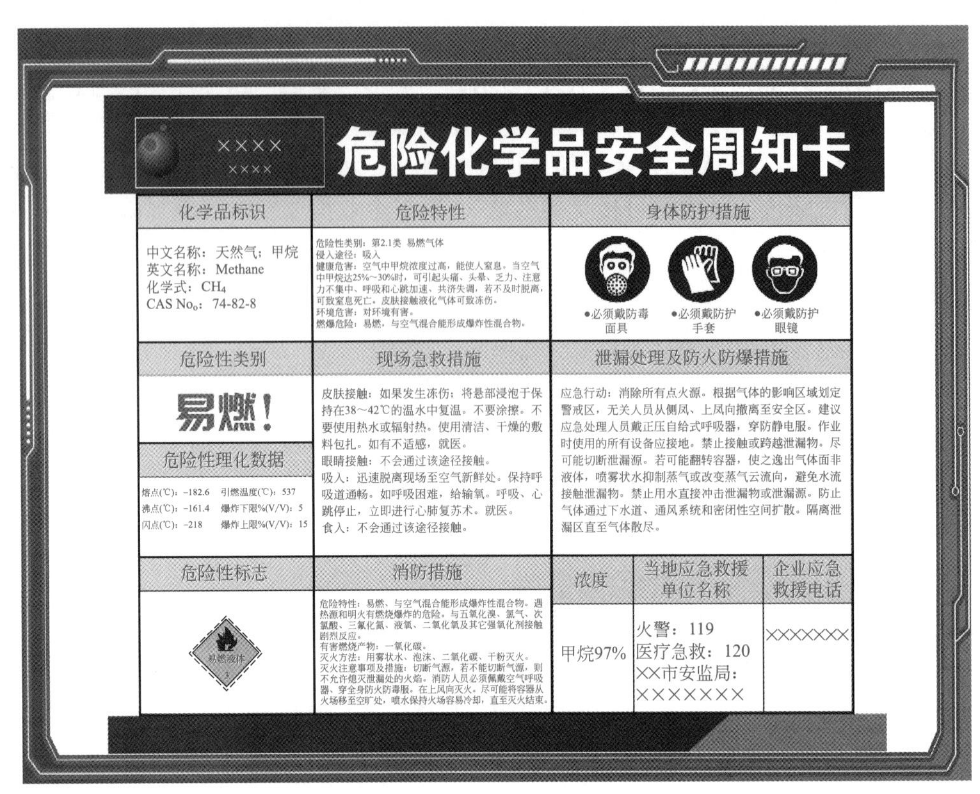

××××
××××
危险化学品安全周知卡

化学品标识
中文名称：天然气；甲烷
英文名称：Methane
化学式：CH_4
CAS No。：74-82-8

危险特性
危险性类别：第2.1类 易燃气体
侵入途径：吸入
健康危害：空气中甲烷浓度过高，能使人窒息。当空气中甲烷达25%～30%时，可引起头痛、头晕、乏力、注意力不集中、呼吸和心跳加速、共济失调，若不及时脱离，可致窒息死亡。皮肤接触液化气体可致冻伤。
环境危害：对环境有害。
燃爆危险：易燃，与空气混合能形成爆炸性混合物。

身体防护措施
•必须戴防毒面具
•必须戴防护手套
•必须戴防护眼镜

危险性类别
易燃！

危险性理化数据
熔点(℃)：-182.6 引燃温度(℃)：537
沸点(℃)：-161.4 爆炸下限%(V/V)：5
闪点(℃)：-218 爆炸上限%(V/V)：15

现场急救措施
皮肤接触：如果发生冻伤：将患部浸泡于保持在38～42℃的温水中复温。不要涂擦。不要使用热水或辐射热。使用清洁、干燥的敷料包扎。如有不适感，就医。
眼睛接触：不会通过该途径接触。
吸入：迅速脱离现场至空气新鲜处。保持呼吸道通畅。如呼吸困难，给输氧。呼吸、心跳停止，立即进行心肺复苏术。就医。
食入：不会通过该途径接触。

泄漏处理及防火防爆措施
应急行动：消除所有点火源。根据气体的影响区域划定警戒区，无关人员从侧风、上风向撤离至安全区。建议应急处理人员戴正压自给式呼吸器，穿防静电服。作业时使用的所有设备应接地。禁止接触或跨越泄漏物。尽可能切断泄漏源。若可能翻转容器，使之逸出气体而非液体，喷雾状水抑制蒸气或改变蒸气云流向，避免水流接触泄漏物。禁止用水直接冲击泄漏物或泄漏源。防止气体通过下水道、通风系统和密闭性空间扩散。隔离泄漏区直至气体散尽。

危险性标志
易燃液体
3

消防措施
危险特性：易燃、与空气混合能形成爆炸性混合物。遇热源和明火有燃烧爆炸的危险。与五氧化溴、氯气、次氯酸、三氟化氮、液氧、二氧化氧及其它强氧化剂接触剧烈反应。
有害燃烧产物：一氧化碳。
灭火方法：用雾状水、泡沫、二氧化碳、干粉灭火。
灭火注意事项及措施：切断气源，若不能切断气源，则不允许熄灭泄漏处的火焰。消防人员必须佩戴空气呼吸器、穿全身防火防毒服。在上风向灭火。尽可能将容器从火场移至空旷处，喷水保持火场容器冷却，直至灭火结束。

浓度	当地应急救援单位名称	企业应急救援电话
甲烷97%	火警：119 医疗急救：120 ××市安监局：××××××××	××××××××

图 6-18 MSDS 文件

最严重的后果是燃料气管线火嘴熄灭，燃料气炉内聚集，严重时发生闪爆，造成人员伤亡。接下来从人员伤亡情况、财产损失、声誉影响这三方面来对事故后果严重程度进行判定。

❶ 人员伤亡情况：可根据偏离所在装置的巡检制度（图 6-19）来判断出。在巡检制度表中，可知巡检人员数量，两次巡检间隔时间，以及在事故点现场停留时间，由此可判断出人员伤亡情况为界区内 1 ～ 2 人伤亡。

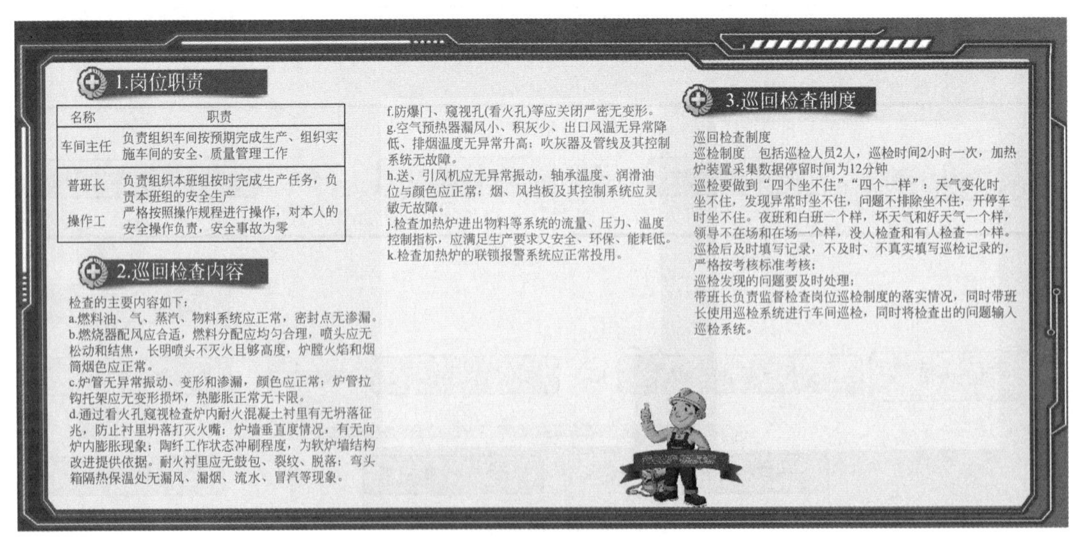

1.岗位职责

名称	职责
车间主任	负责组织车间按预期完成生产、组织实施车间的安全、质量管理工作
普班长	负责组织本班组按时完成生产任务，负责本班组的安全生产
操作工	严格按照操作规程进行操作，对本人的安全操作负责，安全事故为零

2.巡回检查内容

检查的主要内容如下：
a.燃料油、气、蒸汽、物料系统应正常，密封点无渗漏。
b.燃烧器配风应合适，燃料分配应均匀合理，喷头应无松动和结焦，长明喷头不灭火且够高度，炉膛火焰和烟筒烟色应正常。
c.炉管无异常振动、变形和渗漏，颜色应正常；炉管拉钩托架应无变形损坏，热膨胀正常无卡限。
d.通过看火孔窥视检查炉内耐火混凝土衬里有无坍落征兆，防止衬里坍落打灭火嘴；炉墙垂直度情况，有无向炉内膨胀现象；陶纤工作状态冲刷程度，为软炉墙结构改进提供依据。耐火衬里应无鼓包、裂纹、脱落；弯头箱隔热保温处无漏风、漏烟、流水、冒汽等现象。
f.防爆门、窥视孔(看火孔)等应关闭严密无变形。
g.空气预热器漏风小、积灰少、出口风温无异常降低、排烟温度无异常升高；吹灰器及管线及其控制系统无故障。
h.送、引风机应无异常振动，轴承温度、润滑油位与颜色应正常；烟、风挡板及其控制系统应灵敏无故障。
j.检查加热炉进出物料等系统的流量、压力、温度控制指标，应满足生产要求又安全、环保、能耗低。
k.检查加热炉的联锁报警系统应正常投用。

3.巡回检查制度

巡回检查制度
巡检制度 包括巡检人员2人，巡检时间2小时一次，加热炉装置采集数据停留时间为12分钟
巡检要做到“四个坐不住”“四个一样”：天气变化时坐不住，发现异常时坐不住，问题不排除坐不住，开停车时坐不住。夜班和白班一个样，坏天气和好天气一个样，领导不在场和在场一个样，没人检查和有人检查一个样。
巡检后及时填写记录，不及时、不真实填写巡检记录的，严格按考核标准考核；
巡检发现的问题要及时处理；
带班长负责监督检查岗位巡检制度的落实情况，同时带班长使用巡检系统进行车间巡检，同时将检查出的问题输入巡检系统。

图 6-19 巡检制度

❷ 财产损失方面：首先确定爆炸半径，以此来判断波及的设备，如图 6-20 所示，根据设备清单（图 6-21）内的设备单价，最终判断出财产损失区间为 200 万～1000 万元（设备损坏，但是还有剩余回收价值，因此计算财产损失时，是一个区间，不是一个固定值）。

图 6-20　爆炸半径及波及设备

加热炉

序号	位号	名称	数量	形式	规格	材质		设计/操作条件			制造标准	厂家	价格
					炉体(直径～壁厚～高度)	壳体	炉管	介质	温度/℃	压力/MPa			
1	F101	甲苯重沸炉	1	管式	ϕ1800～8～3500	0Cr18Ni9	Cr5Mo	甲苯	420	0.75	SHJ36	M+M	550万元

罐设备

序号	位号	名称	形式	规格	材质	危险类别	设计/操作条件			设备净重/t	厂家	价格
				炉体(直径～壁厚～高度)	壳体		介质	温度/℃	压力/MPa			
1	V105	燃料气分液罐	立式	ϕ800～6～2500	0Cr17Ni12Mo2	甲A	甲烷	75/41	0.35/0.25	2	M+M	100万元
2	V108	燃料油缓冲罐	立式	ϕ1200～6～3500	0Cr17Ni12Mo2	3类	烷烃	80/50	0.4/0.1	3	M+M	150万元

机泵

序号	位号	名称	级数	形式	型号	转速	轴功率	吸/排出压力/MPa	温度/℃	扬程	密封形式	质量/t	价格
1	P101A	燃料油泵	1	离心	2～3～13CHSS	3500	8.5	0.3.5/0.85	60	84	机械密封	0.4	35万元
2	P101B	燃料油泵	1	离心	2～3～13CHSS	3500	8.5	0.3.5/0.85	60	84	机械密封	0.4	35万元

图 6-21　设备清单

❸ 声誉方面的影响：装置安全工程师对事故后果造成的声誉影响进行识别，包括当地媒体的长期报道；在当地造成不利的社会影响。

以上三方面判定完后，根据后果严重性等级评估表，进行后果严重性等级的判定，由此可判定出后果严重等级。人员伤亡：界区内1～2人死亡，后果等级为D；财产损失：200万～1000万元，后果等级为D；声誉影响：当地媒体的长期报道，在当地造成不利的社会影响，后果等级为C。

【安全风险矩阵（彩图）】

四、初始原因发生频率

根据HAZOP分析流程，在对后果严重性判定完成后，接下来进行原因和现有保护措施的识别以及初始原因发生频率的判定，从而确定事故发生的可能性，还是以甲苯塔重沸炉燃料气压力低这个偏离为例。在辅助软件中，为更加方便和系统性地学习，将初始原因分为了四大类：设备故障类，BPCS失效类、公用工程失效类、人员误操作类。根据加热炉单元P&ID图（见附录六），可知控制回路TIC106（串级PIC602）故障，导致阀门PV602关小，这个原因可作为甲苯塔重沸炉燃料气压力低这个偏离的初始原因，接下来找出针对此偏离的现有保护措施：a. 炉膛设置有长明灯；b. 加热炉F101设置有防爆门。此时该偏离的一个简单的事故情景已显现出。下一步进行事故发生可能性的判定（在不考虑任何保护措施时，初始原因发生的频率即事故发生的可能性），初始原因即初始事件（初始事件：Initiating Event，通常用缩略语IE来表示），见附录二中列举出的常见原因的失效频率表，可知此初始原因的失效频率值为1×10^{-1}/年。可理解为10年出现1次失效情况。

五、风险的计算

风险可分为初始风险、降低后的风险、剩余风险。

❶ 初始风险：在不考虑现有保护措施情况下，后果发生的可能性和严重性的结合。以甲苯塔重沸炉燃料气压力低这个偏离为例，判定完后果严重程度及后果发生的可能性，根据风险矩阵（见图6-22），可判定出此偏离的初始风险等级为：

	1	2	3	4	5	6	7	8
	类似的事件没有在石油石化行业发生过，且发生的可能性极低	类似的事件没有在石油石化行业发生过	类似事件在石油石化行业发生过	类似的事件在中国石化曾经发生过	类似的事件发生过或者可能在多个相似设备设施的使用寿命中发生	在设备设施的使用寿命内可能发生1或2次	在设备设施的使用寿命内可能发生多次	在设备设施中经常发生(至少每年发生)
后果等级	$<10^{-6}$/年	$10^{-6}\sim10^{-5}$/年	$10^{-5}\sim10^{-4}$/年	$10^{-4}\sim10^{-3}$/年	$10^{-3}\sim10^{-2}$/年	$10^{-2}\sim10^{-1}$/年	$10^{-1}\sim1$/年	≥1/年
A	1	1	2	3	5	7	10	15
B	2	2	3	5	7	10	15	23
C	2	3	5	7	11	16	声誉 25	35
D	5	8	12	17	25	37	人员 55	财产 8[illegible]
E	7	10	15	22	32	46	68	100
F	10	15	20	30	43	64	94	138
G	15	20	29	43	63	93	136	200

图6-22 风险矩阵

人员伤亡：37（D6）；

财产损失：37（D6）；

声誉影响：16（C6）。

❷ 降低后的风险：事故发生概率乘以保护措施失效概率后的风险，如图 6-23 所示。事故发生概率即初始原因的失效频率，失效频率值为 1×10^{-1}/ 年。

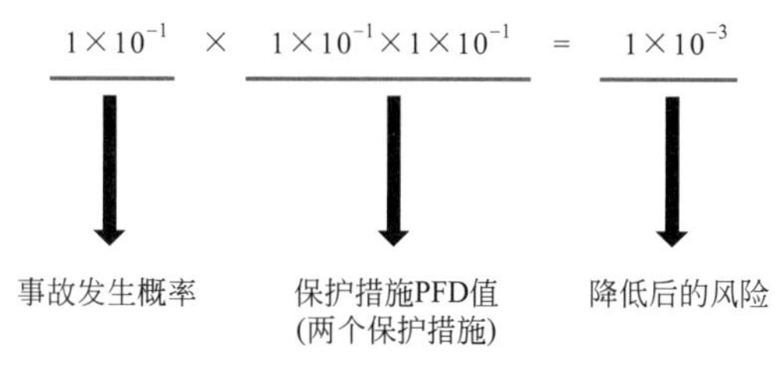

图 6-23　风险频率消减示意图

保护措施失效概率即要求时的失效概率（PFD）：系统要求独立保护层起作用时，独立保护层发生失效，不能完成一个具体的功能的概率，PFD 是一个没有纲量的数值，介于 0 和 1 之间，PFD 值越小，说明所对应的独立保护层的失效概率越低，它的可靠性越高。常用典型 IPL 的 PFD（见附录五），因为此偏离有两个独立的保护措施，可用图 6-24 表示的方法计算降低后的风险，根据风险矩阵表，可判定出此偏离降低后的风险等级为：

人员伤亡：17（D4）；

财产损失：17（D4）；

声誉影响：7（C4）。

	1	2	3	4	5	6	7	8
	类似的事件没有在石油石化行业发生过，且发生的可能性极低	类似的事件没有在石油石化行业发生过	类似事件在石油石化行业发生过	类似的事件在中国石化曾经发生过	类似的事件发生过或者可能在多个相似设备设施的使用寿命中发生	在设备设施的使用寿命内可能发生1或2次	在设备设施的使用寿命内可能发生多次	在设备设施中经常发生(至少每年发生)
后果等级	$<10^{-6}$/年	$10^{-6}\sim10^{-5}$/年	$10^{-5}\sim10^{-4}$/年	$10^{-4}\sim10^{-3}$/年	$10^{-3}\sim10^{-2}$/年	$10^{-2}\sim10^{-1}$/年	$10^{-1}\sim1$/年	≥1/年
A	1	1	2	3	5	7	10	15
B	2	2	3	5	7	10	15	23
C	2	3	5	7	声誉 1	16	25	35
D	5	8	12	17	人员 25	财产 3	55	81
E	7	10	15	22	32	46	68	100
F	10	15	20	30	43	64	94	138
G	15	20	29	43	63	93	136	200

图 6-24　降低后的风险等级

降低后的风险确定之后，接下来就要判断降低后的风险是否可以接受，根据风险矩阵和多数化工企业相关要求，当人员风险等级为“17”时，此风险是不可接受的，所以需要增加建议措施来降低风险，最终判断增加完建议措施后的剩余风险（图 6-25）是否可接受。根据 P&ID 图纸、工艺说明、炼油装置管式加热炉联锁保护系统设置指导意见，可提出合理的建议措施：增加燃料气压力低低联锁，联锁动作可见附录七。所选取的 PFD 值为 1×10^{-2}，可用图 6-26 表示的方法计算剩余风险。

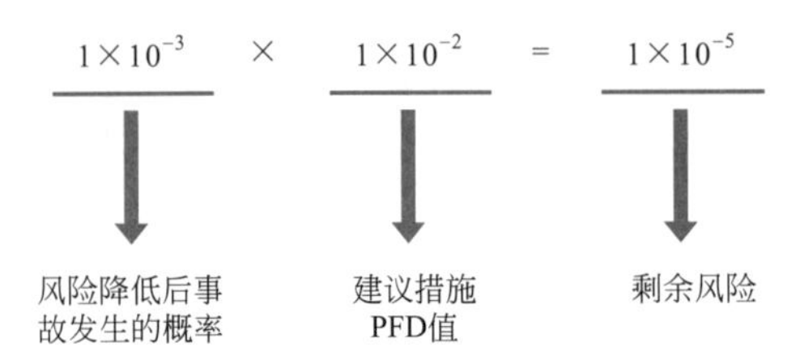

图 6-25　消减后的剩余风险

根据风险矩阵表，可判定出此偏离的剩余风险等级为：

人员伤亡：8（D2）；

财产损失：8（D2）；

声誉影响：3（C2）。

	1	2	3	4	5	6	7	8
	类似的事件没有在石油石化行业发生过，且发生的可能性极低	类似的事件没有在石油石化行业发生过	类似事件在石油石化行业发生过	类似的事件在中国石化曾经发生过	类似的事件发生过或者可能在多个相似设备设施的使用寿命中发生	在设备设施的使用寿命内可能发生1或2次	在设备设施的使用寿命内可能发生多次	在设备设施中经常发生(至少每年发生)
后果等级	$<10^{-6}$/年	$10^{-6}\sim10^{-5}$/年	$10^{-5}\sim10^{-4}$/年	$10^{-4}\sim10^{-3}$/年	$10^{-3}\sim10^{-2}$/年	$10^{-2}\sim10^{-1}$/年	$10^{-1}\sim1$/年	≥1/年
A	1	1	2	3	5	7	10	15
B	2	2	3	5	7	10	15	23
C	2	3	5	7	11	16	25	35
D	5	8	12	17	25	37	55	81
E	7	10	15	22	32	46	68	100
F	10	15	20	30	43	64	94	138
G	15	20	29	43	63	93	136	200

声誉　人员　财产

图 6-26　剩余风险等级

根据风险矩阵上的数值所在区域，即可判断出剩余风险是可以接受的，至此，由 BPCS 失效类的单个原因导致此偏离发生的一条完整事故情景已分析完成。此条事故剧情的 HAZOP 分析表如图 6-27 所示。

此次风险评估过程，可用图 6-28 来表示，初始风险经过多个独立保护层进行的消减，最终的剩余风险达到可以接受的程度，在这个消减的过程中，初始风险的发生频率降低了，但严重性不变。

节点 2	加热炉		节点描述	燃料气管网的燃料气在调节器PIC101的控制下进入燃料气罐V-105，燃料气在V-105中脱油脱水后，分两路送入加热炉，一路在PCV01控制下送入长明线；一路在PV602调节阀控制下送入燃料气火嘴					主持人：张三 记录员：赵四 参与人员：王一、孙二、刘五、李七	分析日期	2021.09.30	P&ID编号				20-01/02						
序号	偏离		原因/初始事件	事故后果	原始风险				保护措施及失效概率			降低后风险				建议措施			剩余风险			
	工艺参数	引导词			风险类别	严重性(S)	可能性(L)	风险(RR)	现有安全措施	保护层类型	IPL的失效概率	风险类别	严重性(S)	可能性(L)	风险(RR)	描述	类型	IPL的失效概率	风险类别	严重性(S)	可能性(L)	风险(RR)
1	甲苯塔重沸炉F-101燃料气压力	过低		可能导致燃料气管线火嘴熄灭，燃料气炉内聚集，严重时发生闪爆，造成人员伤亡	S/H	D	6	37	1.设置有长明灯	一般工艺设计	0.1	S/H	D	4	17	建议增加燃料气压力低低联锁	安全仪表功能	0.01	S/H	D	2	8
					F	D	6	37	2.设置有防爆门	物理式独立保护层	0.1	F	D	4	17				F	D	2	8
					E	C	6	16				E	C	4	7				E	C	2	3

图 6-27 HAZOP 分析表

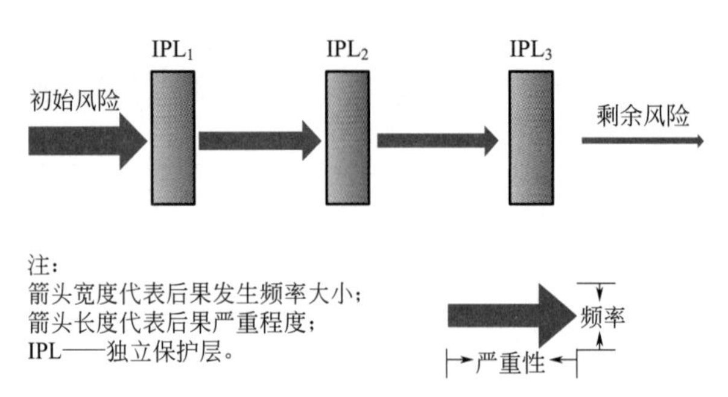

图 6-28　保护层消减风险示意图

【任务实施】

通过任务学习，完成 HAZOP 分析风险等级评估相关练习题，以加深对风险等级评估相关知识点的掌握程度（工作任务单 6-8）。

要求：1. 按授课教师规定的人数，分成若干个小组（每组 5 ～ 7 人）。

2. 完成后，以小组为单位向全体分享。

3. 时间在 30min 内，成绩在 90 分以上。

工作任务八　HAZOP 分析风险等级评估　　编号：6-8		
考查内容：HAZOP 分析风险等级评估		
姓名：	学号：	成绩：

1. 完成下列判断题

（1）半定量 HAZOP 分析较客观地衡量安全措施和建议项的有效性，对事故情景不再是简单性的认知。（　　）

（2）在进行风险消减时，如果现有安全措施不能将风险降到可接受的程度，那么可以增加多个建议措施将风险消减到最低。（　　）

（3）企业在做 HAZOP 分析时，需要用到统一的风险标准，这样可以保证 HAZOP 分析质量。（　　）

（4）根据 ALARP 原则内风险和投入的关系，企业在降低风险进行投入时，只要将风险降到最低即可，投入成本可不作为考量指标。（　　）

（5）在风险评估中，当风险内的人员伤亡概率大于 1×10^{-3}/ 年，此风险通常是不可以接受的。（　　）

2. 请对下列两个事故剧情进行风险评估

序号	初始原因	偏离	后果	现有保护措施	建议措施
1	甲苯塔重沸炉泵 P-102A/B 故障停	甲苯塔重沸炉 F-101 进料流量过低 / 无	炉管结焦，设备损坏，严重时物料泄漏，引发火灾爆炸造成人员伤亡	（1）设有温度高报警 TI134/135 及人员响应 （2）设置有防爆门	

（1）偏离“甲苯塔重沸炉 F-101 进料流量过低 / 无”的后果严重性：人员伤亡、财产损失、声誉影响对应的严重程度为（　　）。

A. 界区内 1 ～ 2 人重伤；200 万～ 1000 万元；当地媒体的长期报道，地方政府相关监管部门采取强制性措施

B. 界区内 1 ～ 2 人伤亡；200 万～ 500 万元；当地媒体的长期报道，对当地公共设施的日常运行造成干扰

C. 界区内 1 ～ 2 人伤亡；200 万～ 1000 万元；当地媒体的长期报道，在当地造成不利的社会影响

D. 界区外 1 ～ 2 人重伤；1000 万～ 5000 万元；国际媒体的短期负面报道，地方政府相关监管部门采取强制性措施

（2）偏离“甲苯塔重沸炉 F-101 进料流量过低 / 无”的初始原因类别为（　　）。

A.BPCS 失效类　B. 设备故障类　C. 人员误操作类　D. 公用工程失效类

（3）偏离“甲苯塔重沸炉 F-101 进料流量过低 / 无”的初始原因失效频率为（　　）。

A.1×10^{0} / 年　B.1×10^{-1}/ 年　C.1×10^{-2} / 年　D.1×10^{-3}/ 年

（4）偏离“甲苯塔重沸炉 F-101 进料流量过低 / 无”的初始风险为（　　）。

A.D6，E6，C6　B.D7，D6，C6　C.D6，D6，C6　D.D6，E6，D6

（5）保护措施“设有温度高报警 TI134/135 及人员响应”和“设置有防爆门”的失效概率分别为（　　）。

A.1×10^{-2}，1×10^{-1}　B.1×10^{-1}，1×10^{-2}　C.1×10^{-1}，1×10^{-1}　D.1×10^{0}，1×10^{-1}

（6）偏离“甲苯塔重沸炉 F-101 进料流量过低 / 无”是否需要增加建议措施（　　），如需要请完成下面的（7）、（8）题，如不需要，请跳过。

A. 是　B. 否

（7）偏离“甲苯塔重沸炉 F-101 进料流量过低 / 无”建议措施为（　　）。

A. 增加流量低报警　B. 增加流量低低联锁　C. 增加压力低报警　D. 增加流量低联锁

（8）偏离“甲苯塔重沸炉 F-101 进料流量过低 / 无”建议措施失效概率为（　　）。

A.1×10^{0}　B.1×10^{-1}　C.1×10^{-2}　D.1×10^{-3}

（9）偏离“甲苯塔重沸炉 F-101 进料流量过低 / 无”可接受的剩余风险等级为（　　）。

A.D2，E2，C2　B.D3，D2，C2　C.D2，E2，D2　D.D2，D2，C2

序号	初始原因	偏离	后果	现有保护措施	建议措施
2	界区来汽压力过低	甲苯塔重沸炉 F-101 雾化蒸汽压力过低	燃料油雾化效果差，使燃烧不完全，火嘴易结焦，严重时，火焰熄灭，引发火灾爆炸，造成人员伤亡	（1）设置有防爆门 （2）设有压差控制回路 PDIC112 （3）设置有长明灯	

（1）偏离“甲苯塔重沸炉 F-101 雾化蒸汽压力过低”的后果严重性：人员伤亡、财产损失、声誉影响对应的严重程度为（　　）。

A. 界区内 1 ～ 2 人重伤；200 万～ 1000 万元；当地媒体的长期报道，地方政府相关监管部门采取强制性措施

B. 界区内 1 ～ 2 人伤亡；200 万～ 1000 万元；当地媒体的长期报道，在当地造成不利的社会影响

C. 界区外 1 ～ 2 人伤亡；200 万～ 1000 万元；当地媒体的长期报道，在当地造成不利的社会影响

D. 界区外 1 ～ 2 人重伤；1000 万～ 5000 万元；国际媒体的短期负面报道，地方政府相关监管部门采取强制性措施

（2）偏离“甲苯塔重沸炉 F-101 雾化蒸汽压力过低”的初始原因类别为（　　）。

A.BPCS 失效类　B. 设备故障类　C. 人员误操作类　D. 公用工程失效类

（3）偏离“甲苯塔重沸炉 F-101 雾化蒸汽压力过低”的初始原因失效频率为（　　）。

A.1×10^{0}/ 年　B.1×10^{-1}/ 年　C.1×10^{-2}/ 年　D.1×10^{-3}/ 年

（4）偏离“甲苯塔重沸炉 F-101 雾化蒸汽压力过低”的初始风险为（　　）。

A.D6，E6，C6　B.D7，D6，C6　C.D6，D6，C6　D.D6，E6，D6

（5）保护措施“设有压差控制回路 PDIC112”“设置有防爆门”和“设置有长明灯”的失效概率分别为（　　）。

A.1×10^{-2}，1×10^{-1}，1×10^{-1}　　B.1×10^{-1}，1×10^{-1}，1×10^{-1}

C.1×10^{-1}，1×10^{-1}，1×10^{0}　　D.1×10^{-1}，1×10^{-1}，1×10^{-2}

（6）偏离“甲苯塔重沸炉 F-101 雾化蒸汽压力过低”是否需要增加建议措施（　　），如需要请完成下面的（7）、（8）题，如不需要，请跳过。

A. 是　　B. 否

（7）偏离“甲苯塔重沸炉 F-101 雾化蒸汽压力过低”建议措施为（　　）。

A. 增加压力低报警　　B. 增加压力低低联锁　　C. 增加流量报警　　D. 增加压力低联锁

（8）偏离“甲苯塔重沸炉 F-101 雾化蒸汽压力过低”建议措施失效概率为（　　）。

A.1×10^{0}　　B.1×10^{-1}　　C.1×10^{-2}　　D.1×10^{-3}

（9）偏离“甲苯塔重沸炉 F-101 雾化蒸汽压力过低”可接受的剩余风险等级为（　　）。

A.D3，E3，C3　　B.D3，D3，C3　　C.D3，E3，D3　　D.D4，D3，C3

【任务反馈】

简要说明本次任务的收获、感悟或疑问等。

1 我的收获

2 我的感悟

3 我的疑问

任务九 HAZOP 分析建议措施提出

任务目标	1. 了解提出的建议措施是否具备合理性与可行性 2. 了解建议措施提出的基本要求 3. 了解消除与控制过程危害的种类与措施选择的优先级顺序
任务描述	通过对本任务的学习，知晓建议措施对风险的消减作用是否合适

【相关知识】

一、提出建议措施的策略

HAZOP 分析不但要识别出各种事故情景，还要确保在工艺系统运行过程中，这些事故情景的风险处于可接受的水平。在考虑了现有措施后，如果当前风险过高，分析小组应该提出更多措施进一步降低风险，这些提议的措施称为建议措施。

在提出建议措施时，应该遵循预防为主的方针。事故的发生是从原因开始，然后出现某种偏离，这种偏离继续发展导致事故的后果。根据事故发生的路径，可以采取图 6-29 所示的策略来提出建议措施。

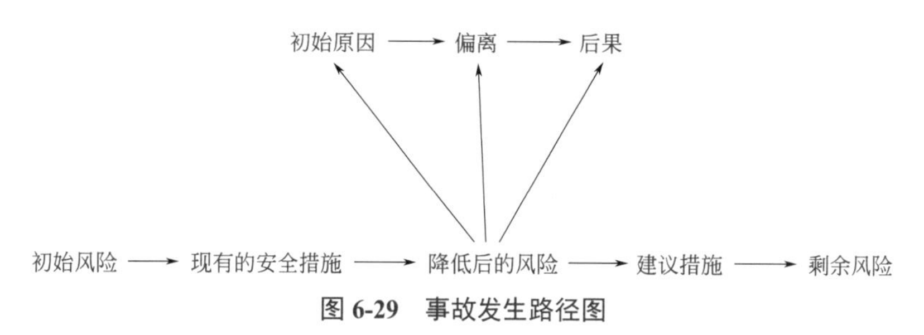

图 6-29　事故发生路径图

用下面举例的事故情景，来说明如何提出建议项。

原因	偏离	后果	保护措施	建议措施
控制回路 TIC106（串级 PIC602）故障，导致阀门 PV602 关小	甲苯塔重沸炉燃料气压力低	燃料气管线火嘴熄灭，燃料气炉内聚集，严重时发生闪爆，造成人员伤亡	（1）炉膛设置有长明灯； （2）加热炉 F101 设置有防爆门	增加燃料气压力低低联锁

首先，考虑能否提出措施消除导致事故情景的原因。在上述事故情景中，造成事故情景的原因是“控制回路 TIC106（串级 PIC602）故障，导致阀门 PV602 关小”，如果能够防止该阀门出现故障，就能从源头上消除此事故情景。因此，首先讨论一下，看看是否可以采取措施来避免该阀门出现故障。例如，可以将 PV602 所在的控制回路纳入工厂的关键设备清单，定期进行维护，以减少阀门出现故障的频率。这类措施容易采纳，但它是否有效（落实到位）取决于很多与人相关的因素，可靠性不高，所以此措施不是最佳选择。

其次，考虑能否采取措施避免出现偏离。在上述事故情景中，偏离是“甲苯塔重沸炉燃料气压力低”。可以讨论针对此偏离，能否采取什么措施。在这个实际的例子中，只要阀门 PV602 关闭，就会出现此偏离，较难提出好的措施来避免出现此偏离。

最后，考虑增加措施避免出现事故情景的后果，或者减轻其后果。在上述事故情景中，偏离会造成燃料气管线火嘴熄灭，燃料气炉内聚集，严重时发生闪爆，造成人员伤亡。因此，提议“增加燃料气压力低低联锁，当压力达到设定值时自动关闭燃料气管道上的联锁切断阀”，此建议项可以避免加热炉内可燃气体的大量聚集，防止严重后果的发生。

二、消除与控制过程危害的措施

工艺系统之所以会发生事故，是因为其存在某些过程危害。通过 HAZOP 分析识别了这些过程危害后，可以采用各类可行的措施来消除或控制它们。消除或控制过程危害的安全措施通常有本质安全、工程措施、行政管理和个人防护四大类。本质安全策略主要是消除危害；工程措施、行政管理和个人防护主要是控制危害或减轻危害带来的后果，如图 6-30 所示。

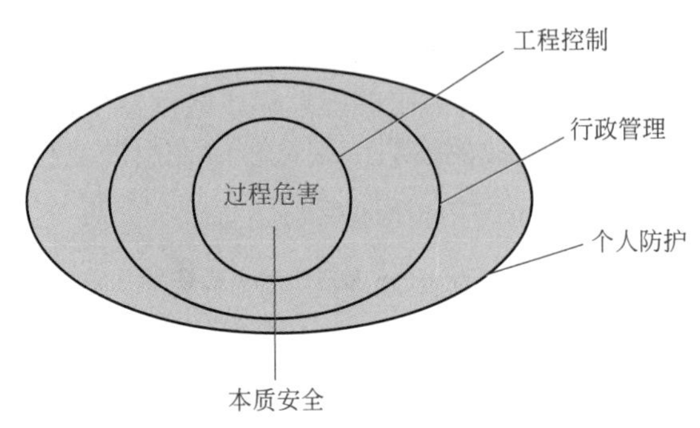

图 6-30　消除与控制过程危害的措施

设想有一个反应器，其中有内盘管。反应物料中存在忌水且有毒的物质（能与水发生剧烈反应且大量放热），但在当前的工艺设计中，需要在内盘管中通热水为工艺物料加热（热水的压力高于工艺侧的压力）。这个系统存在一种事故情景：当内盘管腐蚀穿孔时，热水会进入反应器，与工艺物料发生放热反应，反应器内压力升高甚至超压，有毒物质蒸气会经反应器法兰垫片处泄漏至车间内，现场的操作人员可能中毒甚至伤亡。

为了防止操作人员中毒伤亡，在作业期间，操作人员可以佩戴呼吸器等防护用品，当反应器意外发生泄漏时，可以避免中毒或减轻遭受伤害的程度。这里的呼吸器是个人防护用品中的一种。个人防护是一种控制危害的措施，但它是所有安全措施中的最后一道防线，如果操作人员没有正确佩戴防护用品，就会直接暴露于危险源中。操作人员通常使用的安全帽、安全眼镜、呼吸器、防护服、安全鞋，以及应急反应时的各种穿戴器具，都属于此类措施。对于很多事故情景，仅仅靠个人防护是不够的（有毒物大量泄漏时，普通的呼吸器不足以提供所需的防护），而且，佩戴个人防护用品有时会妨碍作业，操作人员会感觉不舒适。

在上述有内盘管的反应器中，为了防止内盘管破裂，可以对内盘管开展预防性维护，定期检查其状态，发现腐蚀或损坏就及时更换。这些要求可以列入维修计划中，以确保及时落实。这么做也是一种安全措施，称为行政管理措施。在企业里，操作程序、维修程序、应急反应程序、培训、报警及操作人员响应等都属于行政管理措施。这类措施容易采纳，但它是否有效（落实到位）取决于很多与人相关的因素，可靠性不高。

在上文的例子中，为了避免操作人员遭受中毒伤害，我们还可以采取一些措施，例如，在设计时为内盘管预留足够的腐蚀裕量；还可以在反应器上安装泄压装置（如爆破片），并释放至安全地点。这些措施称为工程措施。常见的工程措施有自控回路、安全联锁、安全泄压装置、溢流管、围堰等。工程措施的可靠性比较高，是消除和控制危害的重要举措。

上面提到的个人防护、行政管理和工程措施，要么是为了避免内盘管破裂，要么是为了减轻内盘管破裂所导致的后果。以上讨论基于了一个前提，即内盘管内有热水，当它破裂时，热水会漏进反应器内发生放热反应。如果我们可以摒弃这个前提，例如，将内盘管中的加热介质由热水换成其他介质（如导热油），当内盘管破裂时，这种新的介质漏入反应器，虽然会导致产品质量等方面的问题，但不会发生剧烈反应，没有安全后果，如此一来，上述的个人防护、行政管理和工程措施就可以省略了（或者只需要部分采纳）。用一种新的介质代替这个例子中的热水，是运用了本质安全的策略。

本质安全的基本出发点是消除或减少工艺系统内的危害。本质安全并不是指绝对安全，通常是指就某个方面（或某项特定危害）而言，通过采取必要的措施来消除或减少危害，使得工艺系统在这方面从本质上变得更加安全。

不是每种事故情景都可以通过本质安全的策略来消除危害，但是，本质安全是应该优先考虑的策略及选项。如果目标是要将事故情景的风险控制在某一风险水平，先采用本质安全的策略尽量消除危害，就可以减少对其他安全措施（工程措施、行政管理措施或个人防护措施等）的依赖。

以上提到的这四类安全措施，彼此之间并没有矛盾与排斥，对于任何一种事故情景，可以采取上述一种或多种安全措施来消除或控制危害。但是，在这四类安全措施中，不同安全措施的优先等级是不一样的（图 6-31）。个人防护是最后的选项（优先等级最低）：一方面是因为个人防护用品的正确使用受诸多因素的影响，例如操作人员是否愿意佩戴、佩戴时是否舒适、防护用品本身是否有效等，而且在大多数情况下，佩戴个人防护用品并不是很舒服。另一方面，个人防护用品是保护操作人员的最后一道防线，如果完全依赖个人防护用品来控制风险，当操作人员没有正确佩戴防护用品时，就会立刻直接暴露于危害中并受到伤害或中毒。本质安全是最优先的选择项，通过消除危害来控制风险，符合将风险管控关口前移的原则。尽管不是每种事故情景都能通过本质安全的策略将风险降低到可以接受的水平，但我们首先应该努力探索运用本质安全策略来降低风险的机会和途径，这么做不但对实现安全生产有好处，有时也更加经济，而且可以减轻企业的运营管理压力。

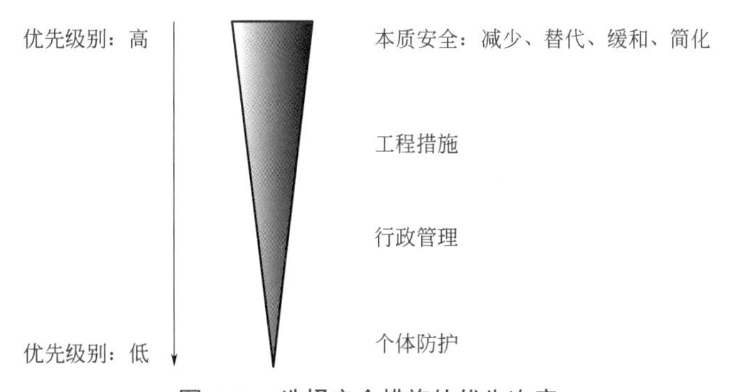

图 6-31　选择安全措施的优先次序

常见的实现本质安全的策略有减少（最小化）、替代、缓和与简化。

（1）减少（Minimize）　这种策略也称为最小化，它的要点是减少工艺过程中（反应器、精馏塔、储罐和输送管道等）危险物料的滞留量，或减少工厂内危险物料的储存量，以降低工艺系统的风险。例如，减少和控制车间内化学品的存放量，可以减轻意外发生时的事故后果。又如，在用到光气的工厂中，鉴于光气的特殊危害，实行就地制备就地消耗的原则，不储存和长距离输送光气，也是通过尽量减少光气的存量来部分消除其危害。

（2）替代（Substitute）　这种策略的要点是用危害小的物质替代危害较大的物质，或者用危害小的工艺替代危害较大的工艺。例如，含溶剂油漆改成水溶性的油漆，就是用水替代溶剂来消除溶剂所具有的危害；又如，对于忌水反应器，采用导热油加热替代热水加热，可以避免热水意外进入反应器内与工艺物料发生异常反应。

在工艺开发阶段，就可以充分运用“替代”的策略来消除或减少工艺过程中的危害。例如，如果工艺过程中存在某种危害极大的原料或中间产品，可以通过调整工艺路线，利用其他危害较小的物料来代替当前危害较大的原料，或避免产生危害较大的中间产品。

（3）缓和（Moderate） 这种策略的要点是通过改善物理条件（如操作温度、操作压力和物料储存条件等），或改变化学条件（如化学反应条件、化学品的浓度等），使工艺操作条件变得更加温和，当危险物料或能量发生意外泄漏时，事故的后果会相对较轻。例如，在离心分离时，如果工艺允许，降低进入离心机的物料的温度，使之低于溶剂的闪点（通常需要比 MSDS 等文献中的闭杯闪点更低一些），这样在离心分离过程中，就可以避免溶剂与空气混合形成爆炸性的混合物。又如，在较低温度下储存化学品会更安全，这也是应用了缓和的策略：在较低的温度下储存化学品，化学品的蒸气压更低，储存系统不容易出现超压。而且储存系统与外部大气环境之间的压差小，即使容器出现破口或裂缝，泄漏速率也会明显减小。温度较低的化学品发生泄漏时，挥发速度更慢，单位时间内产生的蒸气量更少，更容易控制和减轻事故的后果。

（4）简化（Simplify） 这种策略的要点是在设计中充分考虑人的因素，尽量剔除工艺系统中烦琐的、不必要的组成部分，使操作更简便，让操作人员更不容易犯错误。此外，有更好的容错性，即使操作人员出错，也不会马上导致严重的后果。

例如，避免将一组泵的启停按钮集中布置在一起，而是将泵的启停按钮安装在每台泵的旁边，这样有助于避免操作人员开错或停错泵，而且，操作人员在靠近泵的地方停泵或开泵，更便于观察泵的状况。

此外，系统应该有好的容错性，即使在操作人员犯错的情况下，系统也能保障安全。例如，将物料从槽车卸料至储罐时，如果有两种物料在同一处卸料，卸错物料会导致较严重的安全后果或重大的经济损失，可以为两种物料分别采用不同规格或不同形式的卸料管道接头，接错时无法连接上，操作人员就有机会及时发现自己的错误。也可以将两种物料的卸料处分开布置，分别设置在不同的区域。

三、建议措施的提出

进行 HAZOP 分析时，应根据降低风险的要求提出适当的建议措施。

可以要求对当前的设计进行更改，增加或去掉控制回路、阀门、管道或设备。例如，可以增加仪表、报警或联锁，也可以增加阀门、泄压装置或隔离装置。可以去掉一些影响安全的硬件，例如，可以建议取消放空管上的手动阀、取消安全阀入口的手动阀门、拆除旁路（或应有盲板隔离）或拆除保温层等。

在分析时，如果缺少相关资料或不能马上得出结论，可以要求在分析工作之外对设计做进一步的确认。例如，分析小组可以要求对储罐的溢流管尺寸进行核算，确认其满足溢流的要求；要求对安全阀的释放能力进行核实，或对管道内的流速进行核算，诸如此类。

除了硬件方面的建议项，分析小组还可以提出行政管理措施。例如，要求使用检查表样式的操作程序，要求对关键的操作步骤执行双人复核（其中一方最好是班长或管理人员），要求修订现有操作程序（增补特定的、具体的安全要求），增加特定的培训要求等。

在有些情况下，分析小组还可以建议对风险高、后果极严重的事故情景进一步开展定量风险评估（即 QRA）。

在 HAZOP 分析过程中，提出建议项时需要考虑以下几点：

❶ 根据风险评估的结论，决定是否增加新的建议措施。如果事故情景的当前风险处于不可接受的风险水平，则必须增加新的建议措施将风险降到可以接受的水平。反之，如果当前风险已经很低，就不必再增加新的措施。总之，应该以风险评估的结论作为新增建议措施的依据。

❷ 不要提那些不打算去执行的建议措施。如果分析小组成员对所提出的建议措施有异议，应该继续讨论，完善建议措施或找到替代的建议措施，直到分析小组成员对所提出的建议措施达成共识。提出的建议措施要尽可能贴近企业的生产实际。分析小组成员如果对建议措施有异议，应该在讨论中坦率提出来，避免出现讨论会上说一套、今后落实时做另一套的尴尬局面（建议措施一旦写进分析报告，除非今后重新审查并书面批准，否则在落实时不允许另做一套）。

❸ 建议措施应该是可以执行的。不应该在分析报告中出现“提高员工安全意识”“加强安全管理”“加强员工培训”“增强安全责任心”这一类笼统而抽象的建议措施。所有的建议措施都应该是可以执行的，换言之，可以衡量其执行的效果并确认它们已经按照要求完成了。例如，“在储罐 V-100 上增加一个安全阀，并释放至安全地点，并编制此安全阀的计算书。”又如，“修订操作程序，要求操作人员在往反应器 R-101 进甲苯之前，先对反应器进行氮气置换，置换后反应器内的残留氧含量不超过 5%。”这些建议项是可以执行的，也是可以度量的。

❹ 建议措施的描述应该尽可能详细。把建议措施描述得足够详细，有助于交流与落实这些建议措施。在描述建议措施时，尽量使用设备和仪表的位号。如果把一条建议措施单独列出来（与事故情景的原因、偏离描述和后果等分开），也不影响对它的理解，说明它已经足够详细了。表 6-17 中列出了一些建议项，其中左列中的建议措施都太笼统，应该如右列中的建议措施那样，有足够详细的描述。

表 6-17　建议措施的描述对比

太笼统的描述（不好）	较好的描述
增加压力表	在储罐 V-101 出口管道上增加一个就地压力表，供现场操作人员读取储罐内的压力
核算安全阀的释放能力	核算储罐 V-102 上安全阀 PSV-106 的释放能力，编制计算书；应考虑外部火灾的泄压要求
检查确认罐的液位	修改操作程序 X-123，要求每个班组都确认一次：确认罐 TK-108 的液位不超过 40%

【任务实施】

通过任务学习，完成 HAZOP 分析提出建议措施相关练习题，以加深对建议措施提出相关知识点的掌握程度（工作任务单 6-9）。

要求：1. 按授课教师规定的人数，分成若干个小组（每组 5 ～ 7 人）。

2. 完成后，以小组为单位向全体分享。

3. 时间在 30min，成绩在 90 分以上。

工作任务九　HAZOP 分析建议措施提出　　编号：6-9		
考查内容：HAZOP 分析建议措施提出		
姓名：	学号：	成绩：

1. 根据下面给出的事故情景，针对“初始原因”“偏离”“后果”，提出建议措施，并审核其有效性，最终挑选出合理的建议措施

原因	偏离	后果	保护措施	建议措施
甲苯塔重沸炉泵 P-102A/B 故障停	甲苯塔重沸炉 F-101 进料流量过低 / 无	炉管结焦，设备损坏，严重时物料泄漏，引发火灾爆炸造成人员伤亡	（1）设置有流量低报警 FIC101A/B 及人员响应； （2）加热炉 F101 设置有防爆门	

原因：______________________________

____

偏离：______________________________

____

后果：______________________________

____

2. 某有毒物质缓冲罐，在生产中，同时进出物料，出口由输送泵送入下游装置，出口物料管线堵塞，罐液位升高，物料泄漏，人员中毒身亡。请从消除或控制过程危害的四大类安全措施角度，来进行建议措施的分析（加一个图纸）

个人防护：______________________________

____

行政管理：______________________________

____

工程控制：______________________________

____

本质安全：______________________________

____

3. 依据建议措施提出的相关知识点，完成下列判断题

（1）在提出建议措施时，提出所需做的内容后，还需指导相关人员怎么去实施，以便建议措施的顺利完成。(　　)

（2）建议措施提出之后，可以有效地降低事故概率，避免严重事故后果的发生。(　　)

（3）建议措施是基于技术上的考虑，关于成本、时间的考虑，应由管理层平衡。(　　)

（4）提出建议措施时，对于有异议的应该继续讨论，完善建议措施或找到替代的建议措施，最后需要参会人员集体达成共识。(　　)

（5）建议措施的描述要言简意赅，避免字数过多，以至于过多浪费时间和分散精力，影响 HAZOP 分析的质量。(　　)

【任务反馈】

简要说明本次任务的收获、感悟或疑问等。

1 我的收获

2 我的感悟

3 我的疑问

【项目综合评价】

姓名		学号			班级	
组别		组长及成员				

项目成绩：			总成绩：
任务	任务一	任务二	任务三
成绩			
任务	任务四	任务五	任务六
成绩			
任务	任务七	任务八	任务九
成绩			

自我评价		
维度	自我评价内容	评分
知识	1. 了解“参数优先”分析顺序和“引导词优先”分析顺序（2 分）	
	2. 了解节点划分的方法与意义，并审核其合理性（3 分）	
	3. 了解设计意图描述的必要性与描述方法（5 分）	
	4. 了解偏离的定义与选择原则（5 分）	
	5. 了解后果的选取原则与识别方向（5 分）	
	6. 了解原因包含的类别、在剧情中的作用和相关原因之间的关系与区别（5 分）	

续表

维度	自我评价内容	评分
知识	7. 了解安全措施的种类，知晓独立保护层的概念和需具备的特性（5 分）	
	8. 知晓风险评估流程与方法，对事故严重性和初始原因概率进行判定（5 分）	
	9. 了解建议措施提出的时机与选择方法（5 分）	
能力	1. 能对所分析项目的分析步骤方法进行合理的选择（5 分）	
	2. 能对不同类型装置进行节点划分，对节点内存在的剧情进行深度挖掘（5 分）	
	3. 能对所分析的范围进行清晰的设计意图描述（5 分）	
	4. 能对不同类型工艺的偏离进行合理识别（5 分）	
	5. 能对偏离导致的事故后果进行准确的识别（5 分）	
	6. 能找出导致偏离的初始原因，并能判断出在哪种情况下需要识别出根原因（5 分）	
	7. 能够识别出真正的独立保护层，并确定其是否为有效和独立的（5 分）	
	8. 掌握风险评估的方法，对风险进行合理、准确的评估（5 分）	
	9. 能准确地提出建议措施，并且是合理、可实施的（5 分）	
素质	1. 通过学习，了解 HAZOP 分析方法在化工安全评价中的作用（5 分）	
	2. 通过学习 HAZOP 分析方法，可识别潜在的安全隐患，增加对风险的认知能力（5 分）	
	3. 通过学习 HAZOP 分析方法，提升化工安全意识，建立危害辨识与风险管控的思维，增强对潜在风险的识别能力（5 分）	
总分		

我的反思		
	我的收获	
	我遇到的问题	
	我最感兴趣的部分	
	其他	

【项目扩展】

HAZOP 分析与事故情景

1. HAZOP 分析事故情景及其主要元素

HAZOP 分析的重要价值在于它可以帮助我们识别和评估工艺系统中存在的各种事故情景，特别是那些会导致严重后果的、风险等级较高的事故情景。

下面通过举例来说明一个完整的事故情景所包含的元素。

如图 6-32 所示，压力高的气体从上游工艺单元经阀门 XV101 与阀门 PV101 进入储罐 V-100，储罐的进料压力由调节阀 PV1Q1 负责控制，在进料管道上的开关阀 XV101 用于异常情况下自动切断往储罐的进气。

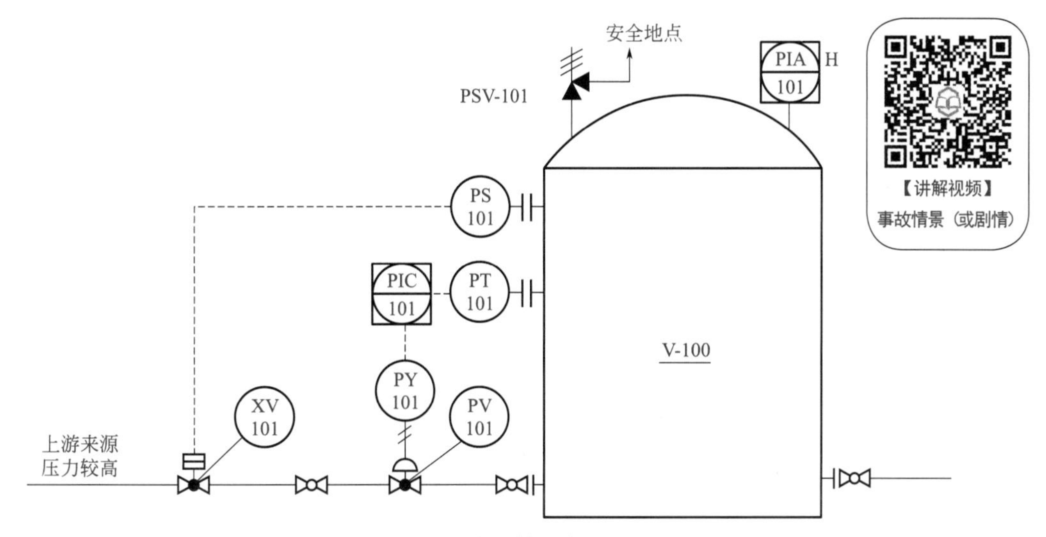

图 6-32　事故情景举例

这里存在一种事故情景，就是当阀门 PV101 出现故障并开度过大时，压力高的气体会大量进入储罐，储罐内压力上升。按照设计意图，当储罐内压力达到某个设定值时，开关阀 XV101 就会自动关闭以中断进料，防止储罐超压。不料此事故情景发生时，开关阀 XV101 所在的回路正好出了故障，开关阀 XV101 未及时关闭，因此压力高的气体仍然经由阀门 PV101 持续进入储罐 V-100，储罐内的压力继续升高。当储罐内压力升高至安全阀 PSV-101 的整定压力时，安全阀会起跳泄压，将气体排放至安全地点。安全阀 PSV-101 也不是百分之百可靠，倘若它此时也因为某种原因出了故障，未能起跳泄压，储罐内压力就会继续升高。再往后，就没有其他防止储罐超压的措施了！当储罐内的压力升高到它设计压力的 1.5 倍以上时，气体会从储罐薄弱处泄漏（如法兰连接处），当压力升高到设计压力 3.5 倍以上时，储罐可能发生灾难性的破裂（物理性爆炸），如果储罐周围正好有人，这些人很可能会伤亡。

图 6-33 所示的典型的事故过程包括原因、偏离、危险事件和后果几个阶段。倘若工艺系统中存在某些危害，当条件成熟时，就会演变成事故。

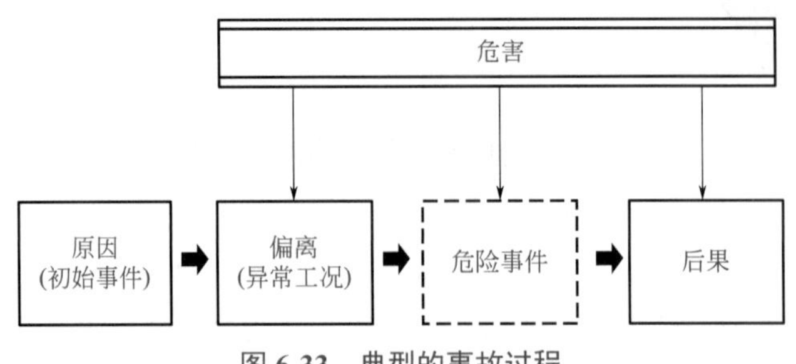

图 6-33　典型的事故过程

在图 6-32 所示的事故情景中，储罐上游压力高的气体介质是导致该事故情景的危害。导致此事故情景的原因（称为初始事件，也称引发事件）是调节阀 PV101 出现故障并开度过大。引起的偏离是压力高的气体经由阀门 PV101 持续进入储罐内，储罐内压力继续升高甚至超压。当这种偏离出现时，如果安全措施能发挥作用，例如开关阀 XV101 及时关闭并切断进料，就不会出现不良的后果，所发生的情形就称为危险事件（不是事故）。如果安全措施都失效了（包括开关阀 XV101 和安全阀 PSV-101），就会导致不良的后果（储罐 V-100 会因超压破裂，发生物料泄漏甚至人员伤亡），成为一起事故。

事故情景从初始事件发展到事故的后果，是一个比较复杂的过程（参考图 6-34），涉及事故情景的多个元素，包括原因、后果、促成条件、时间因素和保护层等。

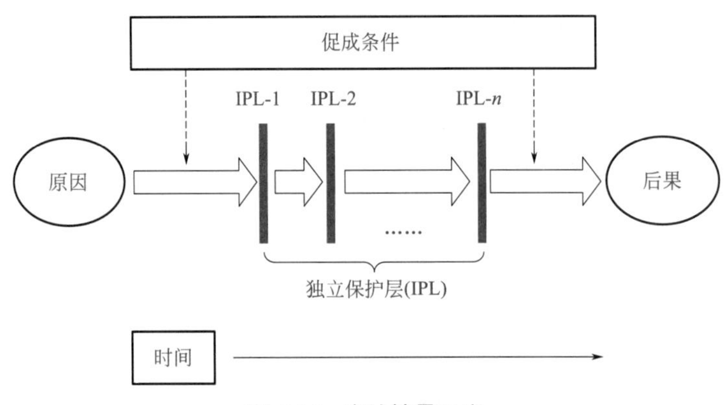

图 6-34　事故情景元素

初始事件发生时，不一定会马上导致事故的后果，有时还需要具备一些其他条件，称为促成条件（也称为条件因素，包括使能条件、修正条件）。促成条件是事故情景的元素之一。

在上述图 6-32 的事故情景中，当初始事件（阀门 PV101 出现故障并开度过大）发生时，还需要有其他促成条件才会出现事故情景的后果（储罐 V-100 因超压破裂，发生物料泄漏甚至人员伤亡），例如，从上游工艺单元进入储罐 V-100 的气体压力要足够高，如果其压力低于储罐 V-100 设计压力的 1.5 倍，通常不会出现上述后果。

在定性 HAZOP 分析举例中，平时有多人在车间内工作，如果车间内发生爆炸，在确定事故情景的后果时，就认为会有多人伤亡。实际情况是，即使车间内有几个人，当车间内发生爆炸时，也未必都会伤亡；道理很简单，操作人员或许当时没有在事故现场，或者当事故发生时，逃离了事故现场。在图 6-32 的事故情景中，操作人员必须是在储罐附近而且未能及时逃离，才会导致人员伤亡的后果。操作人员在现场并且未能及时逃离，是造成操作人员伤亡这一后果的促成条件。

除了促成条件外，在初始事件至事故后果之间通常还有多项安全措施，这些安全措施中，有一类特殊的安全措施，称为独立保护层（Independent Protection Layer，IPL）。独立保护层也是事故情景的元素之一，由初始事件引发的事故情景恶化至事故后果的路途中，需要突破所有的独立保护层。

在图 6-35 中，设想一只小老鼠欲进入房间内吃大米。这里的老鼠就是某种危害，老鼠吃到了大米代表导致了事故后果。老鼠要想吃到大米，需要成功穿过若干道门，才能进入存放大米的房间。这里的每一道门都是一个独立保护层。老鼠必须突破所有的门才能进入房间吃到大米。换言之，只有在全部独立保护层都失效的情况下，才会出现事故情景的后果；只要有任何一道门还在发挥作用，都不会出现事故情景的后果。

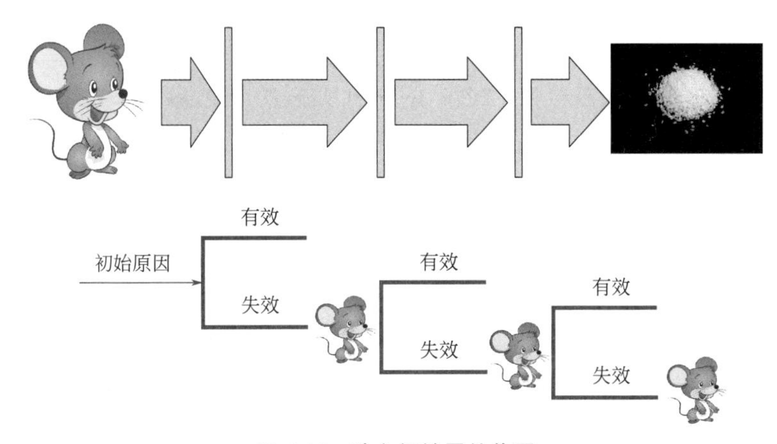

图 6-35　独立保护层的作用

这一个例子也说明了一个道理：如果我们设置足够多的独立保护层，灾难性的事故是完全可以预防的。而且，独立保护层的数量也不是越多越好，要拦住老鼠，设置的门越多，固然有好处（当门的数量多到一定程度后，再增加新的门，降低风险的意义会变得越来越小），但同时会带来麻烦，需要更多投资才能建造更多的门，更多的门会增加维护的工作量，自己进出这些门也不方便。所以说，安全措施也不是越多越好，应当以将事故情景的风险降低到可以接受的水平为依据来判断当前的安全措施是否足够、是否需要增加新的措施。这也说明为什么风险评估是 HAZOP 分析的重要环节、为什么半定量的 HAZOP 分析比定性 HAZOP 分析更贴近实际。

在开展半定量的 HAZOP 分析时，应该识别事故情景中所有的独立保护层，了解每一个独立保护层的作用（它消除或降低风险的贡献）；评估是否还需要增加新的独立保护层来降低风险，如果需要，还要增加多少独立保护层才能将风险降到可以接受的水平。

在某些情况下，时间也是事故情景的元素之一。例如，在图 6-32 的事故情景中，如果储罐 V-100 与上游供气的工艺单元都处在停车状态，即使阀门 PV101 出现故障并开度过大，也不会出现事故后果。通常，对间歇流程的工艺系统开展半定量 HAZOP 分析时，可以考虑事故情景的时间元素，使风险评估更贴近实际情况。

在定性 HAZOP 分析方法中，没有考虑事故情景的促成条件，也没有对事故情景相关的安全措施的有效性进行深入的评估，因此，其分析结果的准确性与客观实际有时会存在较大的差异。反之，要提高 HAZOP 分析的工作质量，就要加深对事故情景的认知，不但需要弄清楚事故情景的原因、偏离与后果，而且要透彻理解造成事故后果的促成条件及相关的独立保护层。

2. 事故情景在 HAZOP 分析中被遗漏的原因

（1）各种安全评价方法都有限制　目前还没有能够识别一个过程中所有事故的安全分析方法。这是由于不同的安全分析方法有其独到的一面，但都几乎存在着不足之处。原因在于事故情景具有复杂性和多变性。从根本上看即使识别了所有事故情景，按照合理降低风险的原则（ALARP），一个过程的风险不可能全部被消除，即只能降低到一个限度以下。

（2）事故超出了 HAZOP 分析的范围　通常安全评价所关注的是火灾、爆炸和毒物释放，其他的危险如化学品暴露、载重落下等事故可能没有被包括在 HAZOP 分析的范围之内。然而在某些特定场合，化学品暴露或载重落下等事故可能是主要危险。

（3）团队成员经验有限　HAZOP 分析团队如果缺乏知识和经验，不了解事故的机理，则在 HAZOP 分析中可能无法识别某些事故。HAZOP 分析团队往往对工厂中所有可能发生的事故现象不可能都有深入的知识和经验。当有经验的现场技术人员参与时，有助于识别该工厂的事故情景，但也可能识别不了不常见的事故现象和故障机制。

即使团队具有这种知识和经验，他们还必须有能力将这些知识和经验用于正在分析的过程和它们实际是如何发生的判断等方面。当团队成员对某些情景没有经验时，人们会习惯性地倾向于证实该情景为不可信。然而这种结论可能是错误的。

（4）事故情景可信性判断错误　HAZOP 分析团队为了考虑一个事故情景是可能的，成员们必须相信该事故情景必须有可信的原因，将导致危险必然发生。HAZOP 分析时经常讨论一个特定的危险情景发生的可能性。有时会出现个别人相信一个情景是不可信的，有可能说服了其他成员，但实际上是不正确的判断。

有多种因素影响了团队成员对危险情景可信性的感知能力，包括了装置的在役年数和历史。一个建设得较好的装置已经成功地运行了很多年，团队就会倾向于审定某些危险情景是不可信的，人的本能是不重视尚未碰到的风险。

团队的成员在该过程工作多年且对危险熟悉也会导致他们轻视危险。在 HAZOP 分析中，被团队接受为危险的情景，可能证明与先前没有被考虑过的危险比较严重度低，而被不合适地排除。例如：人们往往不多考虑在一个窄的双向道路上开车必须限速，否则迎面相撞的潜在致命后果是非常严重的。

❶ 对所识别事故的严重性估计不足。如果成员对事故条件有经验认为不会导致严重后果，该情景可能被团队排除，即使它的演变可能会导致严重后果。例如：操作人员倾向于接受温度超限但没有不利后果的事实，然而，在反应失控的场合，超温就是重大问题了。

❷ 事故情景不被团队成员注意的原因。有许多理由导致一个事故情景可能不被团队成员注意。如下：

a. 人的本能（固有特性）。没有理由期望参与者都具有完美的素质和能力。人的能力随着天数在波动，面对复杂的问题和重复烦琐的问题，人可能会因疲劳而产生厌倦。人的因素会减弱识别事故的能力，特别是对于复杂的情景，因此会存在未被识别的情景。

b. 小事件容易被忽略。人们往往关注识别复杂情景，然而大事故可能起源于简单的剧情，事后可能看起来是小事件所引发。

c. 信息超量。团队可能无法消化所有的工艺过程信息。通常团队了解过程信息是有一定限度的，了解 P&ID 是主要的，其他资料如自控设计资料、电气设计图、操作说明和设备的说明书、相关的设计规范等等，团队成员不可能都掌握。

d. 安全性的理解不足或遗漏。当团队碰到严重的、先前未知的潜在事故时，常常要重点讨论，花费大量时间。为了赶进度，可能把它拖到后面的过程危险分析中。这种转移的任务可能没有被审定，尚未完成的过程危险分析也分散了当前分析的注意力。

e. 不适当的类比。通常工艺过程中包括的部分是相似的甚至是同一的。团队推断它们的危险情景应该是相同的，于是提供一个交叉的引用（参照）并且转向下一个项目的分析。然而，有时表面上较小的不同可能导致其他事故的可能性未被识别。团队也可能发现了这种不同之处，但没有看出其在危险分析中的任何重要意义。例如，两条工艺管线完全相同，但一个有释放而另一个没有，则差别就大了。此外，管路周边三维环境情况不同，一旦出现管线失去抑制的事故，造成的后果严重度不同，也有很大差别。

❸ 事故情景可能太复杂。HAZOP 依靠团队的能力识别导致事故的事件。如果一个事故是可信的话，应当证明其可能性。一个危险序列中包括的事件越多，团队建立概念和识别序列越困难，审定其可信性的可能性越小。在危险分析中必须做出此种决定的时候，需要用到定量计算法，然而又几乎都缺乏计算资源和定量数据。

一般而言，构成一个情景的事件越多，它的可能性越小。因此通常的趋势是，如果一个情景的事件越多，则证明是可能性足够低的，并且是不可信的。

然而进一步看，识别危险情景的难点是当事故源来自过程的不同部分的场合。在 HAZOP 分析中，几乎都把过程在 P&ID 中划分为不同的片段，即所说的“节点”，以便于分析。因为这种划分节点的方法优点是，能集中注意力于过程的特殊部分，有利于分析。然而，这种方式的缺点是不利于识别由不同的节点组成事故源的情景。综合考虑所有节点有利于这种问题的解决，但是不能保证识别出这种情景。

过程的复杂性也会使得识别情景的困难加大，例如，多分支管路设有多个阀门和管道布线，使团队完全了解会变得困难。控制系统也是如此，因而会导致问题变得复杂。团队可能勉强接受或甚至不知道他们不能全面了解该过程（自以为已经了解）。每当缺乏了解时，就会遗漏事故情景。

（5）事故情景与 HAZOP 分析记录不同　过程危险分析时常常简化情景。事故从初始事件开始，多种中间事件会随之发生。情景的发展会有多种方式，又称路径，取决于过程对初始事件、使能事件或条件事件响应的成功与失败（即事件树结构），或解释为事故沿过程不同的影响路径的传播。多个事件的多种组合决定了一个事故情景的差异或变体。通常 HAZOP 分析记录的是团队认为最坏后果的情景变体。

团队错误地识别了最坏的情景是可能的。另外的情景变体也可能被认为是不可能的最坏后果而被取消。同时，也有可能提出的针对最坏情景的安全措施无助于防止其他相关次要的后果事件。

与前面所讨论的局限性一样，事故情景被遗漏的原因也不应成为 HAZOP 分析团队评价水平低的理由。本节通过指出 HAZOP 分析时容易发生遗漏的主要原因，帮助团队成员提高危险识别能力。危险识别能力的提高不但需要每一个 HAZOP 分析团队成员工程知识和实践经验的积累，而且需要团队协作、优势互补和集体智慧的充分发挥。在 HAZOP 分析过程中，每一个成员必须坚持严谨、细致、客观与实事求是的作风。防止危险识别的疏漏就是对人员生命和国家财产负责。

项目七
HAZOP 分析文档与跟踪

【学习目标】

知识目标

1. 了解 HAZOP 分析记录的方法；
2. 掌握 HAZOP 分析报告的组成和编写注意事项；
3. 了解 HAZOP 分析报告的后续跟踪和职责；
4. 掌握 HAZOP 分析文档签署和存档要求。

能力目标

1. 能够根据分析要求选择合适的 HAZOP 分析记录方法进行分析记录；
2. 能够根据 HAZOP 分析记录编制 HAZOP 分析报告；
3. 能够合理利用 HAZOP 分析报告，跟踪建议项落实情况；
4. 能够对 HAZOP 分析报告进行审核。

素质目标

1. 通过学习 HAZOP 分析文档与跟踪，培养化工安全闭环管理的观念；
2. 通过学习 HAZOP 分析文档与跟踪，增强安全意识、责任意识和细节意识。

【项目导言】

HAZOP 分析的主要优势在于它是一种系统、规范且文档化的方法。为从 HAZOP 分析中得到最大收益，应做好分析结果记录、形成文档并做好后续管理跟踪。HAZOP 分析主席负责确保每次会议均有适当的记录并形成文件。会议过程中由记录员 /HAZOP 分析秘书负责记录工作。HAZOP 分析报告是 HAZOP 分析讨论成果的载体，也是后续利用分析成果的依据。

【项目实施】

任务安排列表

任务名称	总体要求	工作任务单	建议课时
任务一 HAZOP 分析记录	通过该任务的学习，掌握 HAZOP 分析记录方法和要求	7-1	1
任务二 编制和审核 HAZOP 分析报告	通过该任务的学习，掌握 HAZOP 分析报告的编制和审核	7-2	1
任务三 HAZOP 文档签署和存档	通过该任务的学习，掌握 HAZOP 分析文档签署和存档要求	7-3	1
任务四 HAZOP 分析报告的后续跟踪和利用	通过该任务的学习，掌握 HAZOP 分析报告的后续跟踪和利用	7-4	1

任务一 HAZOP 分析记录

任务目标	1. 掌握 HAZOP 分析记录要求 2. 知道 HAZOP 分析记录方法
任务描述	学生通过对图文结合的内容学习，掌握 HAZOP 分析记录方法及注意事项

【相关知识】

HAZOP 分析最主要的环节，是分析小组全体成员互动讨论的过程（类似于头脑风暴）。分析小组在讨论过程中，需要及时将相关的讨论结论记录在 HAZOP 分析记录表中，这一工作主要由 HAZOP 分析秘书完成。

在进行分析记录时，应关注 HAZOP 分析记录表是否记录了所有有意义的偏差。在讨论这些偏差时，HAZOP 分析秘书应完整记录与会者达成共识、取得一致意见的所有信息，包括每个偏差产生的原因及后果、风险类别、安全措施（若有）、建议措施（若有）等。

一、HAZOP 分析记录表

通常，每一个节点有一张自己独立的分析表格。不同的企业在开展 HAZOP 分析时，所采用的工作表可能略有差别，但主要的栏目通常大同小异。无论采用什么形式的记录表格，重要的是确保记录下所有必要的信息。表 7-1 是一张最简单的 HAZOP 分析记录表。

表 7-1 最简单的 HAZOP 分析记录表

项目名称	
评估日期	
节点编号	

续表

节点名称	
节点描述	
设计意图	
图纸编号	

编号	参数＋引导词	偏离描述	原因	后果	现有措施	S	L	R	建议项类别	建议项编号	建议项

分析记录表中应说明项目和节点的基本情况，包括项目名称、评估日期、节点编号、节点名称、节点描述、设计意图和本节点对应的图纸编号等（具体内容参见初级教材）。

HAZOP 分析工作表的主体部分包括若干列。以表 7-1 为例，从左到右依次是“编号”“参数+引导词”“偏离描述”“原因”“后果”“现有措施”“S”“L”“R”“建议项类别”“建议项编号”和“建议项”。此外，有些项目或公司要求在分析过程中识别各个事故剧情的风险程度，在记录表中增加填写风险等级的列（具体内容参见初级教材）。

在 HAZOP 分析记录时，为提高分析记录表的准确性和可利用性，进行编号或者建议项编号时最好采用 X-Y 的形式。例如，编号“2-3”代表第 2 个节点中的第 3 种事故情景，编号“100-1-2”代表节点 100-1 中的第 2 种事故情景。建议项的编号是“3-2”，代表这是第 3 个节点中的第 2 条建议项。这种记录方式可以确保 HAZOP 分析报告中的每一个编号都是唯一的，而且便于查找及建议跟踪落实。

二、HAZOP 分析方法

从本质上说，HAZOP 分析用于工艺过程危险识别，这就决定了其内涵是一致的，但从分析结果的表现形式上，HAZOP 分析可以分为以下四种方法。

1. 原因到原因分析法（CBC）

在原因到原因的方法中，原因、后果、现有安全措施、建议之间有准确的对应关系。分析组可以找出某一偏离的各种原因，每种原因对应着某个（或几个）后果及其相应的现有安全措施，如表 7-2 所示。特点：分析准确，减少歧义。

表 7-2　原因到原因的 HAZOP 分析记录表

偏离	原因	后果	现有安全措施	建议
偏离 1	原因 1	后果 1 后果 2	现有安全措施 1 现有安全措施 2 现有安全措施 3	不需要
	原因 2	后果 1	现有安全措施 1	建议 1
	原因 3	后果 2	无	建议 2

2. 偏离到偏离分析法（DBD）

在偏离到偏离的方法中，所有的原因、后果、现有安全措施、建议都与一个特定的偏离联系在一起，但该偏离下单个的原因、后果、现有安全措施之间没有关系。因此，对某个偏离所列出的所有原因并不一定产生所列出的所有后果，即某偏离的原因 / 后果 / 现有安全措施之间没有对应关系。用 DBD 方法得到的 HAZOP 分析文件表需要阅读者自己推断原因、后果、现有安全措施及建议之间的关系，如表 7-3 所示。特点：省时、文件简短。

表 7-3　偏离到偏离的 HAZOP 分析记录表

偏离	原因	后果	现有安全措施	建议
偏离 1	原因 1 原因 2 原因 3	后果 1 后果 2	现有安全措施 1 现有安全措施 2 现有安全措施 3	建议 1 建议 2

3. 只有异常情况的 HAZOP 分析表

该方法表中包含那些分析团队认为原因可靠、后果严重的偏离。优点是分析时间及表格长度大大缩短，缺点是分析不完整。

4. 只有建议的 HAZOP 分析表

只记录分析团队作出的提高安全的建议，这些建议可供风险管理决策使用。这种方法能最大地减少 HAZOP 分析文件的长度，节省大量时间，但无法显示分析的质量。

在确定采用哪种方法时，应考虑法规要求、合同要求、用户政策、跟踪和审核需要、所关注系统的风险等级、可用的时间和资源等因素。

【任务实施】

通过任务学习，完成下面的 HAZOP 分析记录表（工作任务单 7-1）。

要求：1. 按授课教师规定的人数，分成若干个小组（每组 5 ～ 7 人）。

2. 完成后，以小组为单位向全体分享。

3. 时间在 30min 内，成绩在 90 分以上。

工作任务一　HAZOP 分析记录　　编号：7-1		
考查内容：HAZOP 分析记录		
姓名：	学号：	成绩：

1. 选择合适的内容填入下面的 HAZOP 分析记录表中

项目名称	
评估日期	2016 年 12 月 22 日
节点编号	2
节点名称	
节点描述	
设计意图	
图纸编号	PID-200-001 Rev.1

选项

①乙炔处理装置

②气液分离单元

③气液分离罐 V-202，废水罐 V-203

④在气液分离罐 V-202 内将乙炔气体与含有的少量水分离

⑤气液分离罐 V-202 的容积为 6.6m³，设计压力为 0.9MPa（G），操作温度为 25℃

⑥废水罐 V-203 的容积为 2.2m³，设计压力为 0.2MPa（G），操作温度为 25℃

2. 选择合适的内容填入下面的 HAZOP 分析记录表中

序号	偏离		原因	事故后果	原始风险				保护措施及失效概率			降低后风险				建议措施			剩余风险			
					风险类别				现有安全措施	保护层类型	IPL的失效概率	风险类别				描述	类型	IPL的失效概率	风险类别			
						D	6	37	1.设有温度高报警TI134/135及人员响应				D	4	17					D	2	8
1.						D	6	37	2.设置有防爆门		0.1		D	4	17					D	2	8
						C	6	16					C	4	7					C	2	3

① 偏离 ② 工艺参数 ③ 引导词 ④S/H ⑤F ⑥E ⑦S ⑧L ⑨RR ⑩ 报警操作员介入处理 ⑪ 物理式独立保护层 ⑫ 建议增加流量低低联锁 ⑬ 安全仪表功能 ⑭0.1 ⑮0.01 ⑯ 甲苯塔重沸炉 F-101 进料流量 ⑰ 过低 / 无 ⑱ 控制回路 FIC101A/B 故障，导致阀门 FV101A/B 关小 ⑲ 炉管结焦，设备损坏，严重时物料泄漏，引发火灾爆炸造成人员伤亡

【任务反馈】

简要说明本次任务的收获、感悟或疑问等。

1 我的收获

2 我的感悟

3 我的疑问

任务二 编制和审核 HAZOP 分析报告

任务目标	1. 掌握 HAZOP 分析报告的组成和编制要求 2. 掌握 HAZOP 分析报告编写注意事项 3. 掌握 HAZOP 分析报告的审核要求
任务描述	通过对本任务的学习，掌握 HAZOP 分析报告的编制以及 HAZOP 分析报告的审核

【相关知识】

一、HAZOP 分析报告

分析报告是 HAZOP 分析成果的载体，也是后续利用分析成果的依据。分析报告应该准确、完整和表述清晰。HAZOP 分析报告一般包括以下部分：

❶ 封面，包括编制人、编制日期、版次等；

❷ 目录；

❸ 正文，至少包括以下内容：项目概述、工艺描述、HAZOP 分析程序、HAZOP 分析团队人员信息、分析范围、分析目标和节点划分、风险可接受标准、总体性建议、建议措施说明；

❹ 附件，至少包括以下内容：带有节点划分的 P&ID、建议措施汇总表、技术资料清单、HAZOP 分析记录表（具体内容参见初级教材）。

HAZOP 分析报告编制完成后，还应注意检查是否包含以下内容：

❶ 识别出的危险与可操作性问题的详情，以及相应的保护措施的细节；

❷ 如果有必要，对需要采取不同技术进行深入研究的设计问题提出建议；

❸ 对分析期间所发现的不确定情况的处理行动；

❹ 基于分析团队具有的系统相关知识，对发现的问题提出的建议措施（若在分析范围内）；

❺ 对操作和维护程序中需要阐述的关键点的提示性记录；

❻ 参加每次会议的 HAZOP 分析团队成员名单；

❼ 所有分析节点的清单以及排除系统某部分的基本原因；

❽ HAZOP 分析团队使用的所有图纸、说明书、数据表和报告等清单（包括引用的版本号）。

二、HAZOP 分析报告编写注意事项

HAZOP 分析报告是一份非常正式的文件，如果不幸发生事故，它会成为一份法律文件。另一方面，它又不是完全意义上的受控文件（过于严格控制此文件，会妨碍正常的使用，甚至失去编制它的意义），会被不同的人广泛使用，这一点对保护企业的商业机密提出了挑战。

在编写分析报告时，可以参考以下注意事项：

（1）报告的内容要准确、清晰　准确性是编写 HAZOP 分析报告的基本要求。HAZOP 分析报告是给用户使用的，表达清晰才能避免用户误解。报告中涉及的工艺参数应尽量准确，设备位号、阀门和仪表应尽量使用位号表示，对事故情景的描述应表达清楚、逻辑明晰。

（2）应便于后续使用　在开车前安全审查等阶段，需要利用 HAZOP 分析报告，来确认所要求的安全措施是否已经完成。因此，最好将每一条现有措施和建议项分行列出，便于后续的跟踪落实。

（3）建议项应该可以执行和度量　考虑到后续落实以及落实确认，建议项应该包含足够信息，并且清晰，容易理解；还必须是有效的，可以执行和可以度量的。例如，“提高员工的硫化氢安全意识”这样的建议项，就难以度量，也很难衡量它是否已经落实到位了。相反，“在新员工的入职培训材料中，增加硫化氢危害的培训内容”是可以执行和度量的建议项。

（4）避免包含敏感信息　HAZOP 分析报告发出后，可能会有很多不应该知道这些技术机密的人都使用它。在编写分析报告时，应该特别留意不要将敏感信息写进报告中，例如属于技术机密的工艺技术方案、关键参数、配方中的关键组分、需要保密的操作步骤等。根据企业保密的要求，在讨论过程中，通常应该坚持“只索取必须用到的信息资料”这一原则。如果必须写入涉及技术机密的内容，应该尽可能采用代码或模糊处理等方式，以防泄密给企业带来损失。

HAZOP 分析的报告初稿完成后，应分发给 HAZOP 分析团队成员审阅，HAZOP 分析主席根据团队成员反馈意见进行修改。修改完毕，经所有团队成员签字确认后，提交给项目委托方、后续行动 / 建议的负责人及其他相关人员。对于一个比较简单的化工过程，HAZOP 分析后制作报告的时间需要 2 ～ 6 天；对于一个比较复杂的化工过程，HAZOP 分析后制作报告的时间需要 2 ～ 6 个星期。如果使用 HAZOP 分析计算机软件，一般会节省一些制作报告的时间。

最终报告副本提交给哪些人员取决于公司的内部政策或规章要求，但一般应包括项目经理、HAZOP 分析主席以及后续行动 / 建议的负责人。

三、HAZOP 分析审核

（1）一般规定

❶ HAZOP 分析的过程和分析成果应接受业主或授权的组织机构的审查。评定标准详见附录八。

❷ 业主应制订 HAZOP 分析质量审查活动计划，专人负责。

❸ 对设计项目，审查时机应选择在项目详细设计阶段的 HAZOP 分析结束之后到详细工程设计 P&ID 最终版定稿期间，应分别查看基础设计阶段的 HAZOP 和详细设计阶段的 HAZOP：

a. 基础设计阶段审查内容应侧重于基于当时的工艺方案，风险是否被充分识别、记录和可信，而且各类可信风险是否有足够的防护措施以防止事故的发生；

b. 详细设计阶段审查内容应侧重于新增部分对整体工艺的安全性影响及是否有足够的防护措施。

❹ HAZOP 分析质量审查包括形式审查和技术审查。

❺ HAZOP 分析形式审查主要从 HAZOP 分析资源的合理性、HAZOP 分析执行过程的系统性以及 HAZOP 分析最终报告的完整性等几个方面进行审查。详见附录九中的表 9-1。

❻ HAZOP 分析技术审查主要是以抽查的方式，结合 HAZOP 分析工艺技术特点，由业主或授权组织机构指定的人员，对抽查的部分进行详细的检查，从技术层面判断 HAZOP 分析的准确性、合理性和完整性。详见附录九中的表 9-2。

❼ HAZOP 分析质量审查是业主 HAZOP 分析管理工作内容之一，应体现在业主相关的管理程序中，并结合具体开展情况定期对管理程序进行更新。

（2）形式审查

❶ HAZOP 分析计划应符合工程项目进度需求，并符合《危险与可操作性分析质量控制与审查导则》中的规定，具体规定内容如下。

a. HAZOP 分析计划的质量控制。HAZOP 分析开展的时间应符合项目工程进度需求以及国家相关规定，并根据项目工程进度计划或生产设施所处阶段特点，制订具体的 HAZOP 分析计划。

b. HAZOP 分析计划的制订和落实应符合以下要求：

（a）HAZOP 分析工作及经费预算应包括在项目工程进度计划和项目预算中；

（b）HAZOP 分析计划应得到业主主管部门负责人的批准，并指定专人负责该项工作；

（c）对于设计项目，基础设计阶段的 HAZOP 分析对象为基础设计阶段完成的工程设计，详细设计阶段的 HAZOP 应该针对与基础设计阶段相比较发生变化的部分或者因基础设计阶段设计资料不完整而没有做的部分（例如成套设备）；

（d）对于在役装置，应按照国家规定的期限完成；

（e）HAZOP 分析所需时间应根据具体工艺的复杂程度来确定，工艺复杂程度不同，所需时间也不同，每个小组每天分析时间不宜超过 6 个小时，分析的 P&ID 数量一般不多于 10 张；

（f）HAZOP 分析应制订进度表，由主管部门专人负责，确保 HAZOP 分析按照计划时间完成。

❷ HAZOP 分析团队人员组成和资质要求应符合《危险与可操作性分析质量控制与审查导则》中的规定，具体规定内容如下。

a. HAZOP 分析团队成员的组成是 HAZOP 分析质量的重要保证。

b. HAZOP 分析团队成员通常包括：HAZOP 主席、HAZOP 记录员、工艺工程师、操作代表、设备工程师、仪表工程师、安全工程师等；专利商代表、成套设备代表等各专业工程师，可根据讨论内容酌情参加。

c. HAZOP 分析团队成员不少于 5 人，在分析过程中主要分析人员不宜更换。

d. HAZOP 分析主席应满足下列要求：

（a）HAZOP 主席应在组织 HAZOP 分析方面受过训练、富有经验，精通 HAZOP 分析方法，熟悉工艺流程，了解操作规程；

（b）HAZOP 主席宜具有工程师及以上职称（或执（职）业资格），且专科应具有不少于十年（本科不少于七年 / 硕士不少于五年 / 博士不少于三年）的石油、化工等行业工作经验及不少于三年的 HAZOP 分析经验；

（c）HAZOP 主席应当接受过第三方机构的培训，取得培训合格证书；

e. HAZOP 记录员宜熟练使用常规的办公软件或者计算机辅助 HAZOP 分析软件，具备一定的石油、化工专业知识和风险分析经验；

f. 主席和记录员外的其他团队成员应具有五年以上的本专业技术经验，熟悉本专业工作内容，了解 HAZOP 分析方法；

g. 所有参与 HAZOP 分析工作的成员均应由相关方（业主、承包商、专利商、供货商等）充分授权并书面确认，能够代表相关方在分析过程中作出决策。

❸ HAZOP 分析所用技术资料应该齐全而且可靠，并符合《危险与可操作性分析质量控制与审查导则》中的规定，具体规定内容如下。

a. HAZOP 分析资料提供方应确保提供资料的真实性、准确性和完整性。

b. 在役装置 HAZOP 分析资料提供方应出具承诺函。承诺其提供的资料与在役装置实际状态的符合性、准确性。

c. 设计阶段提供的工艺流程图（PFD）、管道及仪表流程图（P&ID）等图纸应经过设计、校核、审核三级签署，文件图例、图面布局应保持一致。控制点、自控系统、联锁配置资料、工艺管道表、设备设施规格或相关的说明文件等内容应满足相关深度规定要求。

d. 工艺流程说明应包括设计压力、温度、流量等基本信息及关键设备控制参数，通常是根据原料加工的顺序和操作工况进行描述。内容应满足相关深度规定要求，细化至位号，与工艺流程图（PFD）、管道及仪表流程图（P&ID）和公用工程管道及仪表流程图（U&ID）保持一致；对于间歇操作的 HAZOP 分析，应提供每个操作阶段的详细操作步骤。

e. 工艺控制及联锁说明应包括控制参数及联锁要求，通常包括文字说明及图表说明。

f. 连续性在役装置、间歇性新建及在役装置进行 HAZOP 分析时，应提供有效的最新版操作规程及运行记录。

g. HAZOP 分析还应关注地方性标准、企业的运营管理规定等。

h. HAZOP 分析应依据风险管理规定加以开展。可接受风险标准及相应说明等风险管理文件由企业提供；没有风险管理规定的企业，可根据现有的风险矩阵表，完善自己的风险管理规定，从而进行风险管理。

i. HAZOP 分析应参考相同或相似工艺技术的事故案例。

❹ HAZOP 分析工作表记录应清晰完整，并符合《危险与可操作性分析质量控制与审查导则》中的规定，规定内容如下。

HAZOP 分析应体现其系统化和结构化的特点，对工艺系统中潜在的由于偏离设计意图而出现的事故剧情与可操作性问题进行综合分析。全面识别工艺系统的危险和设计缺陷，揭示工艺系统存在的事故剧情，特别是高风险、多原因和多后果的复杂剧情。判断工艺系统存在的风险与安全措施的充分性，提出消除或降低风险的建议措施，因此以上信息，需要在 HAZOP 分析工作表中有清晰完整的记录。

❺ HAZOP 分析报告应能体现过程控制信息，报告的形式和内容应符合《危险与可操作性分析质量控制与审查导则》中的规定，规定内容如下。

a. HAZOP 分析报告内容应满足企业过程安全管理的需求。

b. HAZOP 分析报告应完整、准确并具有可读性，适于企业安全生产管理应用。

c. HAZOP 分析报告应作为改进设计、完善操作程序等过程安全管理的技术支持文件。也可作为编制针对性应急指南或预案等的参考文件。

d. 对于复杂剧情，高风险剧情应重点描述。

(3) 技术审查

❶ HAZOP 分析技术审查主要是指：是否正确、合理地应用了 HAZOP 分析方法，以及针对潜在安全问题是否进行了深入的探讨。

❷ HAZOP 分析方法的正确应用主要包括但不限于以下几个方面。

a. 节点划分的合理性和节点描述的准确性。

b. 偏离选择的全面性和合理性。

c. 原因和后果分析的针对性、逻辑性、充分性与可信性。

d. 现有安全措施的有效性、独立性。

e. 风险分析的准确性。

f. 建议措施的具体性、明确性与可行性等。

g. 措施的可靠性应具有可审核性。

(4) 工艺安全问题审查

判定潜在工艺安全问题是否进行了深入的探讨，详见附录九中的附表 9-3。

(5) 质量审查合格标准

根据附录九中的形式审查、技术审查、工艺安全问题审查清单分别进行打分，附录九的检查清单中任一清单的“否决项”数量大于 0 或者得分百分比 S（%）<55%，均为不合格需重做，详见附录八。

【任务实施】

通过任务学习，对编制的 HAZOP 分析报告初稿进行审阅（工作任务单 7-2）。

要求：1. 按授课教师规定的人数，分成若干个小组（每组 5 ～ 7 人）。

2. 完成后，以小组为单位向全体分享。

3. 时间在 30min 内，成绩在 90 分以上。

工作任务二　编制和审核 HAZOP 分析报告　　编号：7-2		
考查内容：编制和审核 HAZOP 分析报告		
姓名：	学号：	成绩：

请判断以下建议项中哪些是“好的”建议措施，哪些是“不好的”建议措施，并进行连线

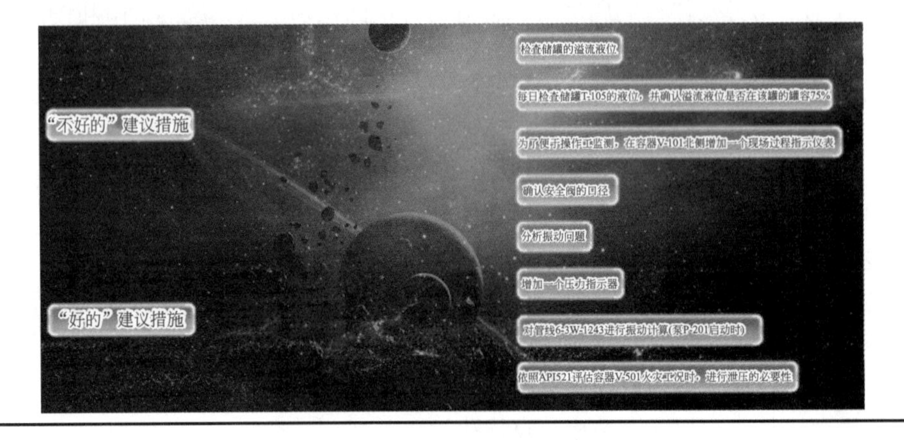

【任务反馈】

简要说明本次任务的收获、感悟或疑问等。

1 我的收获

2 我的感悟

3 我的疑问

任务三 HAZOP 文档签署和存档

任务目标	1. 掌握 HAZOP 分析文档签署要求 2. 掌握 HAZOP 分析关闭的要求 3. 掌握 HAZOP 分析文档存档要求
任务描述	通过对本任务的学习，掌握如何进行 HAZOP 分析文档签署、HAZOP 分析关闭以及分析文档存档

【相关知识】

一、HAZOP 文档签署

HAZOP 分析结束时，应生成 HAZOP 分析报告并经 HAZOP 分析团队成员一致同意。若不能达成一致意见，应记录原因。

二、HAZOP 分析的关闭

在 HAZOP 分析完成后，由项目经理等负责完成如下关闭任务：

❶ 向建议措施的负责人追踪每一条建议措施的落实情况、关闭状态。

❷ 召开 HAZOP 分析建议措施的关闭会议，对照更新后的 P&ID 和其他文件，逐条进行

验证。

❸ 全部建议关闭后，签署终版的 HAZOP 分析报告，终版的 HAZOP 分析报告一般应经业主书面认可，该项工作正式结束。

❹ 保留记录。要根据项目要求对 HAZOP 分析报告和审查用的 P&ID 等资料进行归档保存。

三、HAZOP 存档

应该妥善保存 HAZOP 分析报告（包括书面存档）。鉴于国内化工企业过程安全管理实施导则（AQ/T 3034—2010）中要求的复审周期是 3 年，即每隔 3 年需要开展一次复审，因此至少应该将分析报告保存 3 年，最好保存 6 年（即两个复审的周期）。在美国，根据美国 OSHA PSM 的要求，应该将分析报告保存 10 年（OSHA PSM 要求的复审周期是 5 年）。

至少应该将一份书面分析报告保存在企业的档案室，该报告中应该包括分析时所使用的 P&ID 图纸（在这些图纸上标出了各个节点）。在落实 HAZOP 分析的建议项时，如果新增补充资料，补充资料应该与此前的分析报告存放在一起，以便在下一次复审时更新此报告。

在 HAZOP 分析后，会更新 P&ID 图纸，形成新的版本。在落实工程措施一类的建议项时，经常需要修订 P&ID 图纸。有一种错误的做法，是用新版的 P&ID 图纸替换分析报告中原来所附的图纸，这样一来，就很难再读懂此报告。例如，在原来的 P&ID 图上有一个阀门，在 HAZOP 分析时建议取消它，在新版的 P&ID 图纸中它已经不再存在了，如果将新版 P&ID 图纸附在原来的分析报告中，用户（读者）在阅读这份报告时，会找不到上述阀门。

此外，充分利用 HAZOP 分析报告才能发挥它存在的意义。用户应该可以方便地获取和使用此分析报告，例如，有些企业会将一份书面的 HAZOP 分析报告放在中央控制室里，便于取用，是不错的方式。

【任务实施】

通过任务学习，了解 HAZOP 分析文档签署、关闭和存档要求（工作任务单 7-3）。

要求：1. 按授课教师规定的人数，分成若干个小组（每组 5 ～ 7 人）。

2. 完成后，以小组为单位向全体分享。

3. 时间在 30min 内，成绩在 90 分以上。

工作任务三　HAZOP 文档签署和存档　　编号：7-3		
考查内容：HAZOP 分析文档签署、关闭和存档要求		
姓名：	学号：	成绩：
1. 文档签署 完成下面的判断题 HAZOP 分析结束，HAZOP 分析报告可由 HAZOP 分析主席进行审核并作为代表进行签字。（　）		

续表

	选项
2. HAZOP 分析关闭 HAZOP 分析完成后，一般需要完成以下关闭任务。	①向建议措施的负责人追踪每一条建议措施的落实情况、关闭状态 ②召开 HAZOP 分析建议措施的关闭会议 ③全部建议关闭后，签署终版的 HAZOP 分析报告 ④保留记录。根据项目要求对 HAZOP 分析报告进行审查
3. HAZOP 分析存档 （选择）根据国内化工企业过程安全管理实施导则，HAZOP 分析存档一般至少保存（　　）个复审周期，也就是（　　）年，最好保存（　　）个复审周期。 （判断）在 HAZOP 分析后，落实工程措施建议项时，会更新 P&ID 图纸，可以用新版的 P&ID 图纸替换分析报告中原来所附的图纸。（　　）	① 1 ② 2 ③ 3

【任务反馈】

简要说明本次任务的收获、感悟或疑问等。

1 我的收获

2 我的感悟

3 我的疑问

任务四 HAZOP 分析报告的后续跟踪和利用

任务目标	1. 了解 HAZOP 分析报告的后续跟踪和利用 2. 了解 HAZOP 分析建议项的跟踪落实
任务描述	通过对本任务的学习，知晓 HAZOP 分析报告的后续跟踪和利用

【相关知识】

完成了 HAZOP 分析和相关的文档工作，仅仅是完成了 HAZOP 分析项目一半的工作。只有 HAZOP 分析的后续跟踪落实工作完成了，才标志着 HAZOP 分析项目的完成，才能体现 HAZOP 分析工作的价值。

严格上讲，后续跟踪的工作并不属于 HAZOP 分析团队的工作范畴（HAZOP 分析的工作范围通常止于正式分析报告的提交）。HAZOP 分析主席没有权限确保 HAZOP 分析团队的建议能得到执行，有权限的是所分析项目的项目经理和企业管理层。

项目委托方应对 HAZOP 分析报告中提出的建议措施进行进一步的评估，并及时做出书面回复。对每条具体建议措施选择可采用完全接受、修改后接受或拒绝接受的形式。如果修改后接受或拒绝接受建议，或采取另一种解决方案、改变建议预定完成日期等，应形成文件并备案。此后，定期跟踪、核实建议措施的落实情况。

可以将建议项分成关键、高、中和低几个等级。所谓关键建议项，是指没有落实此建议项，工艺装置会在特别高的风险下运行，极容易出现后果严重的事故。这一类建议项要立即整改，可以在分析期间或分析报告完成前就立即开始整改（有些在役工厂要求立即停止生产，直到落实这些建议项后才恢复生产）。此外，等级为高的建议项通常宜在 6 个月内完成，其他建议项在两年内完成。

根据建议项与事故情景后果的相关性，还可以将建议项分成安全、健康、环境和生产等类别。针对那些会导致安全后果的事故情景而提出的建议项，属于安全类别的建议项，以此类推。有些公司规定，与安全、健康和环境相关的建议项，是必须落实的建议项；生产类别的建议项可以选择性实施（不落实这些建议项，不会有安全健康环境影响）。对于那些仅与生产相关的建议项，可以综合考虑经济性与可操作性等因素，根据实际情况决定是否实施。

出现以下条件之一，可以拒绝接受建议：

❶ 建议所依据的资料是错误的；

❷ 建议不利于保护环境、保护员工和承包商的安全和健康；

❸ 另有更有效、更经济的方法可供选择；

❹ 建议在技术上是不可行的。

在落实建议项期间，如果发现有些建议项不符合实际情况，难以落实，或者有更好的替代方案，不打算落实分析报告中提出的建议项，则必须对相关的事故情景重新分析，并形成书面材料，说明拒绝落实建议项或采用替代方案的理由，并经相关负责人批准。形成的书面文件与原过程危害分析报告一起存档。

在某些情况下，项目经理可授权 HAZOP 分析团队执行建议并开展设计变更。在这种情况下，可要求 HAZOP 分析团队完成以下额外工作：

❶ 在关键问题上达成一致意见，以修订设计或操作和维护程序；

❷ 核实将进行的修订和变更，并向项目管理人员通报，申请批准。

在落实 HAZOP 分析的建议措施过程中，可能会发生工艺过程或设备的变更，那么就要根据企业的变更管理制度，启动变更管理程序。项目经理应考虑再召集原 HAZOP 分析团队或另外一个 HAZOP 分析团队针对变更再次分析，以确保不会出现新的危险与可操作性问题或维护问题。

值得注意的是，很多化工事故就是由于HAZOP分析的建议措施迟迟得不到落实造成的。

因此，要强化 HAZOP 分析建议措施的跟踪管理。

对于新建工艺装置，在投产前，通常会开展投产前安全审查（Pre-Startup Safety Review，PSSR），目的是确认工艺系统具备安全投产和可持续运行的条件。在投产前安全审查期间，有一项很重要的任务，就是核实 HAZOP 分析所识别的各种事故情景的安全措施是否都已落实，包括分析报告的建议项一栏中所列出的建议项和现有措施一栏中列出的措施。在为新建装置开展 HAZOP 分析时，将图纸或文件上表述出来的有效的安全措施记录在现有措施这一栏中，这只表明它们已经体现在设计中了，但还未落实（安装在现场），因此，现有措施一栏中的安全措施也需要在投产前安全审查期间予以核实。

【任务实施】

通过任务学习，掌握 HAZOP 分析报告的后续跟踪和利用（工作任务单 7-4）。

要求：1. 按授课教师规定的人数，分成若干个小组（每组 5 ～ 7 人）。

2. 完成后，以小组为单位向全体分享。

3. 时间在 30min 内，成绩在 90 分以上。

<table>
<tr><th colspan="3">工作任务四　HAZOP 分析报告的后续跟踪和利用 编号：7-4</th></tr>
<tr><td colspan="3">考查内容：HAZOP 分析报告的后续跟踪和利用</td></tr>
<tr><td>姓名：</td><td>学号：</td><td>成绩：</td></tr>
<tr><td colspan="2"></td><td>选项</td></tr>
<tr><td colspan="2">1. 出现以下哪几种情况，可以拒绝接受建议：（　　）。</td><td>①建议所依据的资料是错误的
②落实建议的工程措施所需要成本较高
③建议不利于保护环境、保护员工和承包商的安全和健康
④建议会增加生产和管理成本
⑤有更有效、更经济的方法可供选择
⑥建议措施在技术上不可行</td></tr>
<tr><td colspan="2">2. 根据建议项与事故情景后果的相关性，可以将建议项分成（　　）、（　　）、（　　）和（　　）等类别。</td><td>①安全
②健康
③技术
④社会
⑤环境
⑥生产
⑦经济</td></tr>
<tr><td colspan="3">3. 项目委托方可以对 HAZOP 分析报告中提出的建议措施进行评估，对每一条具体建议措施选择（　　）接受、（　　）接受或（　　）接受的形式。</td></tr>
<tr><td colspan="3">4. 根据 HAZOP 分析报告后续跟踪和职责内容，完成下列判断题
（1）建议项落实期间，如果发现有建议项不符合实际，难以落实或者有更好的替代方案，可直接替代原有建议项。（　　）
（2）对于那些仅与生产相关的建议项，可以综合考虑经济性与可操作性等因素，选择性实施。（　　）
（3）HAZOP 分析报告完成后，HAZOP 分析任务就全部完成了。（　　）</td></tr>
</table>

【任务反馈】

简要说明本次任务的收获、感悟或疑问等。

1 我的收获

2 我的感悟

3 我的疑问

【项目综合评价】

姓名		学号		班级	
组别		组长及成员			

项目成绩：		总成绩：		
任务	任务一	任务二	任务三	任务四
成绩				

自我评价		
维度	自我评价内容	评分
知识	1. 了解 HAZOP 分析记录的方法（10 分）	
	2. 掌握 HAZOP 分析报告的组成和编写注意事项（10 分）	
	3. 了解 HAZOP 分析报告的后续跟踪和利用（10 分）	
	4. 掌握 HAZOP 分析文档签署和存档要求（10 分）	
能力	1. 能够根据分析要求选择合适的 HAZOP 分析记录方法进行分析记录（10 分）	
	2. 能够根据 HAZOP 分析记录编制 HAZOP 分析报告（10 分）	
	3. 能够合理利用 HAZOP 分析报告，跟踪建议项落实情况（10 分）	
	4. 能够对 HAZOP 分析报告进行审核（10 分）	
素质	1. 知晓 HAZOP 分析的重要性和规范性（10 分）	
	2. 增强安全意识、责任意识和细节意识（10 分）	
总分		

续表

我的反思	我的收获	
	我遇到的问题	
	我最感兴趣的部分	
	其他	

【项目扩展】

HAZOP分析报告的用途以及过程危害分析

一、HAZOP分析报告的用途

在HAZOP分析报告中，包含了已经识别的所有事故情景、造成这些事故情景的原因、现有措施、风险评估结论和分析小组提出的建议项。企业可以在以下几个方面充分善用此分析报告。

1. 改进设计与操作方法

无论是对于新建工艺装置，还是在役工艺系统，都可以通过落实分析报告中的建议项来改进工艺设计与操作方法。HAZOP分析报告是改进工艺设计的重要依据。

对于新建项目，设计人员可以参考分析报告中的建议项修改设计。通常可以参考该报告直接修改当前设计。如果根据建议项局部重新设计，要对重新设计的部分再次开展过程危害分析。

对于在役工艺系统，可以参考分析报告改变当前的某些设计、安装或操作方法。在改变已经安装的工艺系统时，应遵守企业的变更管理制度。

2. 帮助操作人员加深对工艺系统的认知

对于操作人员，无论是工程师还是一线操作员，对自己负责的工艺系统应该有深刻的认知。其中一项重要内容，是掌握工艺系统在异常工况下可能导致的事故情景及其对策。

HAZOP分析工作表是分析报告的主要组成部分，它是表格形式，简单易读、条理清晰。没有参与HAZOP分析的生产操作人员、维修人员和其他管理人员，通过阅读分析报告，就能了解工艺系统中可能出现的各种异常的工况、相关事故情景及安全措施，加深对工艺系统的认知。

3. 完善操作程序和维修程序

在HAZOP分析过程中，有时会对一些特殊操作提出具体的改进要求，例如，对一些很重要的操作要求双人复核、要求在操作过程中特别关注某个重要参数的变化情况、对操作的完成情况进行专项确认或验证、改变某个操作步骤的先后顺序等。有时，还会建议将某些关键设备、阀门或控制回路纳入工厂预防性维修计划的关键设备清单。在编制新建工艺装置的操作程序和维修程序时，可以参考HAZOP分析报告中的这些建议项。对于在役工艺系统，可以根据分析报告中的要求修订操作程序和维修程序，并培训受影响的员工。

4. 充实操作人员的培训材料

操作人员需要接受不同层级的培训，包括入厂的基本安全知识培训、本部门或本装置的培训和岗位培训等。在这些培训中，本岗位操作法和应急操作是操作人员应该接受的最重要的培训内容。在编制操作人员的岗位培训材料时，应该在培训内容中包含本岗位可能出现的主要事故情景、已有安全措施以及异常情况下的正确应急操作方法等。在HAZOP分析报告中，包含工艺系统中各种具体的事故情景，是充实上述培训材料的最佳素材。

5. 编制专项应急处置预案

专项应急处置预案是工厂应急反应系统中的重要组成部分，它应该明确和具体，不能太笼统。

为工艺系统编制专项应急处置预案时，需要先识别该工艺系统中可信的、后果较严重的事故情景，然后针对每一种值得关心的事故情景，形成针对性的、具体的处置方案。例如，针对某种事故情景，列出在应急情况下各相关方应该采取的行动、采取这些行动所需的工具物资和个人防护用品、应急反应时的注意事项等。

HAZOP分析已经识别了所有值得关心的、可信的事故情景，因此，可以参考分析报告，从中挑选出那些值得关心的后果较严重的事故情景，为它们编制针对性的专项应急处置预案。

6. 开展过程危害分析复审

在首次HAZOP分析完成后，每隔若干年，需要对此前完成的HAZOP分析重新进行有效性确认（即进行复审），它是开展过程危害分析复审的重要组成部分。

工厂应该保存好HAZOP分析报告，并作为下次过程危害分析复审的基础。反之，如果没有此前的分析报告，复审就难以进行，不得不重新开展分析工作，造成不必要的资源浪费。

7. 符合法规要求

对于高风险的工艺装置，法规要求开展HAZOP分析。分析报告是企业开展了HAZOP分析的书面证据，也是满足法规要求的证明材料。

二、过程危害分析复审

据化工企业工艺安全管理实施导则（AQ/T 3034—2010），企业应每三年对此前完成的过程危害分析重新进行有效性确认（即复审）和更新；涉及剧毒化学品的工艺，可结合法规对现役装置评价要求的频次进行复审。

类似地，美国OSHA PSM法规要求每五年对此前完成的过程危害分析进行复审。

企业的过程危害分析管理制度经过若干年，有时会做适当修订，以满足法规的要求。企业还需要效仿最新的行业最佳实践、吸取行业或本企业过去数年中典型事故的教训，以及消除变更可能带来的事故隐患，这些任务都可以通过过程危害分析复审来落实。

不同的企业，开展过程危害分析复审的方法通常略有不同。有些企业选择重新开展过程危害分析，以此代替复审。有些企业则是在此前完成的过程危害分析工作的基础上，对其有效性进行系统的确认，必要时进行补充和修订，使过程危害分析反映当前消除与控制危害的要求。

过程危害分析复审由一个分析小组来完成。分析小组的组建方式与HAZOP分析小组相同。小组成员需要根据相关的过程安全信息，面对面召开分析讨论会议，会议中做好记录，会后形成正式的分析报告，即复审报告。过程危害分析复审通常包括下列几项任务：

1. 回顾上次 HAZOP 分析报告

在开展此任务前，分析小组先要明确，是对工艺系统重新开展 HAZOP 分析，还是仅仅对此前完成的分析做回顾。

通常，以下两种情况下，企业会考虑重新开展 HAZOP 分析。一是自上次 HAZOP 分析以来，工艺系统发生了很多变更。二是在项目建设阶段，开展过多次 HAZOP 分析，形成了若干版本的 HAZOP 分析报告，这些报告之间相互引用，后一版本的报告频繁参考、引用前一版报告中的内容，使用起来很不方便。

反之，如果在过去数年中，工艺系统的变化很少，则仅需对上一次的分析报告进行回顾。重点是对此前完成的 HAZOP 分析报告中的建议项进行回顾，查看建议项的完成情况，在形成新版 HAZOP 分析报告时，将已经完成的建议项移到现有措施栏目中；对于未完成的建议项，或者采用替代方案完成了的建议项，应该再次审查，必要时提出新的建议项。

2. 审查工艺变更

此任务的重点是回顾、审查上一次 HAZOP 分析之后的所有工艺变更，必要时为这些变更增补 HAZOP 分析，并作为新版复审分析报告的组成部分。

在此前变更工艺系统期间，尽管也对变更部分开展了过程危害分析，但它们通常只是专注于变更本身，缺乏全局的、系统性的评估，这是在复审期间对所有变更重新进行回顾的重要原因。

在回顾以往的工艺变更时，可以对 HAZOP 分析报告做局部修订，将变更部分的 HAZOP 分析增补到复审报告中。如果变更中 P&ID 图纸发生了改变，要在分析报告中附上新版 P&ID 图纸，并标出相应的节点。

3. 回顾过程安全事故

在上一次 HAZOP 分析之后，企业可能发生过过程安全事故，或出现过严重的未遂事故（也称险兆事故）；类似行业中，也可能发生过一些受行业关注的过程安全事故。

此任务是对上述事故进行回顾和审核。对于本企业发生过的过程安全事故或严重的未遂事故，确认事故原因已经查清、提出的整改措施已经落实。对于行业中发生过的典型过程安全事故，了解其发生的原因（主要是直接原因），检查本企业是否存在类似的危害，如果存在，应检查工艺系统的设计、生产运行和维护情况，必要时提出针对性的建议项，以消除类似事故的隐患。

在开展这项任务之前，需要事先安排人员收集、汇总和筛选本企业和行业中过去数年中发生的过程安全事故，列出各事故的基本情况和原因，便于分析时使用。

4. 重新开展设施布置分析和人为因素分析

在以往数年中，设施布置和人为因素这两个方面可能发生了改变。例如，工厂某处增设了涉及危险化学品的建筑物或工艺单元，或者增设了人员较集中的场所。这些变化会带来某些影响，甚至形成安全隐患，在复审阶段需要重新开展设施布置分析。

类似地，上次过程危害分析之后，可能将关键阀门的位置做了调整、修订了操作方法、增加或改变了工艺系统的报警设置，因而需要重新开展人为因素分析。

如果工艺系统发生了明显的变更，特别是初步分析发现这些变更引入了新的工艺单元、增加了新的高占用率建筑物、引入了危险性高的化学品等，则有必要就新增部分补充开展后果分析和风险评估。

这两项分析工作的记录，也是过程危害分析复审报告的组成部分。

5. 检查法规符合性

过程危害分析复审的另一个目的，是确保过程危害分析满足最新法规与标准的要求。在过去数年中，过程安全相关的法规可能有所更新，或颁布了新的法规；本企业的过程危害分析标准也可能做了修订。复审期间，要对这些法规、标准和本企业制度的变化进行梳理，将它们反映在过程危害分析中。

例如，对于涉及危险反应过程的企业，以往开展 HAZOP 时，缺少反应相关的资料，对于反应机理不够了解，仅根据定性的经验来完成分析。根据新的规定（企业本身也可能对此提出更高的要求），应完成反应热的测试，将测得的反应热相关数据应用到过程危害分析中，使分析工作更具理论依据，消除反应危害带来的事故隐患。

在开展这项任务前，需要安排人收集、汇总过去数年中新增和更新的相关法规及标准。在复审期间，逐条检查这些新的法规和标准要求，如果发现有不符合项，应提出建议项，以满足这些新的要求。

6. 形成复审报告

在完成以上五项任务后，最后是形成正式的过程危害分析复审报告。复审报告中要包括以上各项任务的相关记录、图纸和文件。

过程危害分析复审报告的存档要求与首次过程危害分析报告的存档要求相同，通常应该保存最近两次的复审报告。

据化工企业工艺安全管理实施导则（AQ/T 3034——2010），企业每隔三年需要开展一次过程危害分析复审（美国 OSHA PSM 要求每隔五年复审一次），对于规模较大、有多套工艺装置的企业，这在时间上是较大的挑战。

试想，如果某企业有十套工艺装置，在过程危害分析完成后的下一个第三年，需要完成这十套工艺装置的复审，在这一年中，需要完成的工作量非常大（评估工作日较多）。为了满足复审在时间上的要求，又避免集中工作所带来的压力，在安排第一次复审时，宜编制滚动的复审计划。某些工艺装置可以提前一两年就开展复审，甚至在工艺装置投产后的第一年，就逐步开展各装置的复审工作，将复审工作分布在各个年度，这样可以避免将复审任务集中在第三年，导致不能按期完成复审任务，或任务过于集中带来太大的压力。

在安排复审计划时，除了时间因素外，还需要综合考虑人力资源、工艺装置的危险程度、上次过程危害分析以来装置经历的变化、预算和图纸文件等因素。

项目八

HAZOP 分析周期认知与质量控制

【学习目标】

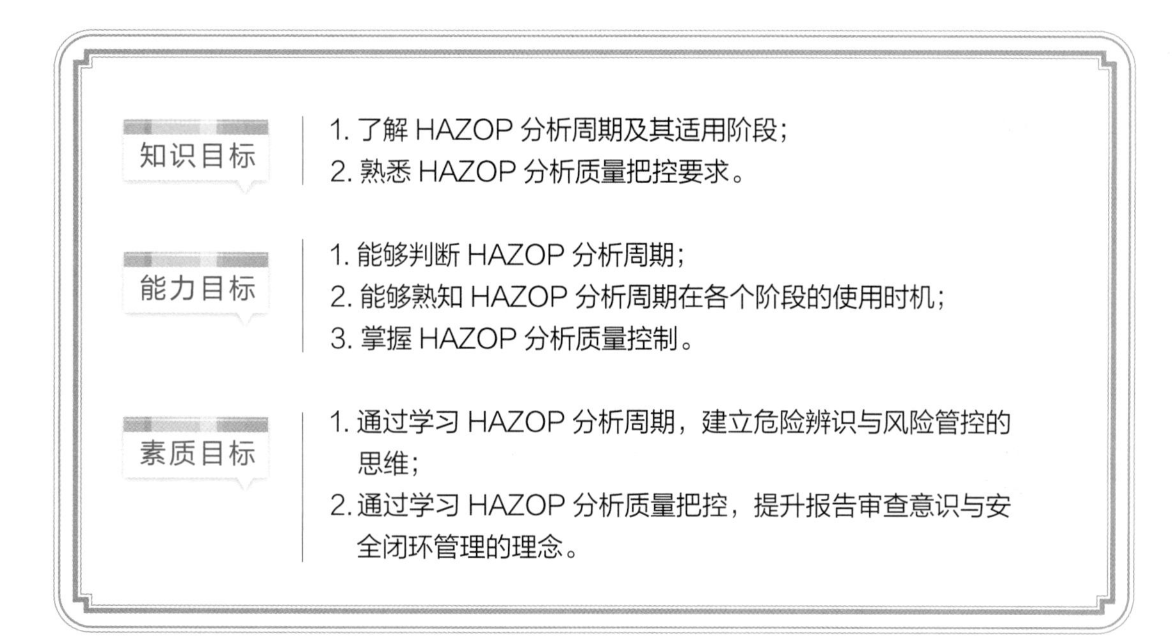

【项目导言】

HAZOP 分析是 PHA 分析方法中比较常见的一种分析方法，HAZOP 技术不仅被全球范围内的石油化工生产企业和工程设计单位普遍接受，而且还被成功地应用至石油化工装置的建设与运营的各个不同阶段。石油化工企业装置的整个生命周期包括工艺系统的研究开发、可行性研究、初步设计、详细设计、建设安装 / 开车、正常操作维护、报废等阶段。在工艺过程发展的各个阶段都需要进行危险性分析，在整个生命周期过程中的安全技术保障要有整体规划，在每个环节都要进行安全探讨，制订安全对策，为过程的安全管理提供决策依据。

在新的时代背景下，我国危机意识在不断加强，这是时代赋予发展的特殊意义，也是对我国可持续发展的预先准备工作。对于我国的危机数据分析，从一些专家的数据库中不难得知，目前我国 HAZOP 研究已经逐步走向专业化、科学化、规范化，这是在互联网和新媒体的帮助下达成的成就。

HAZOP 分析过程的相应安全性和可操作性对于企业发展具有很高的指导作用，所以为了制订符合规律的基本研究，需要不断对防灾措施进行研究。在研究领域来说，对分析报告和应急预案的研究在很大程度上提供了相应的决策依据。因此，需要重视对 HAZOP 的分析报告进行研究，在其中找出现存问题并进行实践研究，以此促进发展。由于许多分析报告的偏差的存在，报告的根源有时是隐藏的，需要对报告进行科学彻底的研究，以此找出隐藏的内在因素。对于 HAZOP 分析的重点来说，许多在服务安装领域有着极大的促进作用，因此在对报告进行分析时有必要通过挖掘这些宝贵的经验，以此促进分析质量的提高。

【项目实施】

任务安排列表

任务名称	总体要求	工作任务单	建议课时
任务一 HAZOP 分析周期认知	通过该任务的学习，掌握 HAZOP 分析周期	8-1	1
任务二 HAZOP 分析质量控制	通过该任务的学习，掌握 HAZOP 质量控制的方法	8-2	1

任务一 HAZOP 分析周期认知

任务目标	掌握 HAZOP 分析周期所包含的阶段
任务描述	通过对本任务的学习，掌握 HAZOP 分析周期

【相关知识】

装置生命周期包括研究开发阶段、可行性研究阶段、初步设计阶段、详细设计阶段、操作 / 维护阶段、报废阶段。各个阶段风险分析如下。

一、研究开发阶段

在研究开发设施中，因经常用到新的化学品及化学反应过程，实验人员和昂贵的分析设备常处在有害的环境之中，各种危害情况也经常发生。要对其危害作出评估，常常要用到各种危害检查技术，如从对新的或不熟悉的物质做简单的可燃性分析至详细的 HAZOP 研究分析。在具体工作中，应根据对危害物质或反应所掌握的信息量以及实验操作的复杂程度来确定采用哪种危害分析技术。

二、可行性研究阶段

进行预可行性研究时，在装置系统生命周期的这个阶段，仅仅定义了设计概念以及装置系统的主要部分，但是工艺安全信息资料等详细设计与文档还没有给出。然而，在这个时期，必须识别出装置系统主要的风险，进行风险研究时，会用到一些基本风险分析方法，如预先危险分析、安全检查表、What-If 等。

进行可行性研究时，在装置系统生命周期的这个阶段，根据《危险化学品建设项目安全许可实施办法》（国家安监总局 8 号令）要求开展安全预评价，辨识和分析评价对象可能存在的各种危险、有害因素；分析危险、有害因素发生作用的途径及其变化规律。进行风险研究时，会用到一些基本风险分析方法，如预先危险分析、安全检查表、定量风险分析（QRA）等。

因此，在系统生命周期的这个阶段，设计概念和系统的主要部分被定义，而用于指导 HAZOP 分析所必需的实际细节和文件并没有生成，不适宜使用 HAZOP 分析。但是，在这个阶段有必要对主要的危险进行辨识，以使它们在设计过程中被考虑到，也有利于随后的 HAZOP 分析。

三、初步设计阶段

在项目的设计阶段，设计思路已经明确，P&ID 图也比较精确。在这一阶段，由于设计人员能够比较详细地答复 HAZOP 研究小组所提出的各种问题，因此适宜于开展 HAZOP 研究工作。另外，如果 HAZOP 小组要求对项目的设计做种种修改，那么在设计阶段采纳这些修改建议比在项目进行到建设阶段再考虑修改工作，在投资上较为经济。对于大型工程项目，HAZOP 研究工作可分批进行，对于那些已完成设计的装置先做 HAZOP 研究分析工作。为了保证对项目的完整评审，在项目的适当时机，应对各装置、单元之间的相互连接关系进行评估。

在系统生命周期的这个阶段，设计趋于成熟并定型，使用 HAZOP 分析的最好时机是在最终设计定型之前，在这一步，设计需要足够的信息以使 HAZOP 的询问机制可以获得有意义的回答，重要的是建立一个系统用于评估进行 HAZOP 分析之后的任何改动，并且这个系统应该在系统整个生命周期内都起作用。在系统生命周期的这个阶段，设计基础资料已经初步建立，工艺管道及仪表流程图已经绘制，该阶段安全风险管理目标是检查设计方案以降低事故发生的可能性并预防可能发生的后果，HAZOP 分析方法在这阶段最适合应用。

四、详细设计阶段

在详细设计阶段，操作方法已经决定，技术文档也已备好，设计已比较成熟。该阶段需要对初步设计阶段风险管理结果继续进行审核，并对初步设计的变更进行评价。要以初步设计阶段的设计资料图纸为基础，要用 HAZOP 分析等方法进行安全分析，要考虑设计方面是否遗漏了潜在的危险因素，各系统之间的协调性如何，是否利于操作，是否考虑了检修方面的问题，要研究设计阶段安全方面是否有缺陷和本质上的错误。同时在这个阶段，进行风险研究时，会用到一些其他的风险分析方法，如安全检查表、定量风险分析（QRA）、故障模式影响分析（FMEA）、安全仪表系统安全完整性等级（SIL）评估等。

五、操作 / 维护阶段

项目开车前危害分析研究的类型，取决于该项目在开车前已做过的危害分析工作。如果以前在项目中未做过 HAZOP 研究，那么，在开车前就应完成 HAZOP 研究工作。由于此时项目的现场建设已近完成，要实施 HAZOP 专家小组所建议的种种设计整改往往很困难或费用很高。若在设计阶段已做了 HAZOP 研究，则在开车前的阶段就可以不用再做 HAZOP 分析工作了。但是，若在设计阶段完成 HAZOP 分析之后，由于种种原因，项目组对原设计又做了修改并在建设中实施，则应组织原 HAZOP 专家小组对所做的设计修改进行评审。在装置开车前，必须对以前 HAZOP 研究中所做的待决事项、HAZOP 推荐整改措施条款进行评审，确保有关问题的全部解决。

在操作阶段要通过操作人员的正确操作，通过设备保养维护确保工厂各种设备的稳定运行。在确保工厂安全方面，由操作人员预防误操作，在工艺系统出现异常时由操作人员迅速进行正确的处理，这是非常重要的。因此通过预警报告、危险预知训练、事故案例分析、教育训练等活动来进行安全管理系统的运作，通过高层管理人员的安全监察提高从业人员的安全意识。在装置正常运行阶段，风险管理应侧重于装置日常生产过程中存在的和潜在的危险因素，关注装置在生产运行中存在的隐患。风险管理关键在于提出消除、预防或减轻项目运行过程中危险性的安全对策措施。进行风险研究时，会用到一些基本风险分析方法，如安全检查表、HAZOP 定量风险分析（QRA）、作业危险分析（JHA）、变更管理（MOC）、火灾爆炸危险指数法等。

在当今石化行业中，要保持工艺装置的生产竞争能力，则装置的工艺技术须保持动态稳定。换言之，必须经常对装置作适当工艺改进。这些整改工作包括在流程上增加一些容器和机泵；为减少排污量而改变原放空方案；为提高产率、节能降耗而局部修改工艺流程。在装置的改造工作中应用 HAZOP 技术的好处很多，并越来越受到工厂管理部门的重视。装置改造工作，无论规模大小，都应做 HAZOP 分析。在石化行业中，很多事故往往起因于一些“小改造”所带来的不可预见的后果。要搞好装置改造工作，工厂应设立一个机构对所有拟改的工作内容（硬件或操作程序）进行适当的审查，并对各项整改工程要做何种等级的工程设计评审工作做出决定。若装置的整改工作非常复杂，必须对其做 HAZOP 研究工作，则工厂应设立一个组织机构对各整改工作进行控制。在工厂管理部门确认各整改工作内容已完成 HAZOP 研究，所有问题的解决措施均已实施后，才能批准现场的实际整改工作进行。

当安排工厂或装置进行全面检修时，在装置停车前，对装置的停车过程和检修工作做全面的危害分析是很重要的。采用 HAZOP 技术有助于发现那些在正常操作中不存在的种种潜在危害。装置大检修前进行 HAZOP 研究的主要目的有两个，其一是确定新的和未预见的危害，如不流动管道的冻结，空容器中的可燃气体环境等；其二是维修工作的准备，尤其在相邻装置或设备仍在运行状态时。

六、报废阶段

这一阶段的风险管理是非常必要的，因为危险并不一定仅在正常操作阶段才出现。如果以前风险管理记录存在，那么该阶段的风险分析可以在原来记录的基础上进行。这些记录应该在整个的系统生命周期中被保留，这样就可以快速对停止使用问题进行处理，在这个阶段进行风险研究时，安全检查表、HAZOP、作业危险分析（JHA）等一系列典型基本风险分析方法都会用到。

以上是装置生命周期不同阶段风险管理的关注点以及应用风险分析的具体方法，就安全风险管理系统而言，根据装置生命周期不同阶段的特点，每一阶段都有其适用的风险分析工具与方法。HAZOP 方法在装置上的应用已非常普遍，不少国家在立法上要求对装置做

HAZOP 分析，HAZOP 被视为装置生命周期风险管理过程不可分割的一部分。当然，针对装置生命周期的安全风险管理，目前各个企业的做法可能有所不同，不同的企业其具体风险分析方法可能也有差异，这要视企业风险管理策略而定。毕竟，每一种风险分析方法都有其适用性与局限性，没有一种风险分析方法能够解决所有问题。

【任务实施】

通过任务学习，完成 HAZOP 分析周期的认知（工作任务单 8-1）。

要求：1. 按授课教师规定的人数，分成若干个小组（每组 5 ～ 7 人）。

2. 完成后，以小组为单位向全体分享。

3. 时间在 30min 内，成绩在 90 分以上。

工作任务一　HAZOP 分析周期认知　　编号：8-1		
考查内容：HAZOP 分析周期认知		
姓名：	学号：	成绩：
简述装置生命周期 HAZOP 分析所适用的阶段		

【任务反馈】

简要说明本次任务的收获、感悟或疑问等。

1 我的收获

2 我的感悟

3 我的疑问

任务二 HAZOP分析质量控制

任务目标	1. 了解HAZOP分析准备阶段的质量把控 2. 了解HAZOP分析过程的质量把控 3. 了解HAZOP分析报告的质量把控
任务描述	通过对本任务的学习，知晓HAZOP分析质量把控要求

【相关知识】

一、HAZOP分析质量控制整体要求

1. HAZOP分析控制要点

❶ 系统性控制要点是依据操作规程和（或）工艺流程，一方面将分析范围的所有工艺流程都划入节点内，“遍历”工艺过程每一个细节，不能有遗漏；另一方面要针对所划分的节点“用尽”所有可行的引导词，按照有效的工艺偏离开展分析。

❷ 结构性控制要点是分析所有的偏离都应按照固定的分析流程进行，所分析出来的原因、后果、安全措施、建议措施、风险级别这些要素之间的关系的记录要尽可能做到一一对应，表达出清晰、完整的事故剧情。

❸ 准确性控制要点是危险辨识与所分析偏离的逻辑推理应合理准确，需要做到危险辨识不遗漏、事故剧情不交叉、条理清晰不混乱。

2. 风险评估（分级）可信性和准确性要求

❶ 可信性：运用风险矩阵判定各剧情的严重性等级和对应的事件频率，得到相对应的风险等级应符合客观实际及相关标准规范要求，且合理可信。

❷ 准确性：考虑保护措施失效及不同工况保护措施发挥作用是否充分；当事故剧情中的剩余风险等级仍较高时，需要进一步提出建议措施来降低风险，以满足最终的剩余风险等级符合最低合理可行（ALARP）的准则。

3. 提出的建议措施要求

❶ 针对性：建议措施应针对所分析的事故剧情，通过改进设计、操作规程，增加或减少安全保护措施来降低风险等级。

❷ 有效性：所提出的建议措施能够有效降低事故剧情发生的频率和（或）事故剧情的后果严重度，对降低风险等级有明显效果。

❸ 可靠性：所提出的建议措施应具有较低的失效率，能够有效降低事故发生频率。

❹ 可行性：技术可行且经济合理。

4. HAZOP分析报告的要求

❶ 完整性：分析过程中的输入资料应完整，需要体现资料来源、分析人员组成、流程

说明、有效偏离、已有安全措施、风险评估（分级）等过程信息。

❷ 准确性：分析人员应做到叙述精确、逻辑严密，根据分析过程以及分析提炼出的结果，准确记录。

❸ 可读性：分析记录表中的内容描述应准确、清晰、完整，各要素之间的关系要一一对应，方便后续管理跟踪。

❹ 再用性：HAZOP 分析工作表应可以作为改进设计或生产方式、完善操作程序与维修程序的基础材料；同时可以通过分析工作表了解工厂中潜在的重要事故剧情，在此基础上可以编制针对性应急指南或预案，也可以作为今后变更、扩建或新建类似项目的参考文件。

5. 进一步分析的要求

在系统生命周期的不同阶段，HAZOP 分析完成后，企业对未明确的风险及活动，可另行采用其他的工艺（过程）危险分析方法进一步分析。企业可将其分析结果作为 HAZOP 分析的补充，需要进一步分析的情况宜包括下列要求：

❶ 针对初始风险高或后果严重度高的事故剧情，应进一步进行保护层分析（LOPA）或其他分析。

❷ 对涉及安全问题的关键性操作程序应采用适宜的分析方法（JSA/JHA）。

❸ 对作业活动进行工作安全 / 危害分析（JSA/JHA）。

❹ 对安全仪表系统进行安全完整性等级（SIL）评估分析。

二、分析过程的质量控制

1. 一般规定

HAZOP 分析应体现其系统化和结构化的特点，对工艺系统中潜在的由于偏离设计意图而出现的事故剧情与可操作性问题进行综合分析。全面识别工艺系统的危险和设计缺陷，揭示工艺系统存在的事故剧情，特别是高风险、多原因和多后果的复杂剧情。判断工艺系统存在的风险与安全措施的充分性，提出消除或降低风险的建议措施。

对于间歇操作的 HAZOP 分析，应关注其特殊的分析要点，如节点需按操作阶段划分，除了分析与连续工艺一样的参数外，还应分析每个操作阶段的操作步骤。

对涉及安全问题的关键性操作程序应采用适宜的分析方法。

成套设备 HAZOP 分析、主装置 HAZOP 分析可分别进行，但应在主装置 HAZOP 分析报告中明确说明。

在工程设计阶段，若工艺过程发生重大变更，应针对变更后的工艺过程重新进行 HAZOP 分析。

在生产运行过程中出现工艺变更时，应当对发生变更的内容及相关工艺部分进行 HAZOP 分析。

应清楚确定 HAZOP 分析范围。明确系统边界，以及系统与其他系统和周围环境之间的界面。

应清楚确定 HAZOP 分析假设的一般性原则。

对于 HAZOP 分析会上不能明确界定后果、剩余风险的高风险事件，可进一步进行 LOPA、SIL 验证、QRA 等分析工作。

2. 节点

HAZOP 节点划分，宜符合以下要求：

❶ 体现完整独立的工艺意图，例如：输送过程、缓冲过程、换热过程、反应过程、分离过程等。

❷ 全面覆盖工艺过程，不能有遗漏。

❸ 节点划分不宜过大或过小，节点的大小取决于系统的复杂性和危险的严重程度。

❹ 每个节点的范围应该包括工艺流程中的一个或多个功能系统。对于间歇操作的工艺流程，HAZOP 节点应按照操作的各个阶段进行划分。

节点的描述宜符合以下要求：

❶ 应包括节点描述和设计意图；节点描述一般包括节点范围及工艺流程简单说明、主要设备位号等；设计意图一般包括设计目的、设计参数、操作参数、复杂的控制回路及联锁、特殊操作工况等。

❷ 连续系统的节点界限划分应在 P&ID 图中以色笔清晰标识，并在 P&ID 的空白处标上节点编号。

❸ 节点应有编号，各企业可采取统一的节点编号方式，HAZOP 分析建议措施的编号和对应节点的编号应保持一致。

3. 偏离

偏离的确定应符合以下要求：

❶ 应在理解工艺的基础上，覆盖分析范围内的全部工艺过程，用尽所有可行的引导词，识别和分析有效的偏离。

❷ 对于可能产生偏离的管线和设备应单独确定偏离。

❸ 根据每个节点的设计意图，确定需要分析的参数，然后与引导词组合产生偏离。

❹ 应根据工艺需求补充相关的安全操作异常问题，如腐蚀、泄漏等。

❺ 对于间歇操作应将操作阶段分解为操作步骤，采用适当的引导词与操作步骤组合构成有效的偏离进行分析。对于危险性小的操作阶段，可直接用适当的引导词与操作阶段组合构成有效的偏离进行分析。

❻ 当对安全关键性操作程序进行 HAZOP 分析时，分析中引导词的意义与常规引导词有所不同，应更加关注操作程序的变化对工艺和设备的影响。

偏离描述宜符合以下要求：

❶ 宜标注设备名称或位号；可以从某管线的流量，设备某部位的压力、温度，某设备的液位，某具体的操作步骤等详细描述偏离。

❷ 所有讨论的偏离宜进行记录。

4. 原因

原因的确定应全面到位，且应符合以下要求：

❶ 应分析到初始原因，初始原因主要包括但不限于以下几个方面：

a. 设备设施、仪表等故障；

b. 操作失误；

c. 外部影响；

d. 公用工程失效；

e. 运行条件变更。

❷ 初始原因可以在节点之内也可以在节点之外。

❸ 不宜将中间事件当原因，假如初始原因过于复杂，又跨越节点时，把中间事件当原因应在该原因后面标注参见，比如："XX 温度高（参见 n.m）"，以便于进一步追踪。

原因描述宜符合以下要求：

❶ 应描述初始原因直至偏离的中间事件，包括初始原因的情况及其导致具体设备、物料及相关参数变化过程。

❷ 描述初始原因时应具体化失效事件，带上设备位号或仪表位号。

❸ 由多个原因造成的偏离，每个原因要分别记录。

5. 后果

后果的分析应符合以下要求：

❶ 后果应分析对人员、财产、环境、企业声誉等方面的影响。

❷ 应分析由偏离导致的安全问题和可操作性问题。

❸ 分析后果时应假设任何已有的安全措施都失效时导致的最终不利的后果。

❹ 应分析所有可能的后果。

❺ 后果可以在节点之内也可以在节点之外。

后果的记录应满足下列要求：

❶ 后果的记录应描述偏离直至后果的中间事件，包括对人员、财产、环境、企业声誉影响的详细描述。

❷ 针对偏离，应记录每一个原因对应的所有后果。

❸ 不宜将中间事件当后果，假如后果在节点外，且离当前正在分析的偏离过远时，将中间事件当后果的情况，应在该后果后面标注参见，比如："XX 压力高（参见 n.m）"，以便于进一步追踪。

❹ 应记录原因、偏离导致的后果，确保一一对应。

6. 风险评估（分级）

事故剧情的风险等级可根据 HAZOP 分析事故后果严重程度级别和发生的可能性级别，按照企业提供的风险矩阵进行评估。事故剧情的风险包括初始风险和剩余风险。HAZOP 分析时应按照企业提供的风险矩阵分别评估其风险等级，并做好相应记录。 剩余风险不应高于企业可接受的最高风险等级。风险矩阵可根据企业的统计资料或参考 HAZOP 导则推荐的风险矩阵。原因的频率应根据装置的实际情况或原因失效频率一览表进行判断，可参考附录二。

原因导致事故剧情发生的可能性应等于原因的频率、安全措施失效概率和使能条件概率之积，安全措施消减因子数据表可参考附录五。后果的严重性根据风险矩阵确定。

7. 安全措施

安全措施应符合以下要求：

❶ 应分别针对原因、中间事件、偏离、后果，识别已有安全措施。

❷ 安全措施应独立于初始事件。

❸ 安全措施不限于本节点，可以在节点内也可以在节点外。

❹ 常见管理措施（如培训、巡检、PPE、设备定期维护保养等）不能作为安全措施。

❺ 多个安全措施存在共因失效时，只能算作一条安全措施。

安全措施分为两种类型：预防性措施和减缓性措施。安全措施的记录应符合以下要求：

❶ 有设备或仪表位号的应记录设备或仪表位号。

❷ 安全仪表功能应记录其联锁动作，如：LSHH-101（三选二）联锁关闭阀门 LV-101。

❸ 若将特定的管理程序作为安全措施，应详细描述其管理要求。

8. 建议措施

建议措施应符合以下规定：

❶ 应根据风险分析结果并结合企业可接受风险标准，判断是否需要提出建议措施。

❷ 剩余风险不应高于企业可接受的最高风险等级，否则应给出进一步降低风险的建议措施，直至剩余风险不高于可接受风险标准。

❸ 建议措施应起到减缓后果的严重程度或降低事故剧情发生的可能性的作用。

❹ 应优先选择可靠性和经济性较高的预防性安全措施。

❺ 对于 HAZOP 分析会上无法明确的建议措施，暂时无条件开展的部分，或不适合应用 HAZOP 方法分析的部分，可提出开展下一步工作的建议。

建议措施的记录应符合以下要求：

❶ 建议措施的描述应具体、明确，宜带上设备位号、仪表位号或管线号；建议措施的描述应包括两部分：建议做什么及为什么这么做。

❷ 建议措施应落实责任方。

三、分析报告的质量控制

1. 一般规定

HAZOP 分析报告内容应满足企业过程安全管理的需求。HAZOP 分析报告应完整、准确并具有可读性，适于企业安全生产管理应用。HAZOP 分析报告应作为改进设计、完善操作程序等过程安全管理的技术支持文件，也可作为编制针对性应急指南或预案等的参考文件。对于复杂剧情、高风险剧情应重点描述。

2. HAZOP 分析报告内容规定

❶ 项目概述。对所执行的 HAZOP 分析项目的由来、目标等进行说明。需要明确说明 HAZOP 分析的装置（项目）在分析时所处的阶段，如：基础设计（初步设计）阶段、详细设计阶段、在役装置（运行阶段）、检维修阶段等。

❷ 分析范围。简述 HAZOP 分析工作的范围和目标。

❸ 工艺描述。对 HAZOP 分析对象装置（项目）所采用的工艺、设计要求等进行说明。阐述工艺性质（连续或间歇）、运行周期等基本情况。

❹ HAZOP 分析程序及相关要求。对 HAZOP 分析团队开展工作所进行的方法进行如实叙述，对满足业主等相关各方要求的情况进行说明。

❺ HAZOP 分析实际进程（节点分析时间表）。对 HAZOP 分析团队的实际进程情况进行如实叙述。

❻ HAZOP 分析团队人员信息。列出参加 HAZOP 分析工作的人员名单（包括姓名、工作单位、职位 / 职称、专业特长等）。

❼ HAZOP 分析输入资料。

❽ HAZOP 分析假设。HAZOP 分析的基本依据为在开展 HAZOP 分析前由 HAZOP 分析

团队全体成员讨论通过，在进行 HAZOP 分析时所遵守的一般性原则。例如：原因分析时多个设备同时失效的情况不予考虑，除非是同一原因导致多个设备的失效。

❾ 风险评估（分级）。应说明本项目采用的风险矩阵及风险可接受标准的来源、具体规定等内容。详细阐述 HAZOP 分析过程中事故剧情的发生频率、后果的严重性以及频率和严重性得到的风险等级的划分。

❿ 节点划分。提供 HAZOP 分析过程中划分的各节点的信息，如节点清单。

⓫ 结论。对装置（项目）的整体风险情况进行简单的说明，并给出总体性建议。对 HAZOP 分析会议提出的建议措施给予详细说明，包括：

a. 建议措施的数量；

b. 建议措施的描述；

c. 通过举例，论述建议措施在过程安全管理中可以采取的处理办法；

d. 对 HAZOP 分析出的高风险和复杂剧情进行汇总，以提醒安全管理人员关注。

3. 附件

项目开展的原始记录数据、HAZOP 分析的参考资料等必要的说明性资料。包括但不限于：HAZOP 分析工作表；带有节点划分标示的 P&ID 图纸；建议措施汇总表；HAZOP 分析文件清单；会议签到表（每次参加会议的人员名单；）评审意见或业主反馈文件（如果有）等。

四、关闭阶段的质量控制

1. 建议措施的落实

HAZOP 分析报告正式发布前，应征求参会人员的意见，设计阶段应与设计方核实确认，在役阶段应得到业主方相关负责人的认可。HAZOP 分析报告正式发布后，企业相关负责人应针对建议措施确定实施计划。企业应特别关注操作规程建议措施的落实。所有建议措施的落实情况应留有记录并具有可追溯性。HAZOP 分析报告中提出的进一步开展工作的建议也应严格执行，企业有责任对分析会上不能确定的问题开展专题研究，保证剩余风险不高于企业可接受的最高风险等级。

2. 建议措施的变更管理

实施过程中，对 HAZOP 建议措施的变更应提供变更说明，变更说明应包含变更原因、替代方案和责任人签署。由于落实建议措施导致的工艺流程修改，应进一步开展修改部分的 HAZOP 分析。其他原因导致的工艺流程修改，也应进一步开展修改部分的 HAZOP 分析。

3. 落实情况的记录及归档

HAZOP 建议措施落实情况应留有记录，记录包括接受建议的说明、实施整改的证明文件或文件编号。HAZOP 分析关闭报告应归档保留方便追踪查阅。

【任务实施】

通过任务学习，完成 HAZOP 分析质量把控相关试题（工作任务单 8-2）。

要求：1. 按授课教师规定的人数，分成若干个小组（每组 5 ～ 7 人）。

2. 完成后，以小组为单位向全体分享。

3. 时间在 30min 内，成绩在 90 分以上。

工作任务二　**HAZOP** 分析质量控制　　编号：**8-2**		
考查内容：**HAZOP** 分析质量控制		
姓名：	学号：	成绩：

1. 简述 HAZOP 分析质量把控的四个阶段

2. 补充下列空缺内容

HAZOP 分析报告内容应满足企业过程安全管理的需求。HAZOP 分析报告应完整、准确并具有（　　），适于企业（　　）管理应用。HAZOP 分析报告应作为（　　）、（　　）等过程安全管理的技术支持文件，也可作为编制针对性（　　）等的参考文件。对于（　　）、（　　）应重点描述。

对于间歇操作的 HAZOP 分析，应关注其特殊的分析要点，如节点需按（　　）划分，除了分析与（　　）一样的参数外，还应分析每个操作阶段的（　　）。

【可读性】【安全生产】【改进设计】【完善操作程序】【应急指南或预案】【复杂剧情】【高风险剧情】【操作阶段】【连续工艺】【操作步骤】

【任务反馈】

简要说明本次任务的收获、感悟或疑问等。

1 我的收获

2 我的感悟

3 我的疑问

【项目综合评价】

<table>
<tr><td>姓名</td><td></td><td>学号</td><td></td><td>班级</td><td></td></tr>
<tr><td>组别</td><td></td><td>组长及成员</td><td colspan="3"></td></tr>
<tr><td colspan="6">项目成绩：　　　　　　　　总成绩：</td></tr>
<tr><td>任务</td><td colspan="3">任务一</td><td colspan="2">任务二</td></tr>
<tr><td>成绩</td><td colspan="3"></td><td colspan="2"></td></tr>
<tr><td colspan="6">自我评价</td></tr>
<tr><td>维度</td><td colspan="4">自我评价内容</td><td>评分</td></tr>
<tr><td rowspan="6">知识</td><td colspan="4">1. 了解 HAZOP 分析周期及其优势（5 分）</td><td></td></tr>
<tr><td colspan="4">2. 了解 HAZOP 分析周期在各个阶段的应用情况（5 分）</td><td></td></tr>
<tr><td colspan="4">3. 了解 HAZOP 分析准备阶段的质量把控（10 分）</td><td></td></tr>
<tr><td colspan="4">4. 了解 HAZOP 分析过程的质量把控（10 分）</td><td></td></tr>
<tr><td colspan="4">5. 了解 HAZOP 分析报告的质量把控（10 分）</td><td></td></tr>
<tr><td colspan="4">6. 了解 HAZOP 分析报告关闭阶段的质量把控（10 分）</td><td></td></tr>
<tr><td rowspan="3">能力</td><td colspan="4">1. 能够判断 HAZOP 分析周期（10 分）</td><td></td></tr>
<tr><td colspan="4">2. 能明确 HAZOP 分析质量把控要点（10 分）</td><td></td></tr>
<tr><td colspan="4">3. 能对其他 HAZOP 报告进行审核（10 分）</td><td></td></tr>
<tr><td rowspan="2">素质</td><td colspan="4">1. 通过学习，了解 HAZOP 分析整体质量把控，增强对 HAZOP 分析报告的审查能力（10 分）</td><td></td></tr>
<tr><td colspan="4">2. 熟知 HAZOP 分析周期，建立时间观念（10 分）</td><td></td></tr>
<tr><td colspan="5">总分</td><td></td></tr>
<tr><td rowspan="4">我的反思</td><td colspan="2">我的收获</td><td colspan="3"></td></tr>
<tr><td colspan="2">我遇到的问题</td><td colspan="3"></td></tr>
<tr><td colspan="2">我最感兴趣的部分</td><td colspan="3"></td></tr>
<tr><td colspan="2">其他</td><td colspan="3"></td></tr>
</table>

【行业形势】

HAZOP 分析与工匠精神

从本篇内容可以看出，HAZOP 分析对各项工作细节要求很高，不论是 HAZOP 分析范围的界定，还是 HAZOP 分析的准备，不论是偏离确定，还是后果识别以及文档跟踪等，都需要一丝不苟、认真完成，其中体现的是精益求精的工匠精神。

工匠精神是中华民族优秀品质传承中的一部分，承载着爱岗敬业、精益求精、报国奉献的丰富内涵，是我国在短短几十年里跃升为世界制造业大国的重要保障，也是未来成为世界制造业强国的有力支撑。根据中国化工教育协会针对全国石油和化工行业企业人力资源情况的一项调研显示，企业对员工各项素质的要求中，排在首位的并不是生产操作技能，而是体现工匠精神的敬业精神、责任心和劳动安全保护意识等。

HAZOP分析与工匠精神的案例体现如下，扫描二维码即可查看。

案例1

案例2

从以上案例可以看出，需要认真对待每个项目HAZOP分析，这是牵涉到千千万万危化企业从业人员生命安全的大事，不容马虎。在实行HAZOP分析中，要怀着敬畏之心，充分发扬工匠精神，对每个项目的分析工作认真对待，通过分析，可以更深层次地理解装置工艺，有效提升装置在设计上的安全水平。

在学习过程中，**我们既要学习“基础知识”，也要学习“行业通用知识”**，在知识和技能学习的同时加强自身的职业素养；还要**结合化工行业的实际，加强安全知识学习，了解企业文化，强化对化工的正面理解，从而有正确的择业观与就业观，增强对所从事化工职业的事业心和责任心**。同时，要重点培养自身的实际操作能力，在实践中领悟理论知识的能力、适应工作环境的能力、计算机操作的能力、对突发事件的处理能力及组织管理能力等。

扫描二维码
查看更多资讯

应用篇

项目九

HAZOP 分析中风险矩阵的应用

【学习目标】

知识目标

1. 掌握风险矩阵的应用方法；
2. 掌握在风险矩阵表中后果严重性的分类表示方法；
3. 了解在风险矩阵中风险的等级划分；
4. 掌握事故剧情风险确定的方法。

能力目标

1. 能够利用风险矩阵表进行后果等级的划分；
2. 能够利用风险矩阵表进行初始原因发生概率的确定；
3. 能够利用风险矩阵表对事故剧情的风险等级进行判定。

素质目标

通过学习风险矩阵表，提升化工安全风险评价的意识。

【项目导言】

在我们生活的方方面面及各种活动中都经常听到“风险”这个词，同时也会面临各种客观存在的风险问题。但是从安全专业角度出发，究竟什么是风险？“风险”一词的英文是“risk”，来源于古意大利语“riscare”。从不同的角度出发，风险有不同的意义，对风险的理解也应该是相对的，因为风险既可以是一个正面的概念，也可以是一个负面的概念，一方面与机会、概率、不测事件和随机性相结合，另一方面与危险、损失和破坏相结合。

本章节主要讲述化工企业生产中风险的概念及风险评价方法。

【项目实施】

任务安排列表

任务名称	总体要求	工作任务单	建议课时
任务　风险矩阵的应用	通过该任务的学习，掌握风险矩阵的应用方法	9-1	1

任务　风险矩阵的应用

任务目标	1. 掌握风险矩阵的使用 2. 利用风险矩阵进行风险等级的判定
任务描述	通过对本任务的学习，掌握 HAZOP 分析中风险矩阵的应用方法

【相关知识】

一、风险和风险矩阵

1. 风险

风险指某种特定的危险事件（事故或意外事件）发生的严重性与可能性的组合。通过风险定义可以看出，风险是由两个因素共同作用组合而成的，一是该危险发生的可能性，即危险概率；二是该危险事件发生后所产生的后果。对事故而言其后果往往是不确定的，如爆炸或人员伤害等，但发生的概率不确定，每 1 年发生一次爆炸或每 10 年或每 100 年发生一次爆炸，给人们产生的影响是不同的。

因此，我们要辨识出每个作业单元可能存在的后果并判定这种后果发生的可能性，二者相乘才是最终的风险。风险确定后进行风险分级，并根据不同级别的风险采取相应的风险控制措施。

风险的数学表达式为：

$$R = L \times S$$

式中　R——风险值或风险度；

L——发生事故的可能性，重点考虑事故发生的频次及人体暴露在这种危险环境中的频繁程度等；

S——发生伤害后果的严重等级，主要从人身健康和安全（S/H）伤害程度、财产损失情况（F）、非财务性与社会影响（E）三个方面评判。

2. 风险矩阵

风险矩阵（Risk Matrix）是一种把事故发生的可能性和后果的严重性进行综合评估，从而确定风险大小的定性评估方法。风险矩阵是一种风险可视化的工具，常用一个二维表格对风险进行半定性分析。

应用风险矩阵评价风险时，将风险事件的后果严重等级相对定性分为若干级，将风险事件发生的可能性也相对定性分为若干级，然后以严重性为表列，以可能性为表行，在行列的交点上给出定性的加权指数，所有加权指数构成一个矩阵，而每一个指数代表了一个风险等级，如图 9-1 所示。

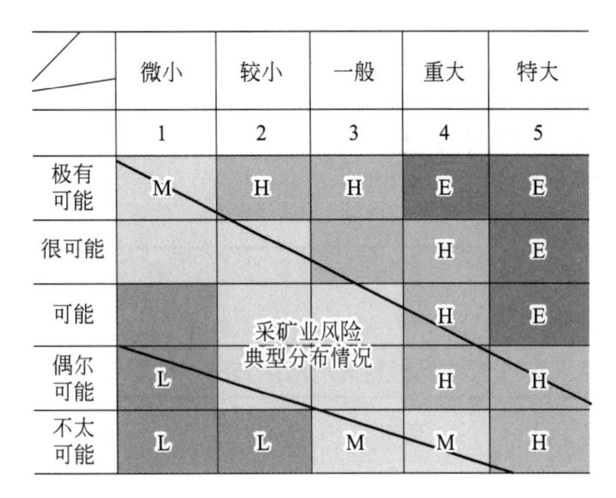

发生可能性等级					
E 极高	Ⅱ	Ⅲ	Ⅲ	Ⅳ	Ⅳ
D 高	Ⅱ	Ⅱ	Ⅲ	Ⅲ	Ⅳ
C 中等	Ⅰ	Ⅱ	Ⅱ	Ⅲ	Ⅳ
B 低	Ⅰ	Ⅱ	Ⅱ	Ⅲ	Ⅲ
A 极低	Ⅰ	Ⅰ	Ⅱ	Ⅱ	Ⅲ
	1 无关紧要	2 较小	3 中等	4 重要	5 灾难性
	风险影响程度				

风险等级 Ⅰ—可接受 Ⅱ—轻微 Ⅲ—中等 Ⅳ—重大

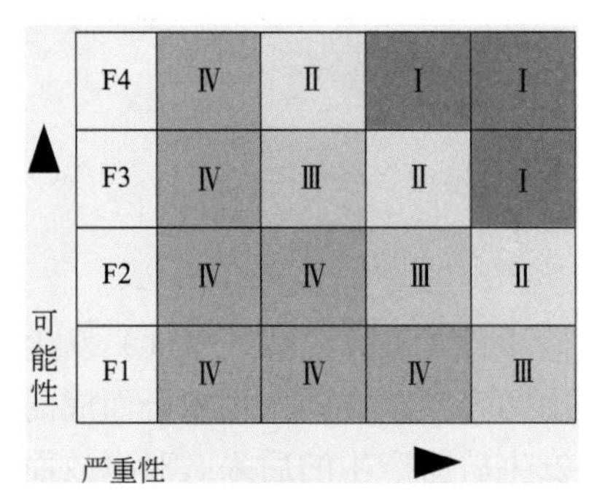

图 9-1 不同的风险矩阵

风险矩阵优点是简洁明了，易于掌握，适用范围广；缺点是确定风险可能性、后果严重性依赖于经验，主观性较大。

不同企业所采用的矩阵略有不同，如“8×7”矩阵、“5×5”矩阵。目前，各企业风险矩阵中以中国石化“8×7”的安全风险矩阵应用较多，本书以该矩阵为例进行分析、讲解，见表 9-1。该矩阵表列中“A ～ G”代表不同的严重等级，表行中“1 ～ 8”代表事故发生的可能性，不同行、列的交点为定性的加权指数（$R=L\times S$），即代表风险值的大小。

二、后果严重等级分类

1. 风险矩阵后果严重等级分类

风险矩阵中的后果严重等级分类主要从人身健康和安全（S/H）、财产损失情况（F）、非财务性与社会影响（E）三个方面进行分别判定。

A——轻微影响的健康 / 安全事故：急救或医疗处理，但不需要住院，不会因事故伤害损失工作日；短时间暴露超标，引起身体不适，但不会长时间造成健康影响； 直接经济损失在 10 万元以下；引起周围社区少数居民短期内不满、抱怨或投诉（如噪声超标）。

表 9-1 安全风险矩阵

	1	2	3	4	5	6	7	8
	类似事件未在石油石化行业发生过且发生的可能性极低	类似事件未在石油石化行业发生过	类似事件在石油石化行业发生过	类似事件在中国石化曾经发生过	类似事件发生过或可能在多个相似设备设施的使用寿命中发生	设备设施使用寿命内可能发生 1 或 2 次	在设备设施使用寿命内可能发生多次	在设备设施使用寿命内经常发生（至少每年 1 次）
严重性等级	$<10^{-6}$/ 年	$10^{-6}\sim10^{-5}$/ 年	$10^{-5}\sim10^{-4}$/ 年	$10^{-4}\sim10^{-3}$/ 年	$10^{-3}\sim10^{-2}$/ 年	$10^{-2}\sim10^{-1}$/ 年	$10^{-1}\sim1$/ 年	≥1/ 年
A	1	1	2	3	5	7	10	15
B	2	2	3	5	7	10	15	23
C	2	3	5	7	11	16	23	35
D	5	8	12	17	25	37	55	81
E	7	10	15	22	32	46	68	100
F	10	15	20	30	43	64	94	138
G	15	20	29	43	63	93	136	200

B——中等影响的健康 / 安全事故：因事故伤害损失工作日；1 ～ 2 人轻伤；直接经济损失 10 万～ 50 万元；造成局部停车；当地媒体的短期报道；对当地公共设施的正常运行造成干扰（如导致某道路 24 小时内无法正常通车）。

C——较大影响的健康 / 安全事故：3 人以上轻伤或 1 ～ 2 人重伤（包括急性工业中毒，下同）；暴露超标，带来长期健康影响或造成职业相关严重疾病；直接经济损失 50 万～ 200 万元；1 ～ 2 套装置停车；存在合规性问题，不会造成严重的安全后果或不会导致地方政府监管部门采取强制性措施；当地媒体的长期报道；在当地造成不良的社会影响。对当地公共设施日常运行造成严重干扰。

D——较大安全事故导致人员受伤或重伤：界区内 1 ～ 2 人死亡或 3 ～ 9 人重伤；界区外 1 ～ 2 人重伤；直接经济损失 200 万～ 1000 万元；造成 3 套及以上装置停车；发生局部区域的火灾爆炸；引起地方政府监管部门采取强制性措施；引起国内或国际媒体的短期负面报道。

E——严重的安全事故：界区内 3 ～ 9 人死亡或 10 ～ 50 人重伤；界区外 1 ～ 2 人死亡或 3 ～ 9 人重伤；直接经济损失 1000 万～ 5000 万元；造成发生失控的火灾或爆炸；引起国内或国际媒体长期负面关注；造成省级范围内的不利社会影响；引起省级政府相关部门采取强制性措施；导致失去当地市场的生产、经营和销售许可证。

F——非常严重的安全事故，导致界区内或界区外多人伤亡：界区内 10 ～ 30 人死亡或 50 ～ 100 人重伤；界区外 3 ～ 9 人死亡或 10 ～ 50 人重伤；直接经济损失 5000 万～ 1 亿元；引起国家相关部门采取强制性措施；在全国范围内造成严重的社会影响；引起国内国际媒体重点跟踪报道或系列报道。

G——特别重大的灾难性安全事故，导致界区内或界区外大量人员伤亡：界区内 30 人以上死亡或 100 人以上重伤；界区外 10 ～ 30 人死亡或 50 ～ 100 人重伤；直接经济损失 1 亿元以上；引起国家领导人关注或国务院、部委领导作出批示；导致吊销国际、国内主要市场的生产、销售或经营许可证；引起国际国内主要市场上公众或投资人的强烈愤慨或谴责。

具体确定严重性等级时，查阅对应的严重性等级判定表（表 9-2）可直观确定相应等级。

表 9-2　严重性等级判定表

严重性等级	人身健康和安全（S/H）	财产损失情况（F）	非财务性与社会影响（E）
A	轻微影响的健康 / 安全事故： 1. 急救或医疗处理，但不需要住院，不会因事故伤害损失工作日； 2. 短时间暴露超标，引起身体不适，但不会长时间造成健康影响	直接经济损失在 10 万元以下	引起周围社区少数居民短期内不满、抱怨或投诉（如噪声超标）
B	中等影响的健康 / 安全事故： 1. 因事故伤害损失工作日； 2. 1 ～ 2 人轻伤	1. 直接经济损失 10 万～ 50 万元； 2. 造成局部停车	1. 当地媒体的短期报道； 2. 对当地公共设施的正常运行造成干扰（如导致某道路 24 小时内无法正常通车）
C	较大影响的健康 / 安全事故： 1. 3 人以上轻伤或 1 ～ 2 人重伤（包括急性工业中毒，下同）； 2. 暴露超标，带来长期健康影响或造成职业相关严重疾病	1. 直接经济损失 50 万～ 200 万元； 2. 1 ～ 2 套装置停车	1. 存在合规性问题，不会造成严重的安全后果或不会导致地方政府监管部门采取强制性措施； 2. 当地媒体的长期报道； 3. 在当地造成不良的社会影响，对当地公共设施日常运行造成严重干扰
D	较大安全事故导致人员受伤或重伤： 1. 界区内 1 ～ 2 人死亡或 3 ～ 9 人重伤； 2. 界区外 1 ～ 2 人重伤	1. 直接经济损失 200 万～ 1000 万元； 2. 造成 3 套及以上装置停车； 3. 发生局部区域的火灾爆炸	1. 引起地方政府监管部门采取强制性措施； 2. 引起国内或国际媒体的短期负面报道
E	严重的安全事故： 1. 界区内 3 ～ 9 人死亡或 10 ～ 50 人重伤； 2. 界区外 1 ～ 2 人死亡或 3 ～ 9 人重伤	1. 直接经济损失 1000 万～ 5000 万元； 2. 造成发生失控的火灾或爆炸	1. 引起国内或国际媒体长期负面关注； 2. 造成省级范围内的不利社会影响； 3. 引起省级政府相关部门采取强制性措施； 4. 导致失去当地市场的生产、经营和销售许可证
F	非常严重的安全事故，导致界区内或界区外多人伤亡： 1. 界区内 10 ～ 30 人死亡或 50 ～ 100 人重伤； 2. 界区外 3 ～ 9 人死亡或 10 ～ 50 人重伤	直接经济损失 5000 万～ 1 亿元	1. 引起国家相关部门采取强制性措施； 2. 在全国范围内造成严重的社会影响； 3. 引起国内国际媒体重点跟踪报道或系列报道
G	特别重大的灾难性安全事故，导致界区内或界区外大量人员伤亡： 1. 界区内 30 人以上死亡或 100 人以上重伤； 2. 界区外 10 ～ 30 人死亡或 50 ～ 100 人重伤	直接经济损失 1 亿元以上	1. 引起国家领导人关注或国务院、部委领导作出批示； 2. 导致吊销国际、国内主要市场的生产、销售或经营许可证； 3. 引起国际国内主要市场上公众或投资人的强烈愤慨或谴责

下面进行案例讲解。

案例 1：对某化工企业装置进行 HAZOP 分析时，分析事故可能会造成 2 人死亡；直接经济损失 2300 万元；当地媒体对该起事故进行长期报道。

对该起事故进行后果严重等级分类，需要分别从“人身健康和安全（S/H）”“财产损失情况（F）”“非财务性与社会影响（E）”3 个方面查阅“严重性等级判定表”确定。

从“人身健康和安全（S/H）”方面：2 人死亡，属于严重等级中的 D 级。

从“财产损失情况（F）”方面：直接经济损失 2300 万元，属于严重等级中的 E 级。

从“非财务性与社会影响（E）”方面：当地媒体长期报道，属于严重等级中的 C 级。

以上 3 个方面仅为严重等级（S）分类，但仍不能确定风险的大小，因为还需确定事故发生的可能性（L）。

2. 事故发生可能性（L）

事故发生的可能性（L）即为风险矩阵中的表行（见表 9-1），通过文字描述和数字描述两方面确定。从其中可看出，事故发生的可能性（L）相对较模糊，过于依赖经验，主观性较大。

❶ 如果“类似事件未在石油石化行业发生过且发生的可能性极低”或“10^{-6}/ 年发生一次”，则事故发生的可能性（L）为表列 1；

❷ 如果“类似事件未在石油石化行业发生过”或“10^{-6} ～ 10^{-5}/ 年发生一次”，则事故发生的可能性（L）为表列 2；

❸ 如果“类似事件在石油石化行业发生过”或“10^{-5} ～ 10^{-4}/ 年发生一次”，则事故发生的可能性（L）为表列 3；

❹ 如果“类似事件在中国石化曾经发生过”或“10^{-4} ～ 10^{-3}/ 年发生一次”，则事故发生的可能性（L）为表列 4；

❺ 如果“类似事件发生过或可能在多个相似设备设施的使用寿命中发生”或“10^{-3} ～ 10^{-2}/ 年发生一次”，则事故发生的可能性（L）为表列 5；

❻ 如果“设备设施使用寿命内可能发生 1 或 2 次”或“10^{-2} ～ 10^{-1}/ 年发生一次”，则事故发生的可能性（L）为表列 6；

❼ 如果“在设备设施使用寿命内可能发生多次”或“10^{-1} ～ 1/ 年发生一次”，则事故发生的可能性（L）为表列 7；

❽ 如果“在设备设施使用寿命内经常发生”或“至少每年 1 次”，则事故发生的可能性（L）为表列 8。

需要特别注意的是，事故发生的可能性（L）是基于事故原因的，即不同事故的原因会造成发生的可能性不同，所以在确定事故发生的可能性（L）时，要与事故发生的原因一一对应。

3. 风险确定

前面学习已知，风险（R）= 事故发生可能性（L）× 后果严重等级（S）。风险矩阵中不同行、列的交点为定性的加权指数，所有的加权指数构成一个矩阵，而每一个指数代表了一个风险等级，如图 9-2 所示。

1	1	2	3	5	7	10	15
2	2	3	5	7	10	15	23
2	3	5	7	11	16	23	35
5	8	12	17	25	37	55	81
7	10	15	22	32	46	68	100
10	15	20	30	43	64	94	138
15	20	29	43	63	93	136	200

图 9-2　风险矩阵

案例 2：对某化工企业进行 HAZOP 分析时，分析事故可能会造成 3 人死亡。若该事故是由人为操作失误造成的，从“人身健康和安全（S/H）”方面确定风险值。从“人身健康和安全（S/H）”方面，严重等级属于 E 级，事故发生的可能性属于 7 列，最终确定该风险值为 68，属于红色区域的风险。后面章节讨论不同颜色区域风险代表的含义及风险的分级。

三、风险分级

风险分为四个等级，从高到低依次划分为重大风险、较大风险、一般风险与低风险，分别用红、橙、黄、蓝四种颜色标示，如图 9-3 所示。

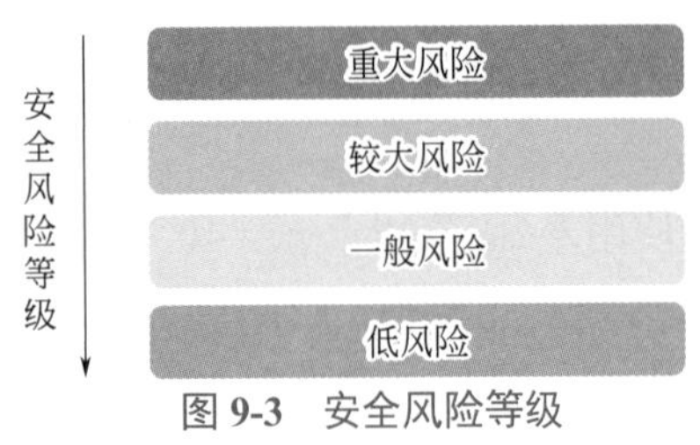

图 9-3　安全风险等级

2015 年 12 月 24 日中央政治局常委会明确指示：必须坚决遏制重特大事故频发势头。对易发重特大事故的行业领域，要采取风险分级管控、隐患排查治理的双重预防性工作机制，推动安全生产关口前移。《中华人民共和国安全生产法》于 2021 年 9 月 1 日正式实施，将“双重预防机制”写入新安全生产法。

HAZOP 分析方法中的风险分级与新《安全生产法》中“双重预防机制”中的风险分级管控完全一致。

企业进行 HAZOP 分析时，应该要有自己的风险标准。目前服务机构在做 HAZOP 分析时，如果没有风险标准，往往借用相似企业的风险标准来作为分析对象的风险标准。需要说明的是，不同行业或企业对风险值的要求不一样，风险矩阵可能也会不同，例如有些企业认为人身安全的风险值在 17 是不可接受的，需要制订管控措施来降低风险；有些企业则认为人身安全的风险值在 17 是可以接受的，不需要制订措施。通过对比可看出，在符合企业实际的情况下，企业应尽可能地将可接受的风险度降低，这样便于更好地管控风险。无论如何，最终目的都是要通过识别风险，制订管控措施，将风险降低在可控范围内。

综上所述，一个可能发生的事件造成的风险要从“人身健康和安全（S/H）”“财产损失情况（F）”“非财务性与社会影响（E）”三方面进行评判，最终达到可接受的低风险目的。但基于“风险对我而言可以接受”的主观或情感来判断风险，不够严谨且不能有效提供决策基础，为此，需要一种更好的工具来半定量描述风险。

四、初始事件频率

1. 保护层分析（LOPA）

20 世纪 80 年代末美国化学品制造商协会出版了《过程安全管理标准责任》，书中建议将“足够的保护层”作为有效的过程安全管理系统的一个组成部分。1993 年美国 CCPS《化工过程安全自动化指南》一书中，建议将 LOPA 作为确定安全仪表功能完整性水平的方法之一。

2001 年 CCPS 发布了《保护层分析——简化的过程风险管理》，书中详细地讨论了 LOPA 的基本规则和应用。2003 年国际电工委员会（IEC）将 LOPA 技术作为确定安全仪表系统完整性水平的推荐方法之一。

保护层分析（Layer of Protection Analysis，LOPA）是在定性危害分析的基础上，进一步评估保护层的有效性，并进行风险决策的系统方法。该方法是对每一假定事故剧情的每一个保护措施进行分析，分析防止事故情形发生的保护措施是否有效，每种保护措施的有效程度为多少，各种保护措施综合运用后对于风险的消减作用为多大，是否还需要增加保护措施，所增加的保护措施对风险的消减等级为多大。而所有这些分析最终都是通过具体的数学综合运算来计算得出，包括初始事件频率与独立保护层（IPL）故障可能性的数量级（即有效程度）、后果严重度以及可容忍风险标准。

保护层分析（LOPA）目的：识别原来定性风险分析过程中被忽略的危险。我们知道定性分析只是识别危害，但对危害发生的可能性，包括其保护措施发生作用后危害发生的可能性均是依靠分析人员的经验来确认风险等级，这种粗略的判断会掩盖一些问题使实际风险升高。

因此，保护层分析方法是一种半定量的方法，通过对一些通用的保护措施的故障可能性的数量级 PFD 进行赋值，不同专业背景的人员可以容易地在此基础上达成对风险消减程度的共识，从而计算出已有的安全措施可以将风险降低到什么程度，是否符合公司的风险标准，提出的安全措施应该将风险消减到什么程度，从而避免过保护或保护不足的情况。保护层分析（LOPA）本身不是一种风险识别的方法，只是风险识别过程中用来分析已有安全措施有效性的一种工具。

保护层的运用就是从降低事故的发生频率来考虑消减事故的风险等级，与定性的方法相比，保护层分析（LOPA）提供了更可靠的风险判断，并给定了场景频率和后果的具体数值。LOPA 可用于识别操作人员的关键安全行为和关键安全响应，这将有助于在企业过程生命周期内开展更有针对性的培训和测试。

2. 独立保护层（IPL）

独立保护层（Independent Protection Layer，IPL）是指能够阻止剧情向不期望后果发展，并且独立于剧情的初始事件或其他保护层的设备、系统或行动。保护层就是保护措施，可以是一个设备、系统或对应的行动，对不希望的后果起到预防或减轻作用。

这些保护层有些是共同作用后对风险起到消减作用，单独分开时则作用减弱，甚至不起作用，而有些则可以独立地完成其保护功能，因此这种可以独立起到保护作用的保护层称为独立保护层（IPL）。

独立保护层的确认必须满足 4 方面的要求。

专一性：独立保护层是针对特定的后果或危险事件而设计。

独立性：独立保护层的效果不依赖于其他保护层或受其他保护层的限制，在结构上完全独立。同时还独立于初始事件或独立于与情形有关的其他保护层的对应行动。

可靠性：独立保护层必须能有效地依照设计的功能运行并防止危害事件的发生，其 PFD 值应该低于 1×10^{-1}。

可审核性：独立保护层必须能够定期进行审核和确认。它需要定期的维护和校验以确保其可靠性维持在设计的水平。

过程安全的保护层模型（洋葱模型），从内到外分为工艺设计、基本过程控制系统、报警与操作人员干预、安全仪表系统、安全泄放设施、物理防护、应急响应 7 个方面，如图 9-4 所示。这些保护层都是独立保护层，降低了事故发生的概率。

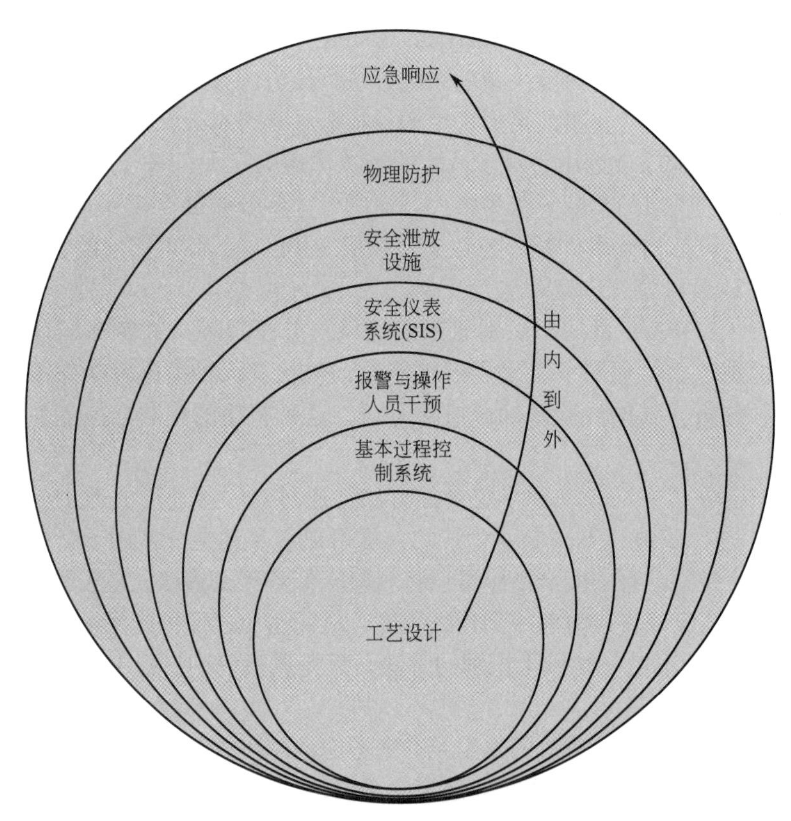

图 9-4　保护层模型

（1）本质安全设计　当本质安全设计可消除某些场景时，不应作为 IPL；当考虑本质安全设计在运行和维护过程中的失效时，在某些场景中，可将其作为一种 IPL。

（2）BPCS　BPCS 是执行持续监测和控制日常生产过程的控制系统，通过响应过程或操作人员的输入信号，产生输出信息，使过程以期望的方式运行。由传感器、逻辑控制器和最终执行元件组成，如图 9-5 所示。

BPCS 作为 IPL 应满足以下要求：

❶ BPCS 应与安全仪表系统（SIS）在物理上分离，包括传感器、逻辑控制器和最终执

行元件；

❷ BPCS 故障不是造成初始事件的原因；

❸ 在同一个场景中，当满足 IPL 的要求时，具有多个回路的 BPCS 宜作为一个 IPL。

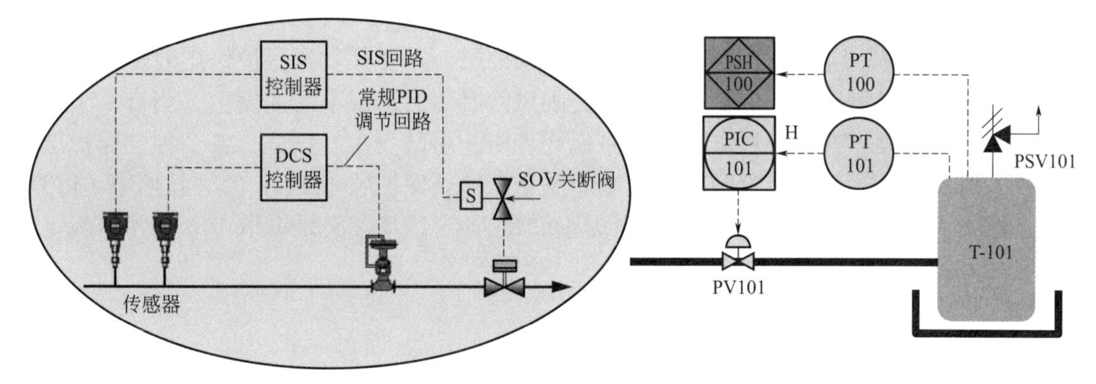

图 9-5　控制回路

（3）关键报警和人员响应　操作人员应能够得到采取行动的指示或报警；操作人员应训练有素，能够完成特定报警所要求的操作任务；任务应具有单一性和可操作性，不宜要求操作人员执行 IPL 要求的行动时同时执行其他任务；操作人员应有足够的响应时间等。

（4）安全仪表系统（SIS）　一个安全仪表系统由传感器、逻辑控制器和最终执行元件组成，具有一定的 SIL。SIS 在功能上独立于 BPCS。

（5）物理保护（安全阀、爆破片等）　独立于场景中的其他保护层；在确定安全阀、爆破片等设备的 PFD 时，应考虑其实际运行环境中可能出现的污染、堵塞、腐蚀、不恰当维护等因素对 PFD 进行修正；当物理保护作为 IPL 时，应考虑物理保护起作用后可能造成的其他危害，并重新假设 LOPA 场景进行评估。

（6）释放后保护措施　独立于场景中的其他保护层；在确定阻火器、隔爆器等设备的 PFD 时，应考虑其实际运行环境中可能出现的污染、堵塞、腐蚀、不恰当维护等因素对 PFD 进行修正。

（7）工厂和社区应急响应　其有效性受多种因素影响，一般不作为 IPL。

3. 不宜作为独立保护层的措施

（1）培训和取证　在确定操作人员行动的 PFD 时，需要考虑这些因素，但是它们本身不是独立保护层。

（2）程序　在确定操作人员行动的 PFD 时，需要考虑这些因素，但是它们本身不是独立保护层。

（3）正常的测试和检测　正常的测试和检测将影响某些独立保护层的 PFD，延长测试和检测周期可能增加独立保护层的 PFD。

（4）维护　维护活动将影响某些独立保护层的 PFD。

（5）通信　作为一种基础假设，假设工厂内具有良好的通信。差的通信将影响某些独立保护层的 PFD。

（6）标识　标识自身不是独立保护层。标识可能不清晰、模糊、容易被忽略等。标识可能影响某些独立保护层的 PFD。

4. 独立保护层（IPL）的失效概率（PFD）

失效概率（Probability of Failure on Demand，PFD）是指系统要求独立保护层起作用时，独立保护层发生失效不能完成一个具体功能的概率。

用“奶酪模型”图来说明独立保护层（IPL）的失效概率（PFD）及事故发生的原理，如图 9-6 所示。每一层奶酪都相当于一个独立保护层，需要其发挥保护作用时都存在一个失效概率问题。当每个独立保护层都失效，则风险必然会造成事故的发生。当有一个独立保护层发挥作用时，就能降低事故发生概率或者阻止事故发生。因此，各个独立保护层的失效概率相乘就是整个从风险到事故发生的概率。独立保护层（IPL）的失效概率（PFD）单位是“次 / 年”，如“围堰的失效概率为 10^{-2} 次 / 年”，其含义是围堰 100 年才出现 1 次失效。

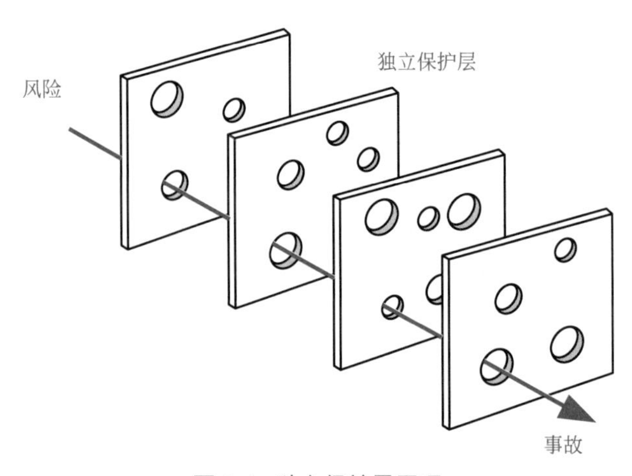

图 9-6　独立保护层原理

表 9-3 引用安全生产行业标准《保护层分析（LOPA 方法应用导则)》（AQ/T 3054—2015）中化工行业典型 IPL 的 PFD。

表 9-3　化工行业典型 IPL 的 PFD

<table>
<tr><th colspan="2">IPL</th><th>说明
（假设具有完善的设计基础、充足的检测和维护程序、良好的培训）</th><th>PFD</th></tr>
<tr><td colspan="2">本质安全设计</td><td>如果正确执行，将大大地降低相关场景后果的频率</td><td>$1\times10^{-1}\sim1\times10^{-6}$</td></tr>
<tr><td colspan="2">BPCS</td><td>如果与 IE 无关，BPCS 可作为一种 IPL</td><td>$1\times10^{-1}\sim1\times10^{-2}$</td></tr>
<tr><td rowspan="3">关键报警和人员响应</td><td>人员行动，有 10min 的响应时间</td><td rowspan="3">行动应具有单一性和可操作性</td><td>$1.0\sim1\times10^{-1}$</td></tr>
<tr><td>人员对 BPCS 指示或报警的响应，有 40min 的响应时间</td><td>1×10^{-1}</td></tr>
<tr><td>人员行动，有 40min 的响应时间</td><td>$1\times10^{-1}\sim1\times10^{-2}$</td></tr>
<tr><td rowspan="3">安全仪表系统</td><td>安全仪表功能 SIL 1</td><td rowspan="3">见 GB/T 21109</td><td>$\geqslant1\times10^{-2}\sim<1\times10^{-1}$</td></tr>
<tr><td>安全仪表功能 SIL 2</td><td>$\geqslant1\times10^{-3}\sim<1\times10^{-2}$</td></tr>
<tr><td>安全仪表功能 SIL 3</td><td>$\geqslant1\times10^{-4}\sim<1\times10^{-3}$</td></tr>
</table>

续表

IPL		说明 （假设具有完善的设计基础、充足的检测和维护程序、良好的培训）	PFD
物理保护	安全阀	此类系统有效性对服役的条件比较敏感	$1\times10^{-1}\sim1\times10^{-5}$
	爆破片		$1\times10^{-1}\sim1\times10^{-5}$
释放后保护措施	防火堤	降低由于储罐溢流、断裂、泄漏等造成严重后果的频率	$1\times10^{-2}\sim1\times10^{-3}$
	地下排污系统	降低由于储罐溢流、断裂、泄漏等造成严重后果的频率	$1\times10^{-2}\sim1\times10^{-3}$
	开式通风口	防止超压	$1\times10^{-2}\sim1\times10^{-3}$
	耐火涂层	减少热输入率，为降压、消防等提供额外的响应时间	$1\times10^{-2}\sim1\times10^{-3}$
	防爆墙 / 舱	限制冲击波，保护设备 / 建筑物等，降低爆炸重大后果的频率	$1\times10^{-2}\sim1\times10^{-3}$
	阻火器或防爆器	如果安装和维护合适，这些设备能够防止通过管道系统或进入容器或储罐内的潜在回火	$1\times10^{-1}\sim1\times10^{-3}$
	遥控式紧急切断阀	切断物料，防止事故发生或事故后果扩大	$1\times10^{-1}\sim1\times10^{-2}$

其他独立保护层失效概率如下。

（1）被动独立保护层的失效概率（表 9-4）

表 9-4　被动独立保护层的失效概率

降低风险措施	失效概率	备注
围堰 / 围堤	1×10^{-2}	可降低罐体溢流 / 破裂 / 泄漏等严重事故、后果发生的频率
地下排污系统	1×10^{-2}	可降低罐体溢流 / 破裂 / 泄漏等严重事故、后果发生的频率
排气筒（无阀门）	1×10^{-2}	防止超压
防火	1×10^{-2}	可降低热传递的速度，并为泄压和消防提供额外的时间
抗爆墙 / 堡垒	1×10^{-3}	通过限制爆炸和保护设备 / 建筑，降低爆炸后果发生的频率
阻火器	1×10^{-2}	如果正确设计，安装和维护，可以降低管道系统、罐体和容器等的回火

（2）主动独立保护层的失效概率（表 9-5）

表 9-5　主动独立保护层的失效概率

降低风险措施	失效概率	备注
安全阀	1×10^{-2}	保护超过一定压力的设备
爆破片	1×10^{-2}	保护超过一定压力的设备
基本工艺控制系统	1×10^{-1}	如果与起始原因无关，可以确定为独立保护层 如果失效概率定义为低于 10^{-1}/ 年，那么基本工艺控制系统的运行必须符合 IEC 61511 要求

续表

降低风险措施		失效概率	备注
安全仪表系统	安全仪表系统 SIL 1	$1\times10^{-2}\sim1\times10^{-1}$	一般包括一个变送器、一个逻辑处理器和一个终端元件
	安全仪表系统 SIL 2	$1\times10^{-3}\sim1\times10^{-2}$	一般包括多个变送器（为容错要求）、多个通道的逻辑处理器（为容错要求）和多个终端元件（为容错要求）
	安全仪表系统 SIL 3	$1\times10^{-4}\sim1\times10^{-3}$	一般包括多个变送器、多个通道的逻辑处理器和多个终端元件。要求缜密设计和经常性的校验以确保低失效概率

（3）人员行动的失效概率（表 9-6）

表 9-6　人员行动的失效概率

降低风险措施	失效概率	备注
人在 10min 内的行动	0.1 ～ 0.5	有书面的、清晰可靠的行动要求
人在 20min 内的行动	0.1	有书面的、清晰可靠的行动要求（IEC61511 限制失效概率）

5. 初始事件频率

❶ 初始事件（Initiating Event，IE）就是事故的初始原因。

初始事件概括归纳为四类：设备故障、人员误操作、控制回路故障、公用工程故障。

❷ 初始事件（IE）确认要求

a. 审查场景中所有的原因，以确定该初始事件为有效初始事件；

b. 应确认已辨识出所有的潜在初始事件，并确保无遗漏；

c. 应将每个原因细分为独立的初始事件（如“冷却失效”可细分为冷却泵故障、电力故障或控制回路失效），以便于识别独立保护层。

d. 在识别潜在初始事件时，应确保已经识别和审查所有的操作模式下的初始事件；

e. 当人员失误作为初始事件时，应制定人员失误概率评估的统一规则并在分析时严格执行。

五、事故剧情的风险确定

1. 事故剧情

事故剧情是指由初始事件开始，在物料流、信息流和能量流的推动下，使危险在系统中传播，经过一系列中间事件，最终导致一系列不利后果的事件集合。概括来讲，事故剧情就是由偏离、初始事件、事故后果及保护措施组成的一系列事件过程。

例如，对某精馏塔进行 HAZOP 分析，事故剧情如图 9-7 所示。

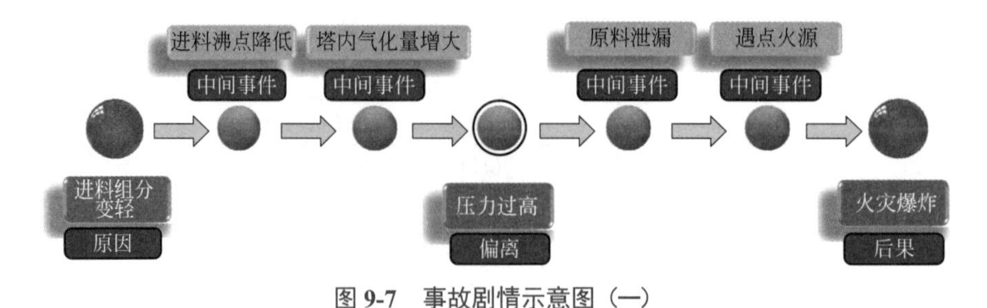

图 9-7　事故剧情示意图（一）

偏离为“塔顶压力过高”。在事故剧情中以偏离为中心向前找原因，初始事件为“进料组分变轻”；以偏离为中心向后找后果，由于进料变轻，塔内气化量增大，会造成塔顶压力过高，原料发生泄漏，遇点火源发生火灾爆炸。从“进料组分变轻”到“火灾爆炸”的过程就是一个事故剧情。

需要注意的是，一个“初始事件→后果”就对应一个事故剧情，即多个初始事件将对应多个剧情（图 9-8）。分析事故剧情风险时，要根据不同的初始原因，逐一分析每个事故剧情。

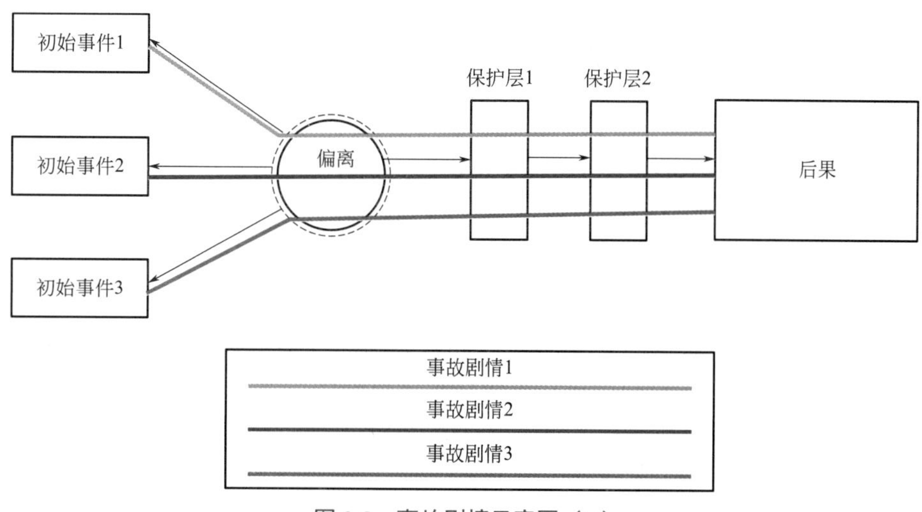

图 9-8　事故剧情示意图（二）

图 9-9 分别为“进料组分变轻”“控制回路故障”“回流泵故障”初始事件到“人员伤亡”后果的 3 个不同事故剧情。

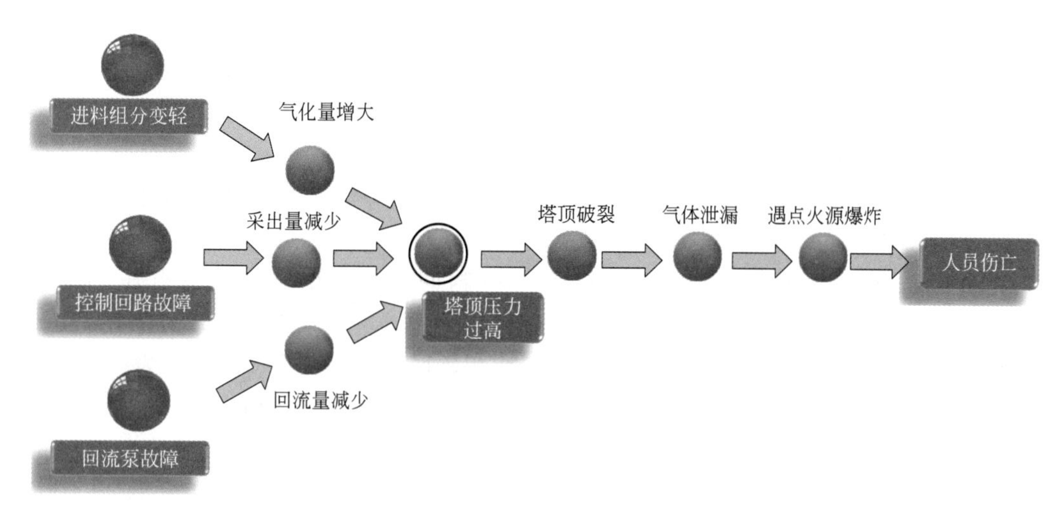

图 9-9　事故剧情示意图（三）

2. 事故剧情风险计算

❶ 事故剧情风险包括：初始风险和剩余风险。

初始风险：不考虑任何安全措施情况下的风险。

剩余风险：考虑了安全措施和（或）建议措施后仍存在的风险。

剩余风险不应高于企业可接受的最高风险等级。

❷ 事故剧情风险等于初始事件频率、安全措施失效概率和使能条件概率之积。

$$
\begin{aligned}
f_i^{\mathrm{C}} &= f_i^{\mathrm{I}} \times \prod_{j=1}^{J} PFD_{ij} \\
&= f_i^{\mathrm{I}} \times PFD_{i1} \times PFD_{i2} \times \cdots \times PFD_{ij}
\end{aligned}
$$

式中 f_i^{C}——初始事件 i 的后果 C 的发生频率；

f_i^{I}——初始事件 i 的发生频率；

PFD_{ij}——初始事件 i 中第 j 个阻止后果 C 发生的 IPL 的 PFD。

❸ 事故剧情风险计算。

第 1 步：确定偏离产生的后果（不考虑任何保护措施、最严重的后果）。

案例：HAZOP 分析碳四、碳五分离装置的 P&ID 流程图如图 9-10 所示。

分析精馏塔“塔顶压力过高”的偏离时，该偏离在不考虑任何保护措施的情况（安全阀、控制回路等全部故障）下，塔顶压力过高会造成物料泄漏，遇到点火源爆炸。按照对应的巡检规定，通常有 2 名操作人员巡检，则最严重的后果是会造成 2 人死亡。从“人身健康和安全（S/H）”方面 2 人死亡，查阅严重性等级判定表可确定严重等级为 D 级，但仍不能确定初始风险的大小，因为还需确定事故发生的可能性（L）。事故发生的可能性（L）是基于事故原因的，要与事故原因一一对应。

第 2 步：分析初始事件。

初始事件分析从“设备故障”“人员误操作”“控制回路故障”“公用工程故障”4 个方面分别进行分析。

上例中的初始事件为“人员误操作”造成进料组分变轻。

第 3 步：计算初始风险。

查阅 IE 失效概率表，“人员误操作”的失效频率为 10^{-1} 次 / 年。风险 $R=L\times S$，查风险矩阵确定风险等级为 D7，处于红色区域（重大风险），如图 9-11 所示。

第 4 步：计算降低后的风险。

识别现有的安全措施（必须符合独立保护层要求），考虑现有安全措施计算降低后的风险。

识别现有的独立保护层有：“设有压力控制回路 PIC101”和“设有压力高报警 PICA102”。查阅表 9-3，“控制回路”和“报警及人员响应”的失效频率分别为 10^{-1} 次 / 年。

考虑现有安全措施后，事故剧情风险等于在初始风险的基础上，将事故发生的可能性降低 $10^{-1}\times10^{-1}=10^{-2}$ 个等级，事故剧情风险对应降低为 D5（较大风险），如图 9-12 所示。

第 5 步：判断计算降低后的风险是否可以接受。

若降低后的风险低于企业可接受的风险等级，该剧情风险分析结束；若降低后的风险高于企业可接受的风险等级，则需要增加保护层来进一步降低风险。

本案例中考虑现有保护层后，降低后的风险等级仍较高，需要增加保护层。通过查阅图纸（图 9-13）发现设计中缺少精馏塔顶安全阀。为此，增加一个保护层“增加塔顶安全阀”。

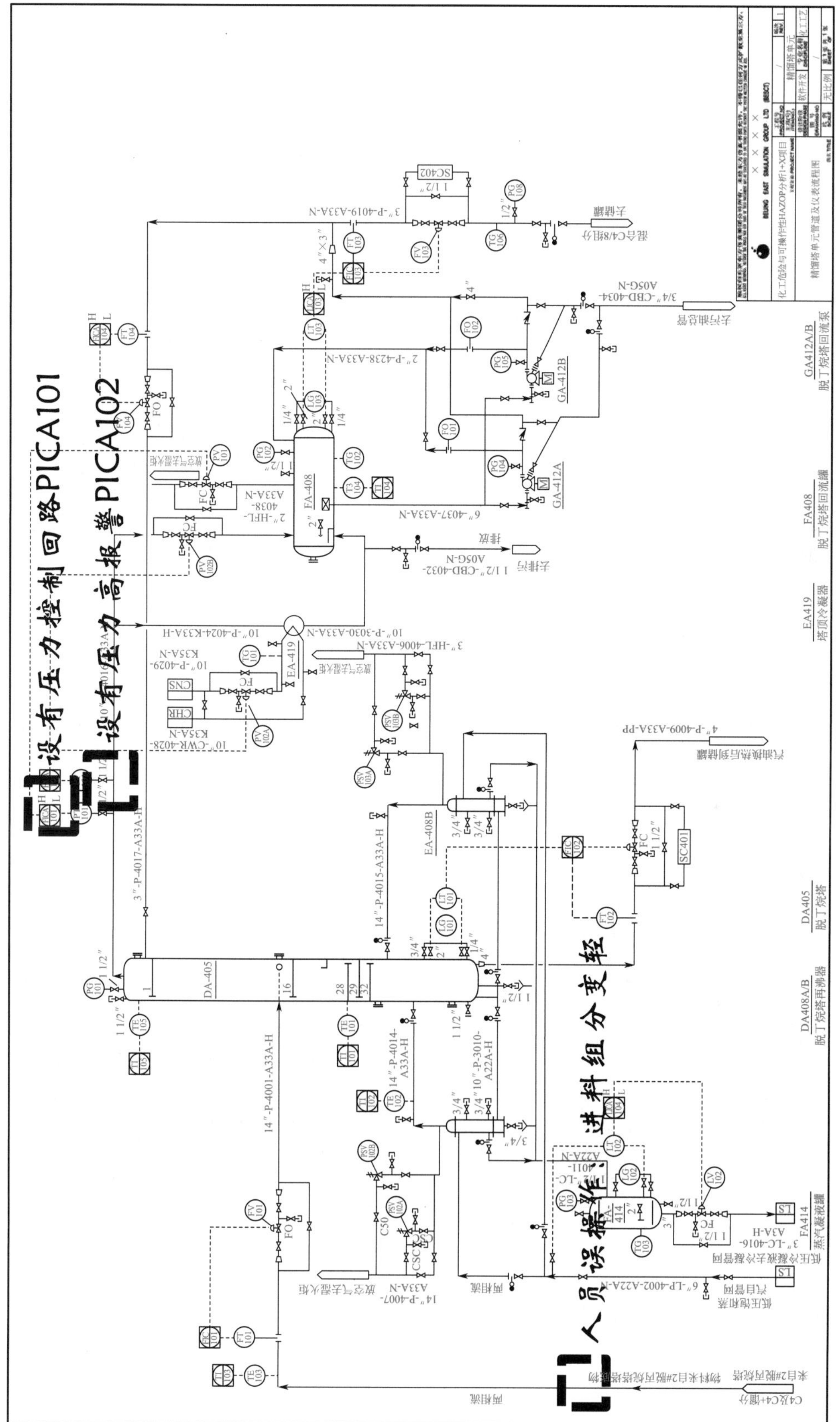

图 9-10 精馏塔 P&ID 图（1）

	1	2	3	4	5	6	7	8
	类似事件未在石油石化行业发生过且发生的可能性极低	类似事件未在石油石化行业发生过	类似事件在石油石化行业发生过	类似事件在中国石化曾经发生过	类似事件发生过或可能在多个相似设备设施的使用寿命中发生	设备设施使用寿命内可能发生1或2次	在设备设施使用寿命内可能发生多次	在设备设施使用寿命内经常发生(至少每年1次)
严重性等级	$<10^{-6}$/年	$10^{-6}\sim10^{-5}$/年	$10^{-5}\sim10^{-4}$/年	$10^{-4}\sim10^{-3}$/年	$10^{-3}\sim10^{-2}$/年	$10^{-2}\sim10^{-1}$/年	$10^{-1}\sim1$/年	$\geqslant1$/年
A	1	1	2	3	5	7	10	15
B	2	2	3	5	7	10	15	23
C	2	3	5	7	11	16	25	35
D	5	8	12	17	25	37	55	81
E	7	10	15	22	32	46	68	100
F	10	15	20	30	43	64	94	138
G	15	20	29	43	63	93	136	200

图 9-11 风险矩阵（一）

	1	2	3	4	5	6	7	8
	类似事件未在石油石化行业发生过且发生的可能性极低	类似事件未在石油石化行业发生过	类似事件在石油石化行业发生过	类似事件在中国石化曾经发生过	类似事件发生过或可能在多个相似设备设施的使用寿命中发生	设备设施使用寿命内可能发生1或2次	在设备设施使用寿命内可能发生多次	在设备设施使用寿命内经常发生(至少每年1次)
严重性等级	$<10^{-6}$/年	$10^{-6}\sim10^{-5}$/年	$10^{-5}\sim10^{-4}$/年	$10^{-4}\sim10^{-3}$/年	$10^{-3}\sim10^{-2}$/年	$10^{-2}\sim10^{-1}$/年	$10^{-1}\sim1$/年	$\geqslant1$/年
A	1	1	2	3	5	7	10	15
B	2	2	3	5	7	10	15	23
C	2	3	5	7	11	16	25	35
D	5	8	12	17	25	37	55	81
E	7	10	15	22	32	46	68	100
F	10	15	20	30	43	64	94	138
G	15	20	29	43	63	93	136	200

图 9-12 风险矩阵（二）

查阅表 9-3，安全阀的 PFD 为 10^{-2} 次 / 年。增加安全阀的建议措施后，安全剩余风险在降低后的风险基础上继续降低 10^{-2} 等级，事故剧情风险对应降低为 D3（一般风险），达到企业安全风险要求，如图 9-14 所示。

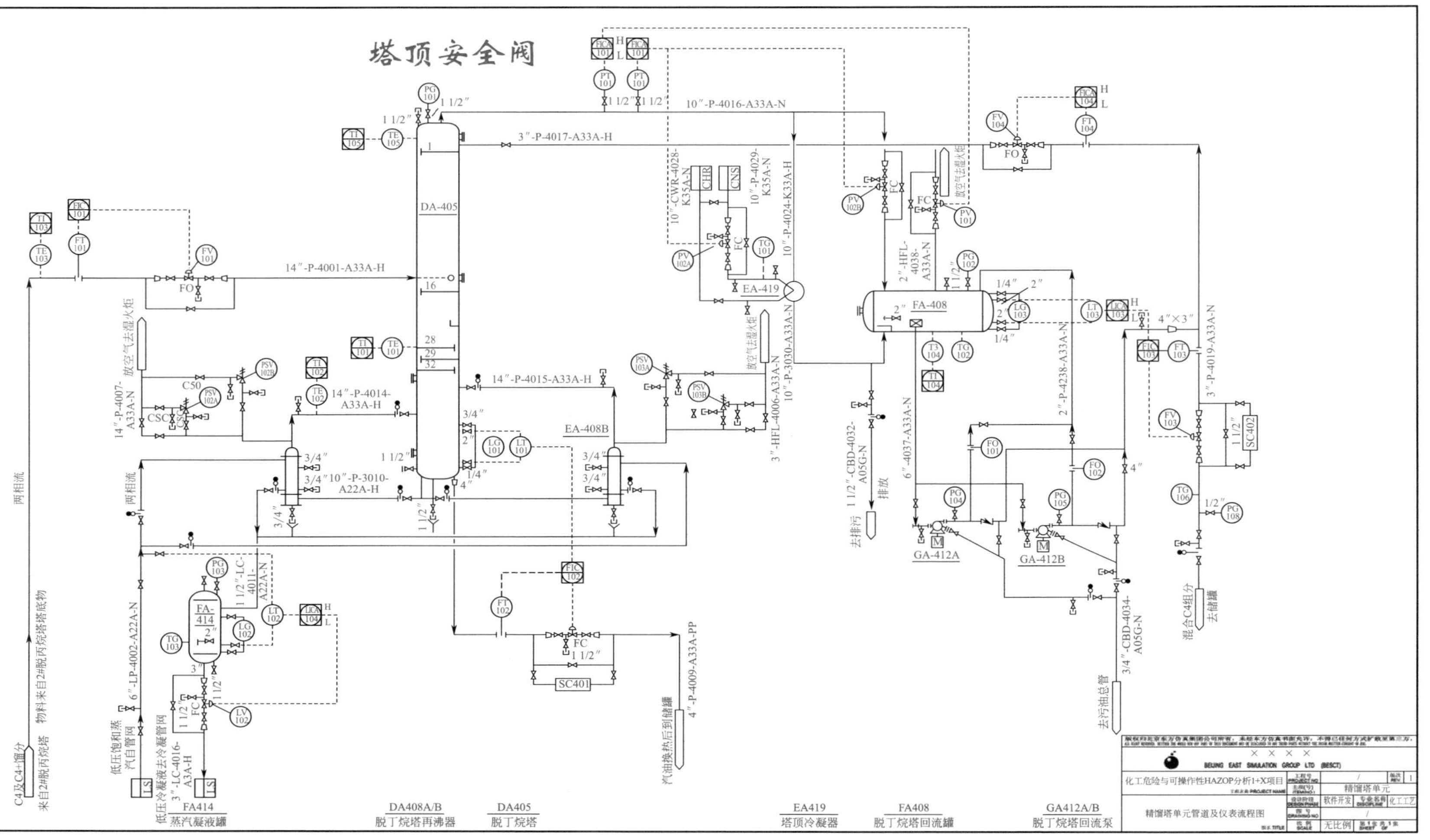

图 9-13 精馏塔 P&ID 图（2）

	1	2	3	4	5	6	7	8
	类似事件未在石油石化行业发生过且发生的可能性极低	类似事件未在石油石化行业发生过	类似事件在石油石化行业发生过	类似事件在中国石化曾经发生过	类似事件发生过或可能在多个相似设备设施的使用寿命中发生	设备设施使用寿命内可能发生1或2次	在设备设施使用寿命内可能发生多次	在设备设施使用寿命内经常发生(至少每年1次)
严重性等级	＜10^{-6}/年	10^{-6}～10^{-5}/年	10^{-5}～10^{-4}/年	10^{-4}～10^{-3}/年	10^{-3}～10^{-2}/年	10^{-2}～10^{-1}/年	10^{-1}～1/年	≥1/年
A	1	1	2	3	5	7	10	15
B	2	2	3	5	7	10	15	23
C	2	3	5	7	11	16	25	35
D	5	8	12	17	25	37	55	81
E	7	10	15	22	32	46	68	100
F	10	15	20	30	43	64	94	138
G	15	20	29	43	63	93	136	200

图 9-14　风险矩阵（三）

图 9-15 以“人员误操作”造成进料组分变轻为初始事件到“人员伤亡”为后果的事故剧情风险分析完成，其他事故剧情按此程序逐一进行分析。

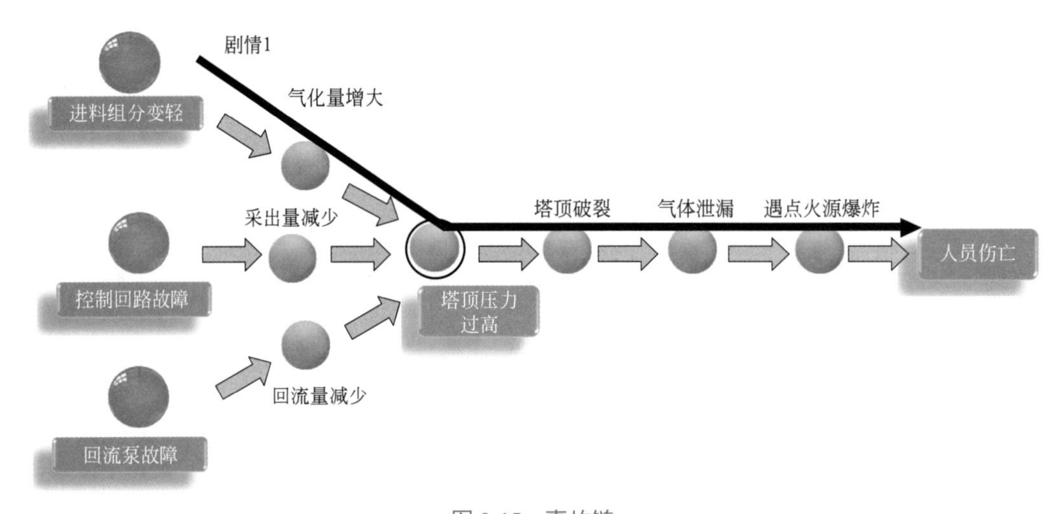

图 9-15　事故链

【任务实施】

通过任务学习，掌握 HAZOP 分析中风险矩阵的应用（工作任务单 9-1）。

要求：1. 按授课教师规定的人数，分成若干个小组（每组 5 ～ 7 人）。

2. 完成后，以小组为单位向全体分享。

3. 时间在 30min 内，成绩在 90 分以上。

<table>
<tr><td colspan="4">工作任务一　HAZOP 分析中风险矩阵的应用　　编号：9-1</td></tr>
<tr><td colspan="4">考查内容：HAZOP 分析中风险矩阵的应用</td></tr>
<tr><td>姓名：</td><td>学号：</td><td>成绩：</td><td></td></tr>
</table>

1. 风险和风险矩阵

（1）风险指某种特定的危险事件（事故或意外事件）发生的_____性与____性的组合。

（2）严重性等级从______、_______、_____三个方面进行分别判定。

（3）风险矩阵对风险的确定可按照定性与________进行，但定性存在不确定因素，目前大多数都采用半定量进行风险确定。

---

2. 后果严重等级分类

（1）事故直接经济损失 50 万～ 200 万元，判断后果的严重性等级。

____

（2）对某化工企业装置进行 HAZOP 分析时，事故可能会造成 2 人死亡；直接经济损失 2300 万；当地媒体对该起事故进行长期报道。请分别从“人身健康和安全（S/H）”“财产损失情况（F）”“非财务性与社会影响（E）”3 个方面确定后果的严重性。

____

（3）事故发生的可能性（L）是基于_____的，在确定事故发生的可能性（L）时要与事故发生的______一一对应。

（4）某事故的严重性为表行 E，发生的可能性为表列 5，查阅风险矩阵，风险加权值为_____。

（5）如果“设备设施使用寿命内可能发生 1 或 2 次”或“10^{-2} ～ 10^{-1}/ 年发生一次”，则事故发生的可能性（L）为表列_______。

____

3. 风险分级

（1）风险分为四个等级，从高到低依次划分为______、______、______与较低风险，分别用______四种颜色标示。

（2）《中华人民共和国安全生产法》于 2021 年 9 月 1 日正式实施，将与风险管理相关的“_______机制”写入新安全生产法。

____

4. 初始事件频率

某废热锅炉利用高温烟气加热产生水蒸气（图 9-16）。烟气出口的出口温度 TIC001 由产汽压力 PIC001 控制（串级控制）。同时汽包液位由控制回路 LIC001 控制，汽包设有低低液位联锁、汽包压力报警 PIA001、汽包液位报警 LIA001。自产蒸汽流量设有流量报警 FIA001。后来，装置对汽包低低液位联锁进行了变更，将液位控制回路 LIC001 的传感检测引入到联锁传感系统中（改为 2 取 2）。

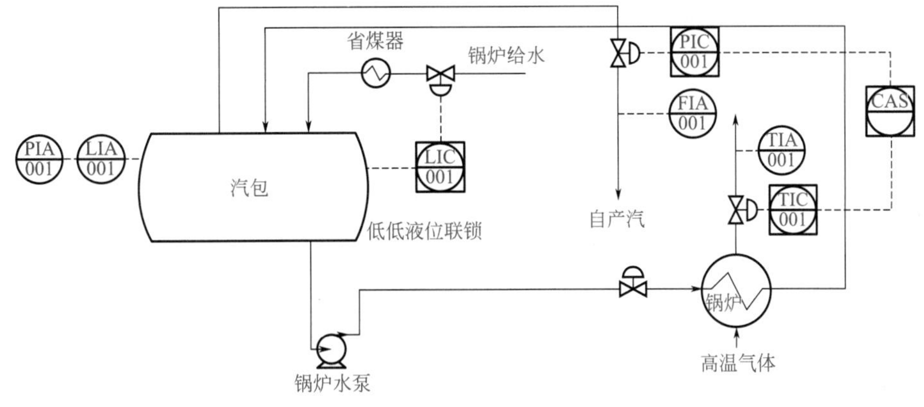

图 9-16　工艺流程图

（1）若偏离是烟气出口温度 TI001 温度低，初始事件是 PIC001 控制回路故障开，假设 IE 频率为___。

（2）完成下列 HAZOP 分析表格。

续表

偏离	原因	后果	预防措施	备注
			装置操作规程	

（3）LOPA 分析。

①汽包液位控制回路 LIC001。该保护措施独立于各保护措施，具有独立性；并且是专门针对控制液位而设计，同时进行着定期的审核与检验，所以满足保护层分析方法的要求，是独立保护层。该回路失效频率为___次 / 年。

②报警及人员干预。报警响后所采取的措施必须依赖于人来完成，该案例虽有 3 个报警，但操作工只要对其中一个采取行动即可，因此三个报警作为一个独立保护层。该报警的失效频率为___次 / 年。

③低低液位联锁。联锁与其他保护层是相互独立且具有可审核性，并能有效执行的，是保护层分析中一个重要的独立保护层。该联锁的失效频率为___次 / 年。

④装置联锁变更后。将液位 DCS 控制系统 LIC001 的液位传感器加入到低低液位联锁的传感器选择系统并将检测类型选择逻辑设计为（　　），即只有低低液位联锁和 LIC001 的液位传感器同时发出低液位信号时，联锁才会触发停车。

若汽包实际液位下降，而液位控制回路 LIC001 的故障显示正常，这时联锁不会触发动作，则锅炉就会发生干锅，爆炸事故也就可能发生。这种变更实际是提高了锅炉爆炸的风险。也就是说，当 DCS 液位控制系统由于液位传感器系统出现故障时，使得低低液位联锁与 LIC001 存在关联，因而_____（填写“能”或“不能”）作为独立保护层。

⑤操作规程_____（填写“是”或“不是”）独立保护层。

（4）剧情频率计算。

原有设计频率 $=f_1 \times PFD_1 \times PFD_2 \times PFD_3=$ _____。

变更后的频率 $=f_1 \times PFD_1 \times PFD_2 \times PFD_3=$_____。

【任务反馈】

简要说明本次任务的收获、感悟或疑问等。

1 我的收获

2 我的感悟

3 我的疑问

【项目综合评价】

<table>
<tr><td>姓名</td><td></td><td>学号</td><td></td><td>班级</td><td></td></tr>
<tr><td>组别</td><td></td><td>组长及成员</td><td colspan="3"></td></tr>
<tr><td colspan="6">项目成绩：　　　　　　总成绩：</td></tr>
<tr><td>任务</td><td colspan="5">HAZOP 分析中风险矩阵的应用</td></tr>
<tr><td>成绩</td><td colspan="5"></td></tr>
<tr><td colspan="6">自我评价</td></tr>
<tr><td>维度</td><td colspan="4">自我评价内容</td><td>评分</td></tr>
<tr><td rowspan="7">知识</td><td colspan="4">1. 了解风险的定义（5 分）</td><td></td></tr>
<tr><td colspan="4">2. 了解风险计算公式（5 分）</td><td></td></tr>
<tr><td colspan="4">3. 了解不同的风险矩阵（5 分）</td><td></td></tr>
<tr><td colspan="4">4. 了解事故发生可能性的基本概念（5 分）</td><td></td></tr>
<tr><td colspan="4">5. 了解独立保护层的基本概念（5 分）</td><td></td></tr>
<tr><td colspan="4">6. 了解事故剧情的概念（5 分）</td><td></td></tr>
<tr><td colspan="4">7. 了解矩阵中风险剧情的确定（5 分）</td><td></td></tr>
<tr><td rowspan="5">能力</td><td colspan="4">1. 会计算风险方法（5 分）</td><td></td></tr>
<tr><td colspan="4">2. 会使用不同行业的风险矩阵（5 分）</td><td></td></tr>
<tr><td colspan="4">3. 能掌握矩阵中风险的确定方法（5 分）</td><td></td></tr>
<tr><td colspan="4">4. 会识别独立保护层，计算保护层失效概率及初始事件概率（5 分）</td><td></td></tr>
<tr><td colspan="4">5. 会应用保护层分析知识解决实际问题（5 分）</td><td></td></tr>
<tr><td rowspan="4">素质</td><td colspan="4">1. 通过学习，了解过程中风险的基本概念（10 分）</td><td></td></tr>
<tr><td colspan="4">2. 通过学习，了解后果严重等级分类主要内容，增强对后果严重等级分类的判断能力（10 分）</td><td></td></tr>
<tr><td colspan="4">3. 通过后果严重等级与发生可能性的学习，增加对风险矩阵的理解和使用能力（10 分）</td><td></td></tr>
<tr><td colspan="4">4. 通过学习，提高综合判断、分析问题的能力（10 分）</td><td></td></tr>
<tr><td colspan="5">总分</td><td></td></tr>
<tr><td rowspan="4">我的反思</td><td colspan="2">我的收获</td><td colspan="3"></td></tr>
<tr><td colspan="2">我遇到的问题</td><td colspan="3"></td></tr>
<tr><td colspan="2">我最感兴趣的部分</td><td colspan="3"></td></tr>
<tr><td colspan="2">其他</td><td colspan="3"></td></tr>
</table>

【行业形势】

HAZOP 分析与安全人才培养

据行业数据统计，2020 年 1 ～ 11 月，全国共发生化工事故 127 起、死亡 157 人，同比减少 16 起、96 人，分别下降 11.2%、37.9%，安全生产形势保持稳定，其中的影响因素之一就是得益于行业应用 HAZOP 的逐渐普及。由此可见，HAZOP 分析的应用对预防安全事故具有重要意义。

做好安全生产工作，必须把握主要矛盾。举例而言，2019 年 7 月 9 日，某企业获评河南省 2019 年首批“安全生产风险隐患双重预防体系建设省级标杆企业（单位）”，仅仅过去 10 天，就发生了事故。这起事故值得我们反思，有的人把事故当成故事听，“举一反三”只停留在口头上。事故发生后，对其原因的分析往往不够全面，人云亦云。如果事先就实行了 HAZOP 分析，对于还存在哪些可能的原因，结合自己生产实际来详细分析，或许就能把隐患排查出来并提前采取可靠的防范措施，从而避免惨烈事故的发生。**这也警示我们既要理清思路，充分重视 HAZOP 分析；也要明确方向，正确应用 HAZOP 分析，做到有备无患。**

行业的发展，关键靠人才，基础在教育。目前，技能人才数量近五年缺口越来越大。2015 ～ 2020 年，石油和化工行业技能劳动者增长需求约 108 万人，高技能劳动者增长需求约 38 万人，平均每年需求增长 21.6 万人和 7.6 万人，从行业全日制教育人才供给来看，技能劳动者每年有近 12 万人缺口，高技能劳动者每年有近 5 万人缺口。面对行业的需求，我们应该**树立正确的价值观和就业观，不断提升自身职业技能与素养，将课上学习的知识充分消化，并通过相关培训和考证提升自身能力**，为行业健康发展和构建本质安全的生态环境贡献自己的一份力量。

扫描二维码
查看更多资讯

进展篇

项目十
HAZOP 分析技术进展

【学习目标】

知识目标

1. 了解 HAZOP 分析的应用领域及其技术进展；
2. 了解国内外计算机辅助 HAZOP 分析软件进展。

能力目标

1. 掌握多种安全评价方法的使用场景；
2. 掌握计算机辅助工具的使用方法。

素质目标

1. 通过学习 HAZOP 分析的应用领域及其技术进展，认识 HAZOP 分析的重要前景；
2. 通过学习国内外计算机辅助 HAZOP 分析软件进展，树立发展国内计算机辅助 HAZOP 分析软件的信心。

【项目导言】

HAZOP 分析从提出至今已经有近 60 年的历史，大量的应用表明 HAZOP 分析方法的确非常有用，并且扩展到许多其他应用领域，但是该方法和所有安全评价方法一样既有优点也有局限性。庆幸的是，HAZOP 分析正在实践中不断得到改进、发展和创新，这些改进、发展和创新对用户应用 HAZOP 分析是有帮助的。

【项目实施】

任务安排列表

任务名称	总体要求	工作任务单	建议课时
任务　了解 HAZOP 分析技术进展	通过该任务的学习，了解 HAZOP 分析的应用领域及其技术进展	10-1	1

任务 了解 HAZOP 分析技术进展

任务目标	了解 HAZOP 分析的应用领域及其技术进展
任务描述	通过对本任务的学习，了解 HAZOP 分析的应用领域及其技术进展

【相关知识】

一、HAZOP 分析应用领域扩展

HAZOP 分析是面向化工过程所开发的安全技术。HAZOP 分析方法在危险识别中有广泛的适用性，人们普遍认识到 HAZOP 分析是一种多功能多用途的危险识别方法。因此，近年来应用范围有所扩大，例如：有关可编程电子系统；有关道路、铁路等运输系统；检查操作顺序和规程；评价工业管理规程；评价特殊系统，如航空、航天、核能、军事设施、医疗设备；突发事件分析；计算机硬件、软件、网络和信息系统危险分析、辅助实时在线故障诊断等。

1.HAZOP 分析与多种安全评价方法结合

HAZOP 分析、故障树分析（FTA）、故障假设方法（What-if）、事件树分析和故障模式与影响分析方法（FMEA）都属于剧情分析方法。如图 10-1 所示，HAZOP 分析是沿剧情双向推理分析，FTA 是从后果向初始原因推理分析，其他三种方法是从初始原因向后果推理分析。不同的方法各有侧重，也各有所长。这些方法的相互结合、优势互补具有天然的可行性，并且在实际中得到大量应用。

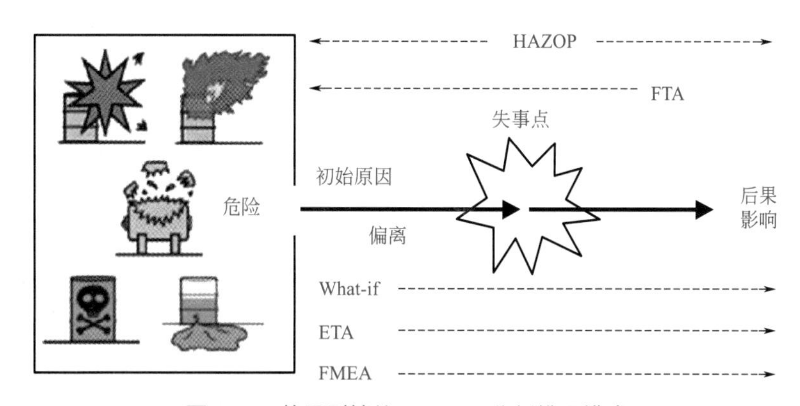

图 10-1　基于剧情的 HAZOP 分析推理模式

例如：

❶ 将 HAZOP 分析与 What-if 结合，比较简单的剧情用 What-if 分析，复杂的剧情用 HAZOP 分析，可以提高团队分析效率；

❷ 用 HAZOP 分析为 FTA 或 ETA 识别复杂剧情的路径，得到故障树或事件树；

❸ 先用 HAZOP 分析获得原因 - 后果对偶剧情，然后筛选出高风险剧情作为保护层分析（LOPA）的基础；

❹ 用 FMEA 方法协助 HAZOP 分析识别初始原因等。

2. 结合半定量分析方法

HAZOP 分析是一种定性方法，可以识别出大量的危险剧情。通过使用风险矩阵方法，可以将危险剧情按风险大小排序。对于风险大的剧情重点考虑采用适当的安全措施降低剧情风险。这种方法属于半定量分析方法，提高了 HAZOP 分析的质量和效率，已经得到广泛应用。此外，应用 HAZOP 分析还可以辅助定量风险评估（QRA）确定哪一个初始原因必须考虑、估算该初始原因的发生频率和估计后果的严重度。

3. 考虑人为因素

历史事故统计表明 50% ～ 90% 的操作风险与人为因素有关。可操作性分析本身就涉及人为因素。在一个 HAZOP 分析的事故剧情中，人为因素与初始事件、中间事件、使能事件或条件原因、后果等都可能有关系。与人为因素相关的安全措施也是安全评价需要考虑的内容，例如：培训、操作规程、设备标识、检查与维修等。此外在保护层分析（LOPA）中，人为因素本身也是一种安全措施，只不过必须满足特殊要求。HAZOP 分析考虑人为因素的进展主要在以下方面：

❶ 对人为因素进行了详细分类；

❷ 提出了简单实用的识别人为因素导致事故的方法；

❸ 提出了双引导词和八引导词评价操作规程的方法；

❹ 提出了预防人为因素导致事故的安全措施。

4. HAZOP 分析的改进

随着 HAZOP 分析在工业领域长期和大量的应用，人们积累了丰富的经验，使得 HAZOP 分析本身也得到不断地改进。主要改进如下：

（1）后果优先法　后果优先法即在团队会议选定一个偏离之后，首先识别是否有不利后果。如果没有不利后果，立即转向下一个偏离，目的在于节省会议时间。本方法的依据是，HAZOP 分析是以中间事件的偏离作为出发点，沿着事件序列反向识别原因，正向识别后果。如果先识别原因，对于那些没有不利后果的情况，前面的工作将会是浪费时间。

（2）最小范围 HAZOP 分析　对于那些经典的常见工艺过程，特别是执行过 HAZOP 分析的在役装置，许多问题是已知的。此外有些问题与安全无关。因此，提出了最小范围 HAZOP 分析的方法。例如主危险分析法，通常不考虑可操作性问题。当 HAZOP 分析目标所关注的是那些来源于使过程失去抑制的主要危险后果的危险剧情时，称为主危险分析（Paul Baybutt，2008）。本方法不从中间事件的偏离识别危险剧情，而是从可能导致主要危险剧情的初始事件出发识别剧情。通常能导致失去抑制的初始事件的类别是有限的，这样不会耗用团队更多的精力，并且尽可能不遗漏主危险剧情。其他识别危险剧情的步骤与常规 HAZOP 分析相同。另外，在变更管理时只考虑变更部分以及与变更相关的部分，也是一种最小范围的 HAZOP 分析。

（3）基于经验的 HAZOP 分析　由于 HAZOP 分析方法已经有几十年的历史，那些在过程安全管理中严格坚持积累本企业安全经验和数据的单位，以及长期从事安全评价的专家，在 HAZOP 分析方面总结了大量行之有效的经验和知识。例如：HAZOP 分析参考要点；主危险初始原因归类；引导词归类； 关注点归类；常用设备安全措施归类；人为因素归类等。在 HAZOP 分析时利用所积累的经验和知识，不但可以省略一些步骤、减少工作量，还可以提高分析效率和评价质量。

二、计算机辅助 HAZOP 分析

计算机的应用正在改变着各行各业，要么助力提升工作效率，要么改变甚至颠覆原有的模式。就 HAZOP 分析而言，属于前者。HAZOP 分析的核心是，分析小组通过专业讨论识别事故情景和控制风险，暂时还没有软件可以代替讨论的过程。

HAZOP 分析过程很耗费时间，这正是软件可以处理的地方。好的软件可以节省工作时间，显著提高 HAZOP 分析的工作效率，为企业节约成本。软件还可以使分析过程更规范，也有助于提高分析工作的质量。

三、国外计算机辅助 HAZOP 分析软件进展

计算机辅助 HAZOP 分析不但可以帮助分析团队完成大量的文字处理任务，还可以提高分析效率和分析质量。美英等发达国家在研发计算机辅助 HAZOP 分析软件方面已经有 30 多年历史。到目前为止，已经成功研发多种相关应用软件。国外计算机辅助 HAZOP 分析软件主要有三种类型，分述如下。

1. 文字记录和报告制表 HAZOP 分析软件

此类软件是最早问世的计算机辅助 HAZOP 分析的软件，也是开发得最多、应用最广的软件。此类软件可以方便地进行电子化内容描述，增加和修改文字编辑；只用一定的努力就能够学会并实施评价；可以方便地编制 HAZOP 分析报告；有的软件还可以提供参考知识库或数据库，进行简便的风险度计算；除 HAZOP 分析外还支持 2 ～ 3 种其他方法等。此类软件在某种意义上是用电子化文字处理代替手写文字处理。

2. 基于定性模型推理的 HAZOP 分析“专家系统”软件

将具体参数和它们之间的主要定性影响关系构造成定性模型，配合经验规则的判断，可以实现某种程度的自动 HAZOP 推理分析。基于定性模型的自动推理软件又称为“专家系统”软件。国外具有代表性的软件有如下两种：

❶ 美国普渡大学以 V. Venkatasubramanian 教授为首的研究群体对 HAZOP 分析定性推理方法的完善和工业化应用作出了显著成绩。该专家系统软件称为 HAZOPSuite，已在多家企业成功应用。

❷ 英国拉夫堡大学在本领域的研究工作始于 1986 年。经过多年努力成功研发 HAZID 软件。该软件在 HAZOP 分析原创公司 ICI 以及多家企业现场成功应用。软件由 HAZID 技术有限公司独家商业化，并且得到拉夫堡大学的技术支持。HAZID 技术有限公司还是国际知名的工程设计软件公司 Intergraph 的合作伙伴。

这种软件所采用的技术先进，然而在实际工程和企业中认可程度不高，应用并不广泛。其主要原因在于：定性模型的质量是此类软件分析成功的关键，但是对于使用者而言，建立一个高质量的定性模型具有很大的难度和挑战性；软件允许使用的引导词和参数有限，只能表达人工讨论的部分内容；软件自动推理没有与团队的集体智慧（头脑风暴）相结合，在某

种意义上限制了HAZOP分析固有优势的发挥。因此，基于定性模型推理的HAZOP分析“专家系统”软件还有待进一步改进和发展。

3. 基于信息标准的智能化 HAZOP 分析软件

近十年来，随着互联网的广泛应用，为了实现信息的一致性集成、传递、共享和计算机化，信息标准化取得了重大进展和实际应用。计算机信息化的实践使人们认识到，使用人工自然语言形成的文档难以全面准确地表达危险评价的过程和结果信息，导致了危险评价的信息、知识的传递、审查、共享和运用计算机进行信息提取和推理的困难。系统化的过程安全管理要求风险评价信息必须传递 / 交换 / 共享，既包括了工艺装置的设计、施工、运行阶段直到报废的全生命周期阶段；也包括了各阶段中不同的管理层、不同的专业部门需要传递 / 交换 / 共享危险评价信息。危险评价的计算机化和网络化离不开危险分析信息的标准化。

实现危险分析信息标准化的有利条件是，与其密切相关的知识工程领域已经颁布了多种相关国际标准，在计算机通信、软件开发、工程设计、工程建设和大型工业企业管理中得到了广泛应用。

基于信息标准化的智能化 HAZOP 分析软件的创新基础来源于国际标准 ISO 15926“工业自动化系统与集成——过程工厂包括石油及天然气生产设施的生命周期数据集成”。首先考虑应用 ISO 15926 标准作为计算机辅助 HAZOP 分析软件信息基础的是 Kiyoshi Kuraoka 和 Rafael Batres（2008）。这类软件的优点是，用信息标准记录团队评价的过程和结果，解决了传递 / 交换 / 共享评价信息的难题；借助于信息标准，对复杂（时空）事件序列具有精准表达能力；评价过程的标准化记录可以直接实施定性推理以获取结论，并以图形化方式，直观形象地记录和表达危险剧情。

这种软件突破了多年来困扰实现 HAZOP 分析智能化的难题，具有技术进步意义。但是，由于 ISO 15926 标准过于复杂、烦琐和庞大，有些内容对于广大使用者而言相当深奥，限制了此类软件的普及应用。ISO 15926 标准是基于“上层知识本体”的通用性标准，有必要结合工艺安全评价的具体特点，研发基于危险剧情的“领域知识本体”。这种信息标准简明、专业性强，便于推广应用。除此之外，还应当将前两类软件的优点结合起来。

四、国内计算机辅助 HAZOP 分析软件进展

“积极推广危险与可操作性分析等过程安全管理先进技术。支持 HAZOP 计算机辅助软件研究和开发，逐步深化 HAZOP 分析等过程安全管理技术的推广应用。”是国家安全生产监督管理总局对开发国内计算机辅助 HAZOP 分析软件的明确表态。

国内 HAZOP 分析软件的研究与开发始于 2000 年，历经 20 多年的研发和应用已经取得重大进展。目前国内已经产品化的 HAZOP 分析软件主要有以下两种。

一种软件名称为 CAH（Computer Aided HAZOP），即计算机辅助 HAZOP。属于信息标准化和智能化自动推理类软件。CAH 软件的特点如下：

❶ 采用标准化和图形化信息表达。能够简明直观表达、记录和跟踪 HAZOP 分析会议的全部有效细节，解决了安全评价信息高完备性传递 / 交换 / 审查 / 共享的难题。它没有改变 HAZOP 分析特有的“头脑风暴”分析方式，还有利于团队“头脑风暴”的可视化发挥。

❷ 智能化程度高。采用高效双向“推理引擎”，能适应任意引导词的自动推理分析。可以从分析记录直接自动生成 HAZOP 分析报告、建议措施表、剧情结构图。可以交互式任意修改和调整 HAZOP 分析报告中的信息。

❸ 支持基于风险矩阵的 HAZOP 分析（包括 LOPA）。

❹ 支持多种安全评价方法（可扩展）。

❺ 提供了内容丰富的知识库、数据库（可扩展）。

❻ 支持人工和自动双模式。当分析对象简单时，可以直接实施人工填表。

❼ 支持超大系统分析。例如大型乙烯全流程 HAZOP 分析。

另一种软件名称为 PSMSuite ™，即过程安全管理智能软件平台系统。其中的 HAZOP 模块是以人工智能领域的案例推理技术和本体论为基础，能够随着实践中 HAZOP 分析案例库的丰富，自动提示以前的相似案例，不断提高 HAZOP 分析能力与工作效率，确保分析结果的全面性、系统性和一致性，促进企业 HAZOP 分析知识管理与人才队伍建设。该软件还具有如下用户友好的多种功能：

❶ 携带含有 3000 多种化学品的 MSDS 数据库（可扩展）；

❷ 支持多个可定制的风险矩阵和偏离库；

❸ 提供常见设备偏离原因库；

❹ 支持 Word、Excel、PDF 等多种可定制的 HAZOP 报表；

❺ 支持 Excel 版本的 HAZOP 分析报告导入；

❻ 多个可选模块，包括检查表、保护层分析（LOPA）、SIL 验证、建议措施跟踪（ATS）管理等。

随着 HAZOP 分析的推广和普及应用，国产化计算机辅助 HAZOP 分析软件的品种、质量和水平将会得到进一步提高。

【任务实施】

通过任务学习，了解 HAZOP 分析技术进展（工作任务单 10-1）。

要求：1. 按授课教师规定的人数，分成若干个小组（每组 5 ～ 7 人）。

2. 完成后，以小组为单位向全体分享。

3. 时间在 30min 内，成绩在 90 分以上。

工作任务　了解 **HAZOP** 分析技术进展　　编号：**10-1**			
考查内容：了解 **HAZOP** 分析技术进展			
姓名：	学号：	成绩：	

1. HAZOP 分析与多种安全评价方法结合，其中有（　　）、（　　）、（　　）、（　　）等分析法，且都属于剧情分析方法。

2. 国外计算机辅助 HAZOP 分析软件主要有（　　）、（　　）、（　　）三种类型。

3. HAZOP 分析考虑的人为因素的进展主要包括（　　）、（　　）、（　　）、（　　）等方面。

4. 随着 HAZOP 分析在工业领域长期和大量的应用，人们不断积累了丰富的经验，使得 HAZOP 分析本身也得到不断的改进，主要改进点为（　　）、（　　）、（　　）。

5. 目前国内已经产品化的 HAZOP 分析软件主要有（　　）、（　　）。

【任务反馈】

简要说明本次任务的收获、感悟或疑问等。

1 我的收获

2 我的感悟

3 我的疑问

【项目综合评价】

姓名		学号		班级	
组别		组长及成员			
项目成绩：			总成绩：		
任务	了解 HAZOP 分析技术进展				
成绩					
自我评价					
维度	自我评价内容				评分
知识	1. 了解 HAZOP 分析应用的领域（10 分）				
	2. 了解计算机辅助 HAZOP 分析的作用（10 分）				
	3. 知晓国内外计算机辅助 HAZOP 分析软件的进展（20 分）				
能力	1. 会选择适合装置的 HAZOP 分析方法（20 分）				
	2. 会用 CAH 与 PSMSuite ™软件进行风险分析和管理（20 分）				
素质	1. 通过学习，了解计算机辅助软件的发展过程（10 分）				
	2. 通过学习知晓国内外计算机辅助 HAZOP 分析软件的发展方向（10 分）				
总分					
我的反思	我的收获				
	我遇到的问题				
	我最感兴趣的部分				
	其他				

【项目扩展】

HAZOP分析软件的选择

国内外都有一些HAZOP分析软件可供选择，但如果要问最好的HAZOP分析软件是哪一款？那么回答是：最适合本企业的那一款软件才是最好的。因此，在选择HAZOP分析软件时，唯一的秘诀是反复比较，选出最能满足自己需要的那一款。

通常，可以从以下几个方面来了解一款HAZOP分析软件。

1. 单机版还是网络版

有些HAZOP分析软件提供商只提供单机版，有些只提供网络版，有些则提供两种版本供用户选择。

单机版通常配备一个U盾，每次使用软件时，需要将U盾插在工作电脑上。它的优点是经济实惠（价格比网络版便宜），而且即插即用，不需要联网。缺点是在同一时间只能供一个小组使用，不能通过互联网共享文件和资料。

网络版是将软件安装在本企业的服务器上，或设置在互联网云端，用户输入用户名和账号，登录后即可使用。它的优点是可以数据共享，不同分析小组可以分享各自之前完成的HAZOP分析报告，可以跟踪落实所提出的建议项，而且多个小组可以同时使用。缺点是比单机版昂贵，在使用时需要连接互联网。

对于规模较小的企业，单机版就能满足需要。对于集团企业或规模较大的企业，购买网络版更合适。网络版的HAZOP分析软件要安装在本企业的服务器上，在决定购买网络版之前，要事先确认本企业是否有自己的服务器。

2. 软件的语言（中文还是英文）

国外的HAZOP软件主要以英文版本为主。外资或合资企业通常购买英文版本的软件。

中、外专业人员的思维方式有些许差异。目前行业中的英文版HAZOP分析软件都是根据国外专业人员的使用习惯来开发的，因此，一些国内工程师并不喜欢，或不习惯它们的使用逻辑与风格。

对于大多数国内工程师而言，使用中文版分析软件的一大优点是可以消除语言上的障碍。国内软件提供商在开发此类软件时，主要以中国工程师为目标用户，开发出来的软件产品比较符合中国工程师的使用习惯。

3. 满足业务需要的功能

HAZOP分析软件是为分析工作服务的。满足业务需要是最要紧的。通常，分析软件至少应该具有以下基本功能：

❶ 编辑功能。分析软件应该满足HAZOP分析讨论时的编辑需要，包括提取引导词、填写事故情景等。编辑页面应该用户友好、简洁明了，而且要有较好的编辑灵活性，有复制、查找等功能。

❷ 满足个性化需要。分析软件应该满足一些个性化的使用要求。例如，用户应该可以自由选择引导词、可以对引导词列表进行增减和排序；又如，不同企业的风险矩阵表各异，软件应该允许用户个性化修订风险矩阵表。

❸ 输出功能。分析软件应该满足用户必要的输出要求，例如。输出成不同格式的文件，如 Word、Excel 和 PDF 等。

4. 售后服务

HAZOP 分析软件是偶尔使用，但又是需要长期使用的一款软件。售后服务对于用好这款软件起到很重要的作用。售后服务至少包括两个方面，一是软件的及时更新升级，二是使用软件期间的技术支持。

由于计算机的操作系统经常会更新，因此 HAZOP 分析软件有必要随之及时更新，才能确保正常应用。分析软件本身也应不断完善，给用户带来更好的使用体验，因此有必要定期更新升级。

在使用期间，软件提供商应能及时协助和提供技术支持。例如，对于网络版 HAZOP 分析软件，由于用户更换服务器，或因其他原因导致分析软件不能使用，软件提供商应提供技术支持，以及时恢复使用。

总之，与其他应用软件类似，在使用 HAZOP 分析软件期间，软件提供商的售后服务是发挥其作用的重要保障。通常，软件提供商会按照软件的售价，每年收取 10% ～ 20% 不等的售后服务费。在选择分析软件时，不但要了解软件当前的情况，还要向软件提供商了解其所提供的售后服务。

【行业形势】

从 HAZOP 分析看我国的“卡脖子”技术

对比中外 HAZOP 分析可以看出，我们国家 HAZOP 水平与发达国家相比仍然存在差距，尤其是在计算机辅助 HAZOP 分析方面，欧美等发达国家已经有了 30 多年的历史，到目前已经研发出多种成熟的相关软件，如基于定性模型推理的 HAZOP 分析“专家系统”软件、基于信息标准的智能化 HAZOP 分析软件等，很多软件得到了广泛的应用。相比之下，我们国家 HAZOP 分析软件的研究与开发始于 2000 年左右，虽然也取得了一定的突破，但是国产化软件的技术水平与国外发达国家的相比还存在一定差距。

HAZOP 分析软件只是冰山一角，虽然我们在技术上与发达国家还有差距，但至少 HAZOP 分析软件可以实现国产替代，而以芯片、光刻机、计算机操作系统等为代表的很多“卡脖子”技术短期内国产替代很难。近几年的中美贸易战，让更多的国人正视了中美科技实力的差距，认识到我们还有很多急需攻克的核心技术，还有很多“卡脖子”的难题等待我们去解决。

【我国“卡脖子”技术现状】

《科技日报》曾经推出系列文章报道制约我国工业发展的 35 个“卡脖子”领域。梳理 35 个“卡脖子”技术领域，我们发现其中有 13 个领域直接或间接与化学、化工相关（见下表），占比超过 37%。我国化工产业“中低端占比大、高端占比小”的产业结构决定了不能单纯地以工业产值数作为化工人才对行业发展贡献的衡量指标，更重要的是看能否突破行业“卡脖子”技术。

表 10-1　与化学、化工相关的“卡脖子”领域

序号	“卡脖子”领域	化学、化工相关科技支撑
1	光刻机	光敏剂、蚀刻胶、高纯透光材料
2	芯片	提炼高纯二氧化硅并纯化拉晶工艺
3	航空发动机短舱	碳纤维复合材料
4	触觉传感器	导电橡胶和塑料、碳纳米管、石墨烯等
5	ICLIP 技术	预腺苷化、磷酸化处理
6	高端电容电阻	钛酸钡、氧化钛、有机胶、树脂等
7	光刻胶	高分子树脂、色浆、单体、感光引发剂
8	微球	高纯苯乙烯
9	燃料电池	铂基催化剂
10	锂电池	电池隔膜材料（聚乙烯、聚丙烯）、陶瓷材料
11	真空蒸镀机	有机发光材料蒸镀技术
12	手机射频器件	砷化镓和硅锗等半导体材料

行业的变革和大环境的发展，对化工人才提出了全新的机遇和挑战。面向未来，必须坚定科技自信，努力提升自身的技术技能，积极创新，力争突破化工“卡脖子”技术，这是化工人的使命和担当。

扫描二维码
查看更多资讯

第一，我们要客观认识化工的正面形象，树立正确的价值观。随着社会的进步和技术的发展，以及行业逐渐普及 HAZOP 应用，化工行业将逐渐走向绿色化、智能化，也将更加安全和环保，这是树立化工正面形象的重要支撑。**我们应该坚定信念，理解化工，学习化工，投身化工。**

第二，我们要对未来化工发展持有信心。根据我国“十四五”规划和 2035 年远景目标建议，未来我国战略性新兴产业将迎来大发展，新一代信息技术、生物技术、新能源、新材料、高端装备、新能源汽车、绿色环保、航空航天以及海洋装备等产业将要壮大发展。这些产业的背后，均与化工行业息息相关，随着我国战略性新兴产业的发展壮大，以 HAZOP 为代表的新技术、新手段也必将得到更深入地应用普及。**我们应该坚定科技自信，树立产业报国的行业情怀，热爱化工并投身化工，努力成为为化工行业发展贡献力量的人才。**

第三，我们应该主动适应未来变化，主动培养适应未来的职业能力。当前，新一轮科技革命和产业革命，正在迅速改变着传统的生产模式和生活模式，传统技术和技能领域将不断重构，新技术的发展不断派生出新职业，很多传统职业将逐渐被机器替代甚至消失，产业不断跨界和融合。这就要求我们既要具备化工专业背景，还要了解或掌握 HAZOP 分析技术等新兴手段。**我们应该不断增强自身的学习能力（包括学习新技术的能力、学习新技能的能力）、批判性思考能力、沟通能力、合作能力和创意能力等这些“本体属性”能力，以更好地适应行业未来发展。**

高级题库 150 题

1. 涉及“两重点一重大”的危险化学品生产、储存企业应每（　　）年至少开展一次危险与可操作性分析（HAZOP）。

A.2　　B.3　　C.4　　D.5

2.（　　）不属于“重点监管危险化工工艺”。

A. 氯碱电解工艺　　B. 合成氨工艺　　C. 化妆品生产工艺　　D. 煤制甲醇

3.（　　）不属于“重点监管危险化学品”名单。

A. 原油　　B. 碳酸钠　　C. 乙醇　　D. 甲醇

4.HAZOP 分析团队认为某氯气低压输送管道 15mm 小孔泄漏，可能会造成 2 人中毒，1 人死亡，经济损失 800 万，按照《生产安全事故报告和调查处理条例》（中华人民共和国国务院令第 493 号）规定，事故等级为（　　）。

A. 一般事故　　B. 重大事故　　C. 较大事故　　D. 特别重大事故

5.HAZOP 分析对各项工作细节要求很高，不论是 HAZOP 分析范围的界定，还是 HAZOP 分析的准备，不论是偏离确定，还是后果识别以及文档跟踪等，都需要一丝不苟、认真完成，其中体现的是精益求精的（　　）。

A. 工匠精神　　B. 长征精神　　C. 奉献精神　　D. 劳模精神

6.《关于加强化工过程安全管理的指导意见》要求，企业对其他生产储存装置的风险辨识分析，针对装置不同的复杂程度，选用安全检查表、工作危害分析、预危险性分析、故障类型和影响分析（FMEA）、HAZOP 技术等方法或多种方法组合，可每（　　）年进行一次。

A.3　　B.4　　C.5　　D.6

7.（　　）不属于 HAZOP 分析内容。

A. 后果　　B. 风险　　C. 可能性　　D. 检测覆盖率

8. 某地输油管线发生破裂，导致部分原油沿雨水管线进入海湾，海面过油面积约 3000m^2。泄漏同时伴随爆燃，最后导致 63 人死亡，9 人失踪，156 人受伤，直接经济损失在 7.5 亿元以上。按照《国家突发环境事件应急预案》（中华人民共和国国务院，2004）规定，该事件应该定为（　　）。

A. 特别重大环境事件　　B. 重大环境事件

C. 较大环境事件　　D. 一般环境事件

9. 某地由管道腐蚀导致燃油泄漏至下水道，电线短路引爆燃油，从而导致该市发生煤气大爆炸，事故造成 200 多人死亡，1470 人受伤，1600 余座建筑损毁，8km 长的街道以及通信输电管线毁坏，按照《生产安全事故报告和调查处理条例》（中华人民共和国国务院令第 493 号）规定，事故等级为（　　）。

A. 一般事故　　B. 重大事故　　C. 较大事故　　D. 特别重大事故

10. 按照《生产安全事故报告和调查处理条例》(中华人民共和国国务院令第 493 号)规定，符合较大事故的划分条件之一是(　　)。

A. 造成 30 人以上死亡　　B.10 人以上 30 人以下死亡

C. 经济损失 1000 万以上 5000 万元以下　　D. 经济损失 5000 万到 1 亿元

11. 按照《国家突发环境事件应急预案》(中华人民共和国国务院，2004)规定，符合一般环境事件(Ⅱ级)划分条件的包括(　　)。

A. 发生 30 人以上死亡

B. 区域生态功能部分丧失或濒危物种生存环境受到污染

C. 3 类放射源丢失、被盗或失控

D. 因环境污染造成跨县级行政区域纠纷，引起一般群体性影响

12. 按照《国家突发环境事件应急预案》(中华人民共和国国务院，2004)规定，符合事重大环境事件(Ⅱ 级)划分条件的包括(　　)。

A. 重伤 100 人以上

B. 因环境污染造成重要河流、湖泊、水库及沿海水域大面积污染，或县级以上城镇水源地取水中断的污染事件

C.3 类放射源丢失、被盗或失控

D.3 人以下死亡

13. MSDS 安全材料数据清单的作用不包括(　　)。

A. 提供有关化学品的危害信息，保护化学产品使用者

B. 提供有助于紧急救助和事故应急处理的技术信息

C. 为化学品的销售提供有利条件

D. 指导化学品的安全生产、安全流通和安全使用

14. 车间张贴在现场的 MSDS 共有(　　)项内容。

A.14　　B.16　　C.18　　D.20

15. 危险化学材料的安全说明书(MSDS)包括的信息主要有(　　)。

A. 含量、爆炸点 / 燃点　　B. 安全操作程序

C. 所需的个人保护装备、紧急救护的措施　　D. 以上各项

16. 涉及”两重点一重大“和首次工业化设计的建设项目，必须在基础设计阶段开展(　　)分析。

A. SCL　　B. JSA　　C. HAZOP　　D. JHA

17. 危险与可操作性(HAZOP)研究是一种定性的安全评价方法。它的基本过程是以关键词为引导，找出过程中工艺状态的偏差，然后分析找出偏差的原因、后果及可采取的对策。下列关于 HAZOP 评价方法的组织实施的说法中，正确的是(　　)。

A. 评价涉及众多部门和人员，必须由企业主要负责人担任组长

B. 评价工作可分为熟悉系统、确定顶上事件、定性分析 3 个步骤

C. 可由一位专家独立承担整个 HAZOP 分析任务，小组评审

D. 必须由一个多专业且专业熟练的人员组成的工作小组完成

18. 化工建设项目安全设计过程危险源分析方法中，危险与可操作性(HAZOP)研究是由具有不同专业背景的成员组成的小组在组长的主持下以一种结构有序的方式对过程进行系统审查的技术方法。下列关于 HAZOP 运用的说法中，错误的是(　　)。

A. HAZOP 单独地考虑系统各部分，系统地分析每项偏差对各部分的影响
B. HAZOP 分析可以保证能识别所有的危险或可操作性问题
C. HAZOP 无法考虑设计描述中没有出现的活动和操作
D. HAZOP 分析的成功很大程度上取决于分析组长的能力和经验

19. 危险和可操作性研究的基本过程是以（　　）为引导，对过程中工艺状态的变化（偏差）加以确定，找出装置及过程中存在的危害。
A. 操作步骤　　B. 工艺参数　　C. 引导词　　D. 经验

20. 世界上第一部关于过程安全管理的法规是（　　）。
A. 欧洲 SevesoI 指令
B. 美国 OSHAPSM 标准
C. 美国《净化空气法案》
D. 中国《化工企业工艺安全管理实施导则》

21. 常用的防止事故发生的安全技术不包括（　　）。
A. 消除危险源　　B. 限制能量或危险物质
C. 隔离　　D. 简单的培训

22. 作业安全注重的是作业者的安全，主要通过合理的（　　）和个人防护来确保安全地完成作业任务。
A. 作业方法　　B. 安全措施　　C. 报警系统　　D. 人员培训

23. 在过程安全管理的要素中，（　　）是开展工艺危险分析的基础。
A. 试生产前安全检查　　B. 培训
C. 过程安全信息　　D. 机械完整性

24. 某种安全分析方法是以关键词为引导，找出过程中工艺状态的变化（即偏差），然后分析产生偏差的原因、后果及可采取的对策。其基本步骤包括分析的准备、进行分析和编制分析报告。这种方法需要由多工种、多专业的人员组成的评价小组来完成。该安全分析方法是（　　）。
A. 故障类型和影响分析　　B. 危险与可操作性（HAZOP）分析
C. 预先危险分析　　D. 故障假设分析

25. 一般工艺设计完毕后采用的分析方法有危险与可操作性研究（HAZOP）、保护层分析（LOPA）、安全仪表系统（SIS）的设置必要性及确定安全完整性等级（SIL）。其中，（　　）是对 LOPA 分析结果的验证。
A. SIL 分析　　B. HAZOP 分析　　C. SIS 系统　　D. LOPA 分析

26. 某公司新建一个使用氧化钠水溶液电解生产氧气、氢氧化钠的装置。在新建项目设计合同中明确要求设计单位在基础设计阶段，通过系列会议对工艺流程图进行分析须由多方面、专业的、熟练的人员组成小组，按照规定的方法，对偏离设计的工艺条件进行危险辨识及安全评价，这种评价是（　　）。
A. PHA　　B. HAZOP　　C. FMEA　　D. ETA

27. 一个安全仪表功能由（　　）组成，具有一定的安全完整水平。
A. 传感器、逻辑解算器、执行元件　　B. 设计、逻辑解算器、执行元件
C. 传感器、设计、执行元件　　D. 传感器、逻辑解算器、设计

28. 本质安全核心层为工艺本质安全，工艺本质安全的实现主要应从危险原料的替代（或减

少）和工艺技术路线的选择等方面来考虑。实现工艺本质安全的策略不包括（　　）。

A. 考虑工艺设计中装置的安全性和可靠性措施

B. 选用安全无毒的物料或减少危险物料的使用量

C. 在设计和运行阶段增加安全防护措施和实施有力的安全生产管理方案

D. 采用更加先进安全可靠的技术路线

29. 当设备技术方案进行了较大的变动或包含新的化学过程时，基于（　　）的检查表与基于引导词的 HAZOP 方法没有太大区别。

A. 库　　B. 知识　　C. 引导词　　D. 经验

30. 识别施工现场危险源有多种方法，包括：现场调查、工作任务分析、（ ）、危险与可操作性研究、事件树分析（ETA）、故障树分析（FTA）等。

A. 项目讨论　　B. 安全部门商议　　C. 安全检查表　　D. 隐患调查

31. 一小型节能技改工程，业主要求回收利用每小时排放 10000kg、压力为 2.0MPa 的中压冷凝水。设计人员提出了一次闪蒸产生 0.5MPa 的低压饱和水蒸气和冷凝水的回收利用的设计方案，同时也提出了供审核用的满足最基本要求的工艺流程图（PFD），如下图所示。按工艺流程图（PFD）的最基本要求，下列审核意见正确的是（　　）。

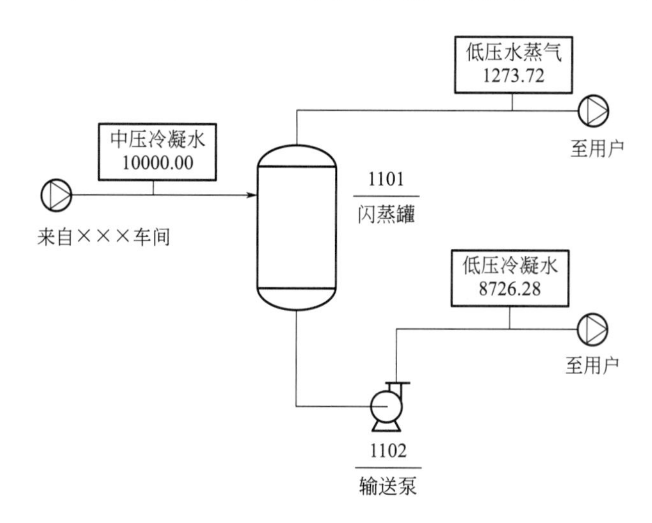

A. 遗漏操作参数和主要控制方案　　B. 完全错误

C. 物料流量改为控制方案　　D. 充分正确

32. 以下为某一装置中，某段管线的管道号，下列有关各代号所表示的内容的说明中正确的是（　　）。

02 PG 003 − 150 − B 2 A − H

①（02）②（PG）③（003）④（150）⑤（B2A）⑥（H）；⑦（B）⑧（2）⑨（A）

A. ①管道顺序号；②物料介质代号；⑥保温代号；⑦管道公称压力等级

B. ①装置（工段）编号；④公称直径；⑤管道等级；⑨管道材料类别

C. ③管道顺序号；④公称直径；⑥管道等级；⑧管道类别

D. ②物料介质代号；③管道顺序号；⑥管道等级；⑦管道公称压力等级

33. 在以下所示的有关离心泵流量控制方案中，最合理的控制方案应是（　　）。

A. B.

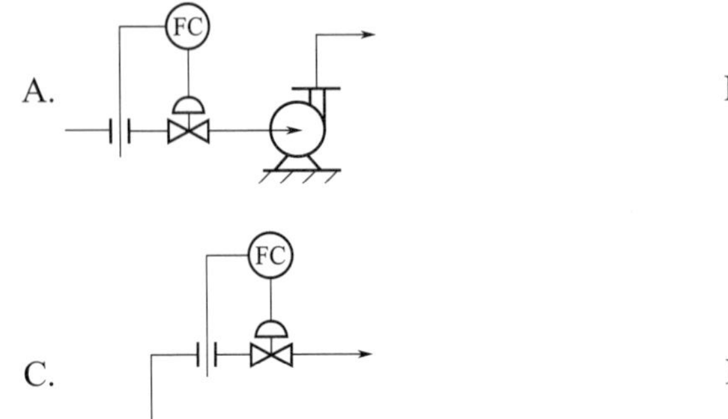

C. D.

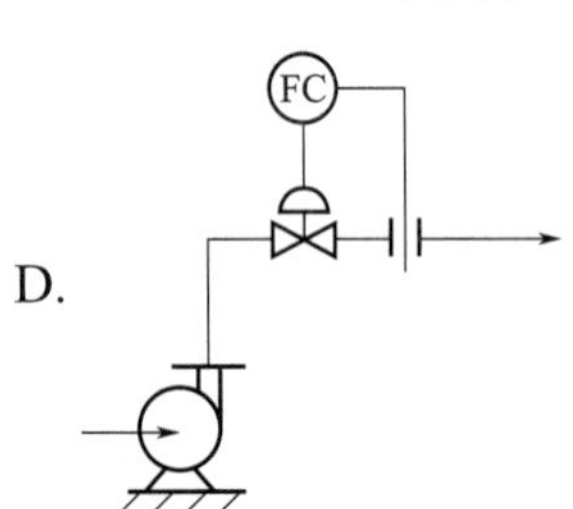

34. 在P&ID图中，（　　）常被用来表示8字全封闸板（正常开启）。

A. 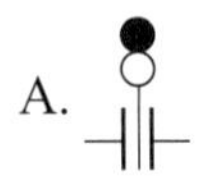　B. 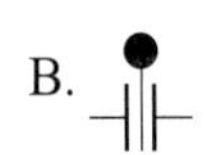　C. 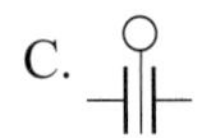　D. 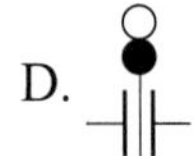

35.（　　）为气闭式气动薄膜调节阀。

A. 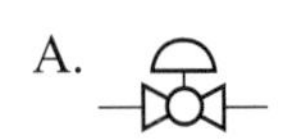　B. 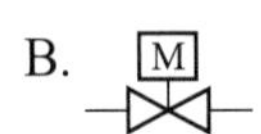　C. FO　D. 

36. 在P&ID图中，（　　）常被用来表示首选或基本过程控制——机组盘或就地仪表盘安装仪表。

A. 　B. 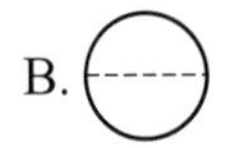　C.　D.

37. 如下图所示，该图表示不同工况下应对偏离的工作措施，其中左侧第二个箭头表示事故爆发的位置，把其称为（　　）。

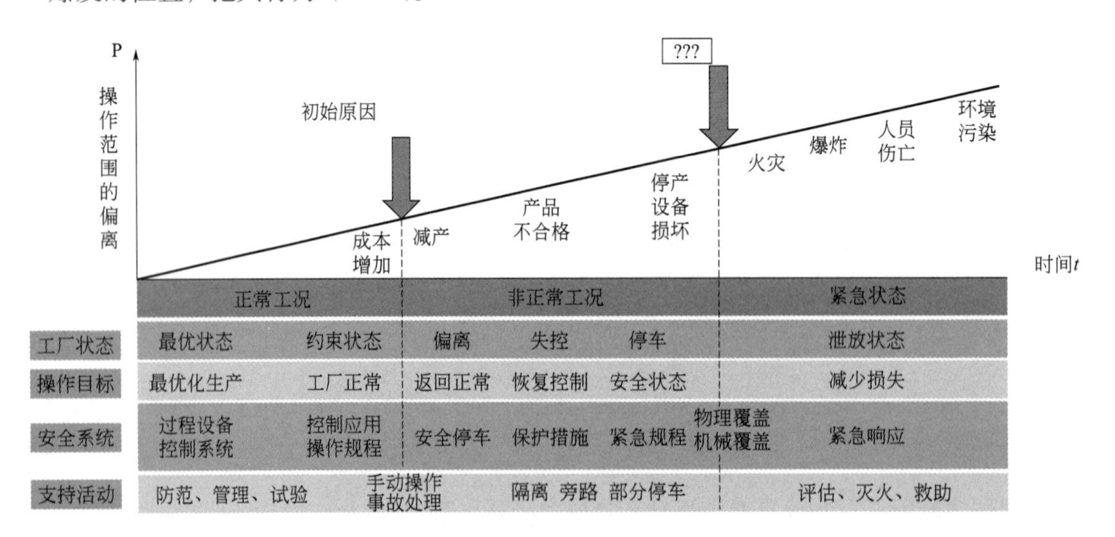

A. 直接原因　B. 失事点　C. 临界点　D. 不利后果

38. “明确工作范围、报告编制的要求、各参与方的职责，并组建分析团队”属于HAZOP分析的（　　）的工作内容。

A. 发起阶段　　B. 准备阶段　　C. 会议阶段　　D. 报告编制与分发

39. 危险与可操作性研究的分析步骤包括：(　　)、定义关键词表、分析偏差、分析偏差原因及后果、填写汇总表等。

A. 收集资料　　B. 划分单元　　C. 汇总信息　　D. 成立评价小组

40. 危险与可操作性研究的分析步骤包括：划分单元、定义关键词表、(　　)、分析偏差原因及后果、填写汇总表等。

A. 收集资料　　B. 汇总信息　　C. 成立评价小组　　D. 分析偏差

41. (　　) 不属于 HAZOP 分析主席的基本要求。

A. 熟悉工艺

B. 有能力领导一支正式安全审查方面的专家队伍

C. 熟悉 HAZOP 分析方法

D. 具备安全工程师专业资格

42. 下面选项中，(　　) 不是危险和可操作性研究（HAZOP）通常所需的资料。

A. 带控制点工艺流程图 PID　　B. 现有流程图 PFD、装置布置图

C. 操作规程　　D. 设备维修手册

43. 进行 HAZOP 分析必须要有工艺过程流程图及工艺过程详细资料。正常情况下，只有在 (　　) 设计的阶段才能提供上述资料。

A. 开始　　B. 最后　　C. 中间　　D. 全部

44. 在 HAZOP 分析程序流程中，介于“选取节点”和“确定相关参数或要素”中间的步骤是（　　）。

A. 划分节点　　B. 解释设计意图　　C. 选择引导词　　D. 选择一个参数

45. 如图所示，在一连续流动釜反应器中进行 A+B ⟶ P 的放热液相反应。产品 P 无任何危险性，反应得产品料液放入一封闭贮槽中，原料 A、B 从高位贮槽放入反应器，原料贮槽和反应器均设置了安全泄放装置。反应器通过夹套与外界换热。考虑到原料与产品均有一定挥发性，贮槽上也装有安全阀，并装有液位指示系统，控制产品液的排放。现需采用 HAZOP 分析法对其过程的危险情况进行分析，如引导词：过量（MORE）；分析节点：原料 A 贮槽；设计工艺参数：在环境温度和压力下，以一定的流量进料；工艺参数：液位。则可能发生的偏差是（　　）。

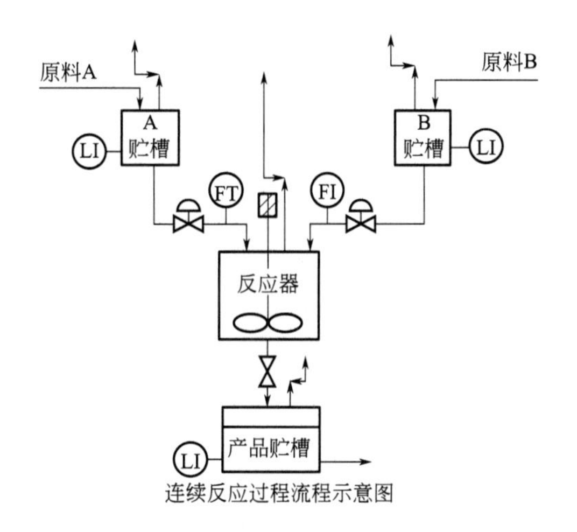

连续反应过程流程示意图

A. 高流量　　B. 温度高　　C. 压力高　　D. 高液位

46.HAZOP 研究的基本过程就是以引导词为引导，对过程中工艺状态的（　　）加以确定，找出装置及过程中存在的危害。

A. 共性　　B. 变化（偏差）　　C. 装置状态　　D. 物料状态

47. 分析概念性参数“维护”时，（　　）不是应该识别的重点。

A. 维护需要的便利性条件是否具备　　B. 停车检修时发生的危险

C. 维护时的停车对装置的磨损　　D. 日常维护可能发生的危险

48. 根据保守的 HAZOP 分析标准，假设某工艺设备由于超压发生破裂，其有 20% 的概率泄漏时间持续 30min 以上，80% 概率泄漏时间在 10min 以内。对于分析团队而言，应该采用（　　）的后果进行评估。

A.10min 以内　　B.30min 以上　　C. 平均值 20min　　D. 双倍 60min

49. 常见原因一般包括很多种类，没有提供培训属于（　　）。

A. 人员失误　　B. 规程问题　　C. 管理问题　　D. 训练不足

50.（　　）是指直接导致事故发生的原因。

A. 直接原因　　B. 根原因　　C. 初始原因　　D. 起作用的原因

51. 某操作人员在调整 DCS 系统时，误操作导致工艺系统失调，该原因属于事故后果的（　　）。

A. 直接原因　　B. 根原因　　C. 初始原因　　D. 起作用的原因

52. 某工艺装置的控制系统出现失调，事后通过调查发现，A 组操作人员在交接班时段注意力分散，忽略了系统细节。该原因属于事故后果的（　　）。

A. 直接原因　　B. 根原因　　C. 初始原因　　D. 起作用的原因

53. 某缓冲罐发生物料泄漏，事后通过调查发现，管理机构没有实施有效的维修管理和控制，导致密封材料使用不当发生泄漏，该原因属于事故后果的（　　）。

A. 直接原因　B. 根原因　　C. 初始原因　D. 起作用的原因

54. 如下图所示，该图表示不同工况下应对偏离的工作措施，其中左侧第一个箭头表示能够导致系统从正常工况进入非正常工况，把这种原因称为（　　）。

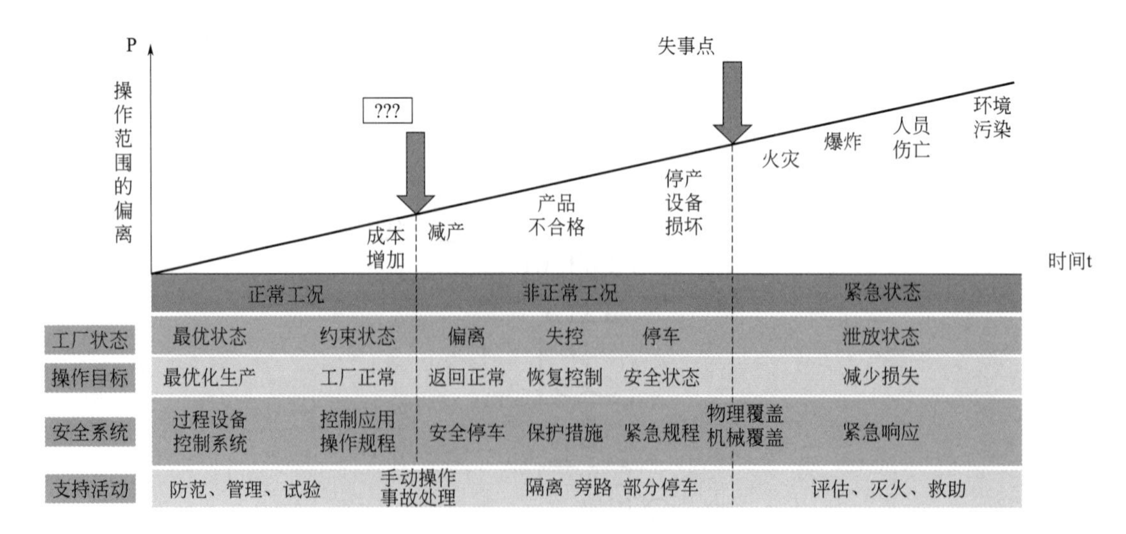

A. 直接原因　　B. 根原因　　C. 初始原因　　D. 起作用的原因

55. 在分析常见原因发生频率时，频率一般以每（　　）发生事故的次数表示。

A. 年　　B. 月　　C. 日　　D. 小时

56.HAZOP 分析不是对事故进行根源分析，在分析过程中，一般不深究（　　）。

A. 初始原因　　B. 直接原因　　C. 根原因　　D. 起作用的原因

57. 对于安全措施，下列说法正确的是（　　）。

A. 安全措施即现有保护措施，是针对特定的事故剧情，已经存在的可能切断事故向后传播的硬件或管理措施

B. 对于设计阶段，是指装置上已经安装或设置了的措施

C. 对于在役阶段，是指图纸上已有的措施

D. 安全措施只能是工程手段

58. 以下属于被动的独立保护层的有（　　）。

A. 安全阀　　B. 爆破片

C. 防火堤　　D. 基本过程控制系统

59. 对于偏离导致的每一种后果，都应该进行风险等级评估。进行 HAZOP 分析时最常见的风险等级评估工具就是（　　）。

A.SIL　　B. 风险矩阵　　C. 独立保护层　　D.PHA

60.HAZOP 分析报告的审查不包括（　　）。

A. 完成分析所用的时间长短

B. HAZOP 分析团队人员组成是否合理

C. HAZOP 分析提出的建议措施的关闭情况

D. 分析所用资料的完整性和准确性

61. 事故剧情构成要素的描述中，在事件序列中可能造成损失和伤害效应的某个特定事件是指（　　）。

A. 初始事件　　B. 后果事件　　C. 中间事件　　D. 影响

62. 下图表示储罐 V-100 破裂的情形，其中造成操作人员 1 人死亡的原因有 2 个：一是储罐 V-100 发生物理爆炸；另外一个是发生爆炸时恰好有操作人员在现场。那么操作人员 1 人死亡的可能性是（　　）。

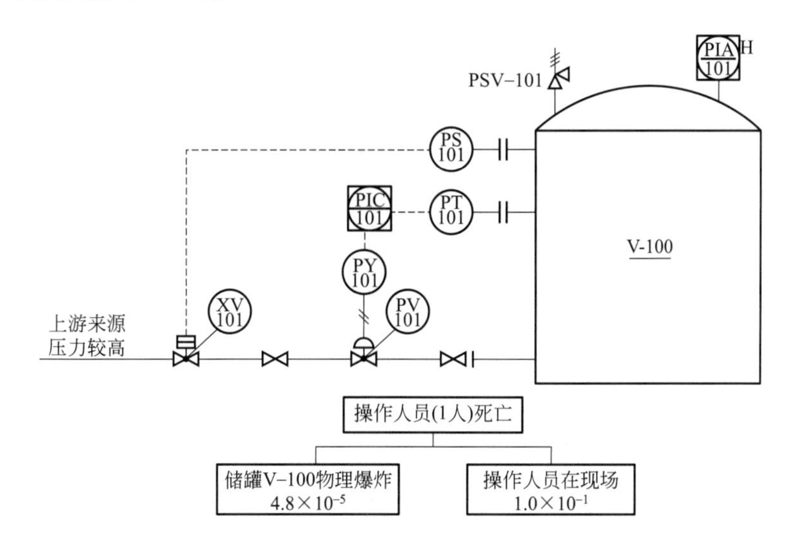

A.1.0×10^{-1}　　B.4.8×10^{-5}　　C.4.8×10^{-6}　　D.4.8×10^{-4}

63. 下图表示储罐 V-100 破裂的情形，其中造成调节阀 PV101 开度过大的原因有 2 种：一是调节阀本身存在机械故障；二是压力调节控制回路出现故障，给调节阀提供了错误信号。上述条件的关系是“或”，即只要满足其中一个条件，就会导致出现调节阀开度过大的后果，那么调节阀 PV101 开度过大的可能性是（　　）。

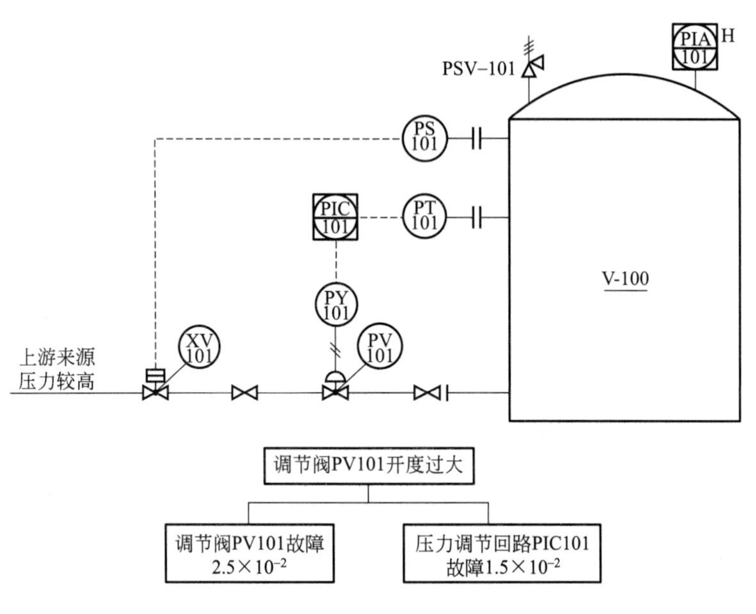

A.4.8×10^{-6}　　B.2.5×10^{-2}　　C.1.5×10^{-2}　　D.4.0×10^{-2}

64. 下图表示储罐 V-100 破裂的情形，其中造成 V-100 出现超压的原因包括 3 个：①压力高的气体进入储罐 V-100；②储罐的入口开关阀 XV101 未能按照设计意图及时关闭；③安全阀 PSV101 没有起跳泄压。上述条件的关系是“与”，即必须同时满足所有条件，才会导致出现该后果，那么 V-100 超压的可能性是（　　）。

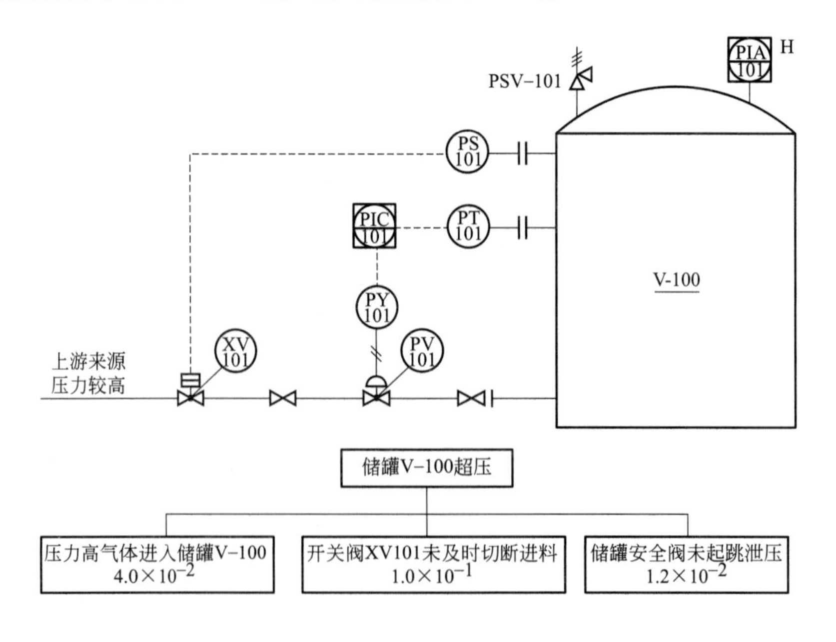

A.4.8×10^{-5}　　B.4.8×10^{-6}　　C.4.0×10^{-2}　　D.1.52×10^{-1}

65. 在 HAZOP 分析会议的准备阶段，(　　) 应对引导词进行验证并确认其适宜性。

A. 工艺工程师　　B.HAZOP 分析主席

C.HAZOP 分析记录员　　D. 安全管理人员

66. 为了便于分析，需要将系统划分为多个节点，并由（　　）进行合理性的审核。

A.HAZOP 主席　　B. 安全管理人员

C. 设备工程师　　D. 工艺工程师

67. 离心泵的流量调节一般是采用出口节流的方法，也可以采用旁路调节方法。下述对于旁路调节方法示意正确的是（　　）。

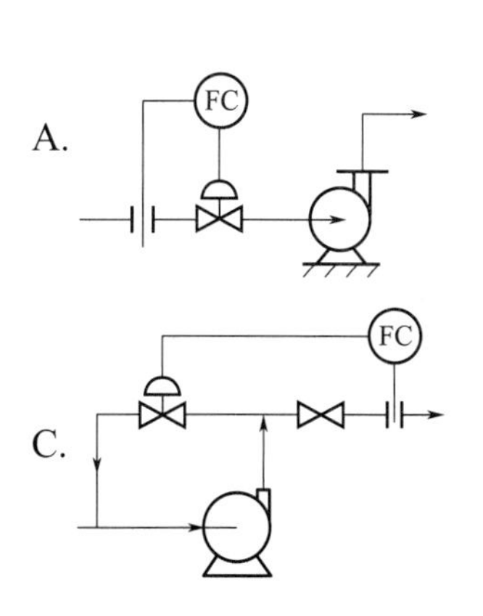

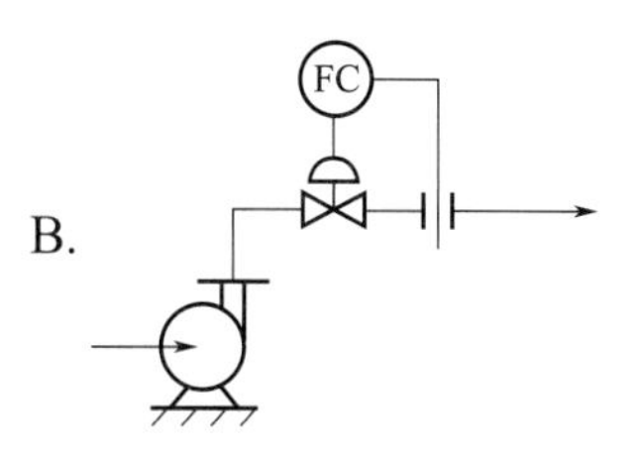

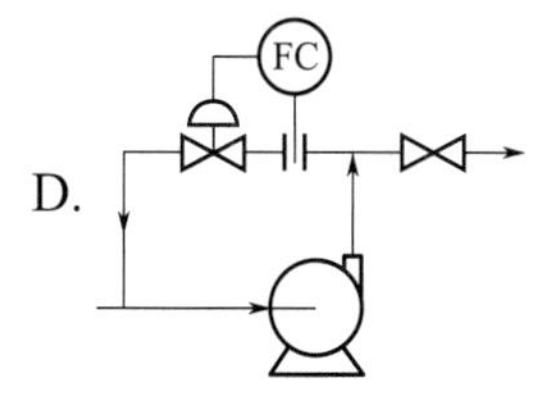

68. 下图是几种精馏塔的基本控制方案与示例：其中常压精馏塔一般无须设置压力系统，根据需要常在冷凝器或回流罐上设置一压力平衡罐，下图符合常压精馏塔控制回路描述的是（　　）。

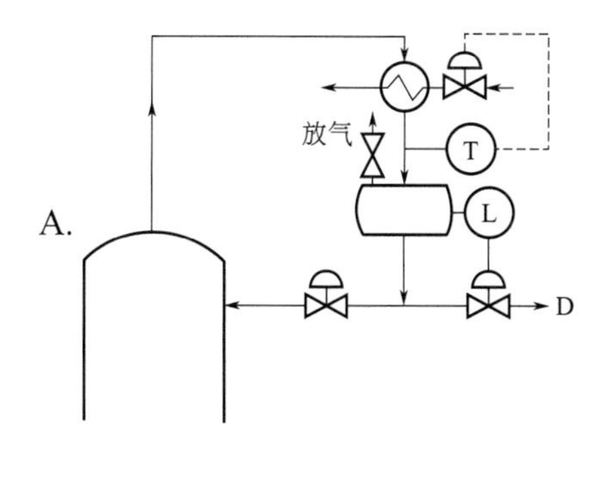

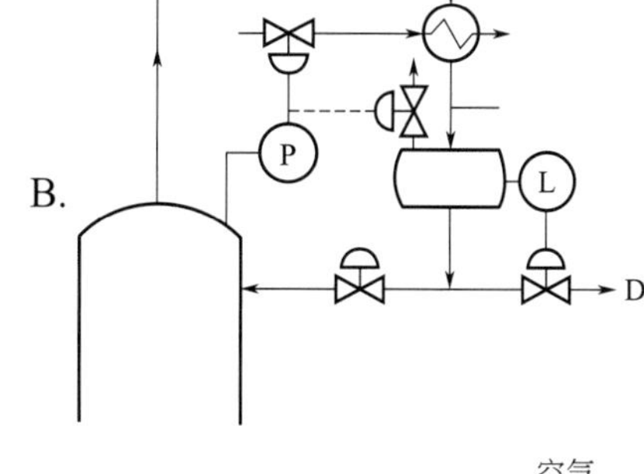

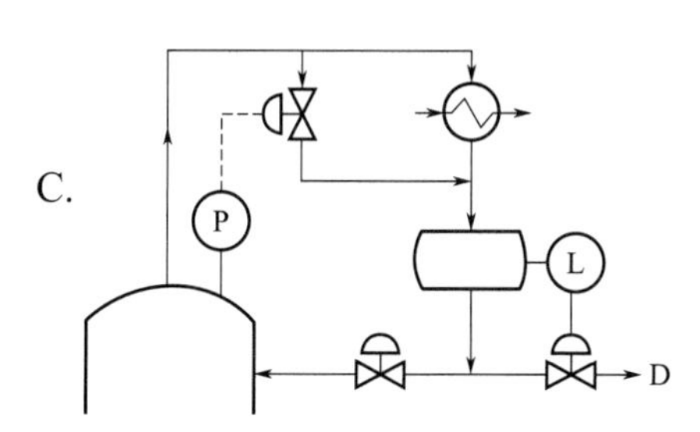

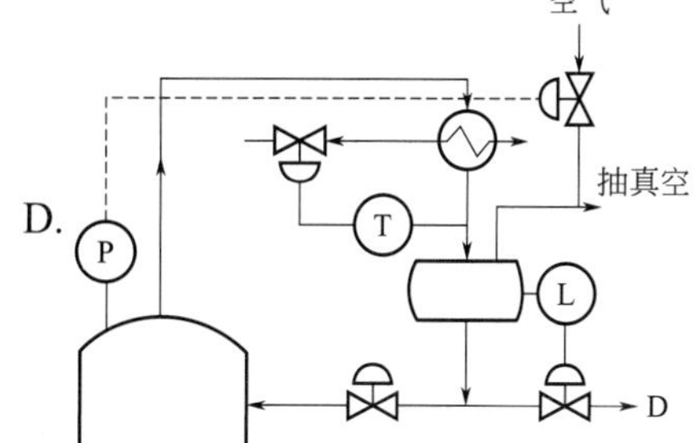

69. 下图是几种精馏塔的基本控制方案与示例：其中加压塔根据塔顶气相中所含不凝气

气体量的多少，可以采取不同的控制方式，对于不凝气气体含量不高时，可以主要通过调节冷却剂流量的方法来调节塔顶压力。下图符合上述加压塔控制回路描述的是（　　）。

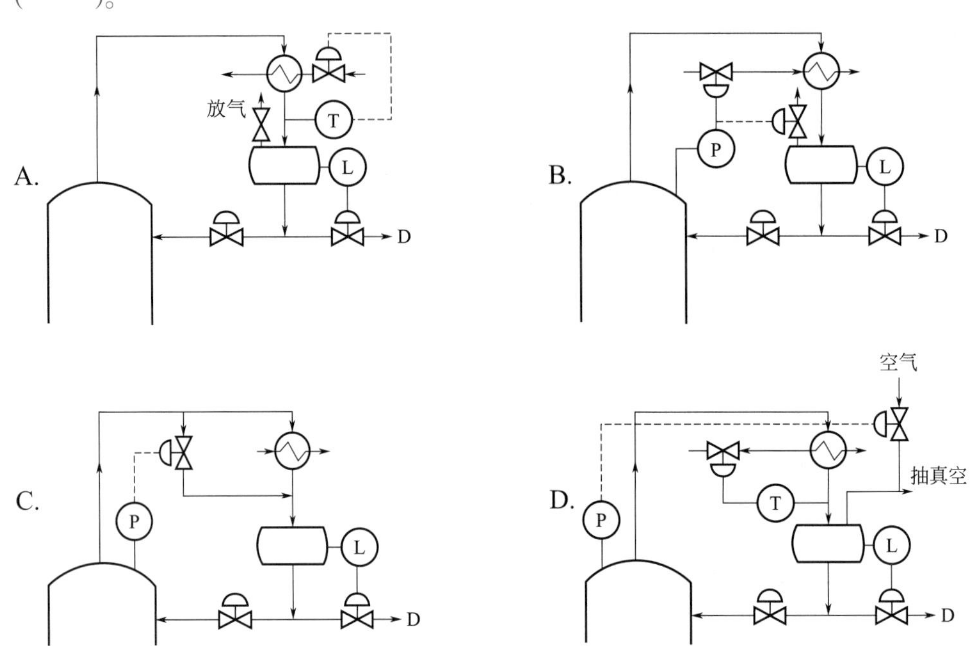

70. 下图是几种精馏塔的基本控制方案与示例：其中加压塔根据塔顶气相中所含不凝气气体量的多少，可以采取不同的控制方式。当调节阀全开仍不能使塔压降至规定的操作压力时，可采用旁路调节。下图符合上述加压塔控制回路描述的是（　　）。

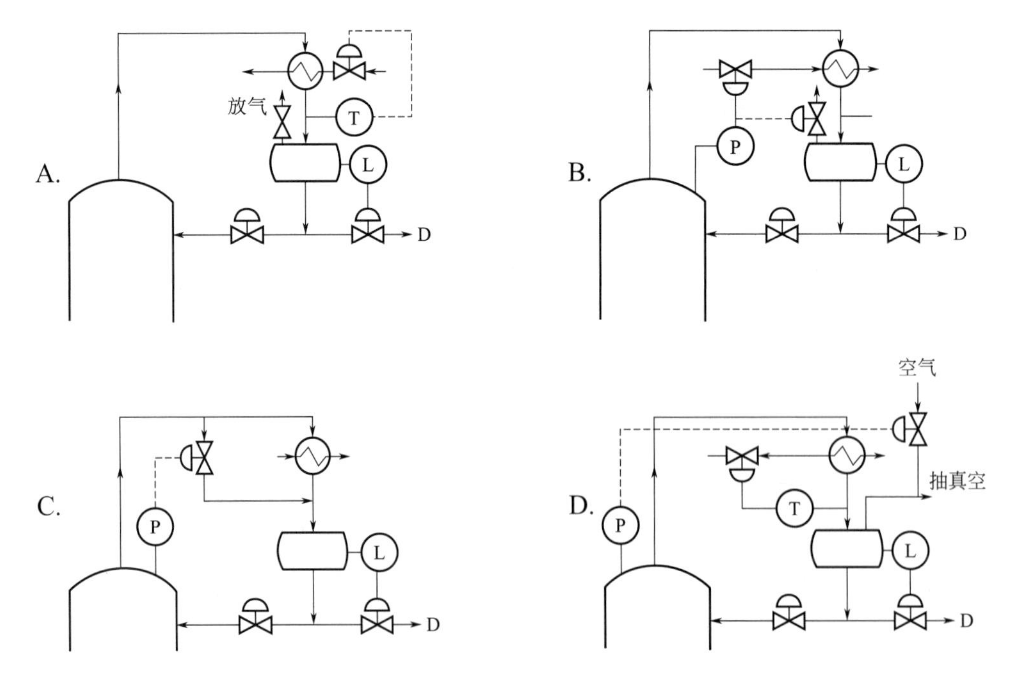

71. 下图是几种精馏塔的基本控制方案与示例：其中减压塔通常是对真空度和温度进行调节，

通过改变不凝气体抽吸量来控制。下图符合上述减压塔控制回路描述的是（　　）。

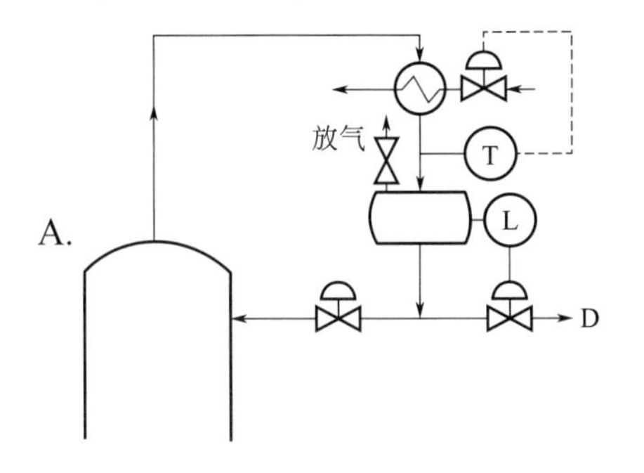

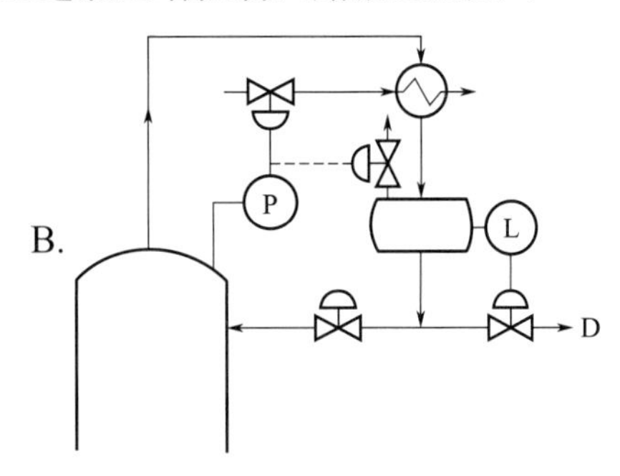

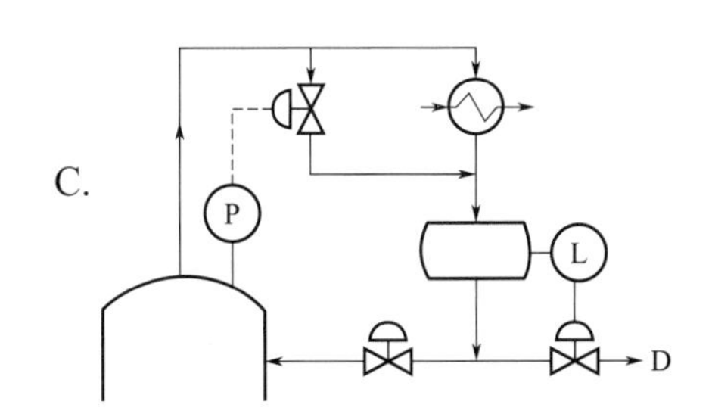

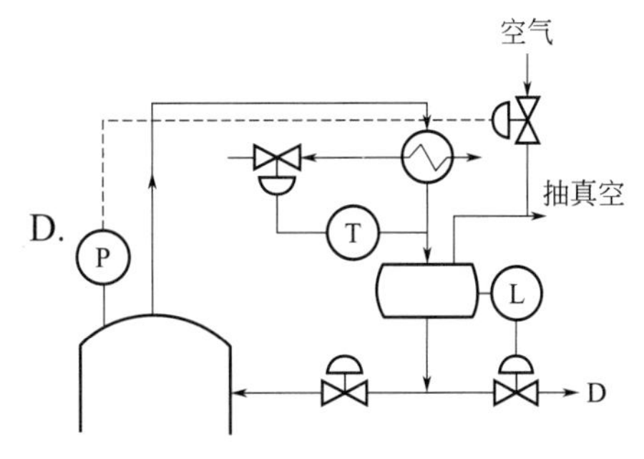

72. 通常将危害分为物理危害、化学危害和生物危害等，下列对于化学品危害认识正确的是（　　）。

A. 氢气有毒　　B. 氯气能助燃　　C. 硫酸易燃　　D. 原油会造成污染

73. 假设工艺设备由于超压而发生大口径的破裂，那么危险的工艺物料将发生泄漏。根据统计，类似的泄漏 70% 能持续几分钟，30% 是半个小时以上，那么在 HAZOP 分析过程中，应该假设泄漏时间在（　　）的前提下，去分析事故后果。

A.10 分钟以下　　B.10 分钟到半小时　　C. 半小时以上　　D. 不发生泄漏

74.（　　）不属于常见的防止类保护措施。

A. 操作人员对异常工况的响应　　B. 灭火系统

C. 火灾、泄漏探测和报警系统　　D. 紧急泄放系统

75.（　　）不属于常见的减缓类保护措施。

A. 密闭卸放措施

B. 二次储存系统

C. 抗爆墙和防火墙

D. 专门设计并采用在特定非正常工况时，自动将系统带入安全状态的仪表保护系统

76. 涉及安全仪表系统的常见概念有 3 个，SIF、SIS 和 SIL，其中 SIF 表示（　　）。

A. 安全仪表功能　　B. 安全仪表系统

C. 安全完整性等级　　D. 安全仪表等级

77. 涉及安全仪表系统的常见概念有 3 个，SIF、SIS 和 SIL，其中 SIS 表示（　　）。

A. 安全仪表功能　　B. 安全仪表系统

C. 安全完整性等级　　D. 安全仪表等级

78. 涉及安全仪表系统的常见概念有 3 个，SIF、SIS 和 SIL，其中 SIL 表示（　　）。

A. 安全仪表功能　　B. 安全仪表系统

C. 安全完整性等级　　D. 安全仪表等级

79. 在石化企业典型安全措施中，测量元件、流量变送器、流量显示器与流量控制阀组成的系统，属于（　　）。

A. 物理保护　　B. 安全仪表功能

C. 基本过程控制系统　　D. 关键报警和人员响应

80. 在石化企业典型安全措施中，提供超压保护，防止容器的灾难性破裂（如安全阀、爆破片等）的是（　　）。

A. 基本过程控制系统　　B. 关键报警和人员响应

C. 物理保护　　D. 安全仪表功能

81. 在某事故剧情中，一台反应器因失去冷却水，升温并反应失控，最终导致反应器爆炸，造成现场操作人员死亡。本例中，失去冷却水的频率是 1×10^{-1}；此外，反应器还装有冷冻系统，该系统故障率为 1×10^{-1}。假设反应器属于连续生产，一天 24h 中，至少 12h 现场总有一名操作人员，当反应器爆炸时，操作人员有 50% 概率逃离。综上，本剧情中，操作人员死亡的可能性是（　　）。

A. 2.5×10^{-3}　　B. 1.0×10^{-4}　　C. 5.0×10^{-3}　　D. 1.0×10^{-1}

82. 某设备由于误动作导致系统关断，针对该初始事件应（　　）。

A. 分析该设备是否有启停状态信号反馈至中控室

B. 分析关断系统的联锁是否必要

C. 分析该设备是否需要设置备用动力来源

D. 分析该设备的选型是否合适

83. 基于相关理论，核算化工厂两个生产装置的安全间距，此种风险评价方法属于（　　）。

A. 定性评价方法　　B. 经验评价方法　　C. 工程学方法　　D. 定量评价方法

84. 风险矩阵的缺点不包括（　　）。

A. 资源优化配置作用有限　　B. 结果精度低

C. 陈述复杂　　D. 输入与输出不清晰

85. 一般来说，所有的组织和项目对于高风险事故，通常采取的行动是（　　）。

A. 不采取行动

B. 在既定时间内有计划地进行严重性和可能性的消减

C. 立即采取行动降低事故严重性和可能性

D. 对其进行经济评估，有针对性地制订行动计划，在近期或将来的运行中采取适当措施

86. 在评估严重程度分级指标时，分析团队应事先统一分析策略。通常来说，假定被分析装置所有软硬件防护措施失效、不考虑减缓性措施的悲观倾向多出现于（　　）。

A. 装置运行阶段　　B. 装置施工阶段

C. 装置设计阶段　　D. 研发阶段

87. 在 HAZOP 分析报告的正文部分，不包括（　　）。

A. 项目概述　　B. 工艺描述　　C. 团队人员信息　　D. 技术资料清单

88.HAZOP 分析时，企业主管不需要了解（　　）。

A. 选择称职的 HAZOP 分析成员　　B. 为 HAZOP 分析人员提供必需的资源

C.HAZOP 安全措施建议的落实　　D.HAZOP 分析的具体工作流程

89. 在 HAZOP 分析完成后，由（　　）负责完成关闭任务。

A. 操作专家　　B. 项目负责人

C. HAZOP 分析主席　　D. 工艺工程师

90.（　　）不属于 HAZOP 分析的关闭任务之一。

A. 向建议措施的负责人追踪每一条建议措施的落实情况

B. 召开 HAZOP 分析建议措施的关闭会议，对照更新后文件，逐条验证

C. 针对执行建议开展设计变更

D. 签署终版 HAZOP 分析报告

91. 项目委托方应对 HAZOP 分析报告中提出的建议措施进行进一步的评估，（　　）不属于可以拒绝接受建议的条件。

A. 建议所依据的资料是错误的

B. 建议在技术上不可行

C. 当地法规并无强制要求

D. 建议不利于保护环境、保护员工的安全和健康

92. 在 HAZOP 分析报告的附件部分，不包括（　　）。

A. 带有节点划分的 P&ID 图　　B. 建议措施汇总表

C. 风险可接受标准　　D. 分析记录表

93. 针对操作规程进行 HAZOP 分析时，引导词大致分为两类：一类是疏漏问题，一类是（　　）。

A. 超限问题　　B. 缺少问题　　C. 执行问题　　D. 达标问题

94.（多选）HAZOP 分析的工作程序主要包括（　　）。

A. 分析界定　　B. 分析准备　　C. 分析会议　　D. 分析文档和跟踪

95.（多选）HAZOP 分析过程的三大步骤，包括（　　）。

A. 收集资料　　B. 编写报告　　C. 项目小组讨论　　D. 开会讨论

96.（多选）HAZOP 分析主席主要职责有（　　）。

A. 协助项目负责人，确定分析小组成员

B. 制订分析计划，进行分析准备

C. 主持分析会议，编写分析报告

D. 与分析项目负责人沟通

97.（多选）（　　）包含在完整的风险矩阵里。

A. 风险清单　　B. 发生可能性分级规则表

C. 风险等级说明表　　D. 后果严重程度分级规则表

98.（多选）当前我国仍处于工业化、城镇化过程中，化工行业仍处在快速发展期，安全与发展不平衡、不充分的矛盾问题仍然突出，（ ）亟待全面加强。

A. 危化品安全生产工作和 HAZOP 分析

B. 化学品安全知识普及和 HAZOP 认知

C. 化学品安全入门培训和 HAZOP 人才培养

D. 化学品安全科普教育和媒体宣传

99.（多选）头脑风暴是 HAZOP 分析的关键基础，对“头脑风暴”理解正确的是（　　）。

A. 头脑风暴是相关的多种专业不同的知识背景的人在一起讨论分析

B. 利用头脑风暴分析问题更具有创造性

C. 利用头脑风暴可以分析出工艺系统中所有的潜在危险

D. 利用头脑风暴分析问题能识别更多的问题

100.（多选）（　　）不满足独立性的要求。

A. 采用了测量初始原因的传感器作为安全措施

B. 采用不同逻辑控制器当作两个安全措施

C. 两个安全措施采用不同的传感器

D. 两个安全措施共用一个执行部件

101.（多选）某分析团队在进行加热炉的案例练习，其中针对液态煤油无流量设有 2 个保护措施，它们是（　　）。

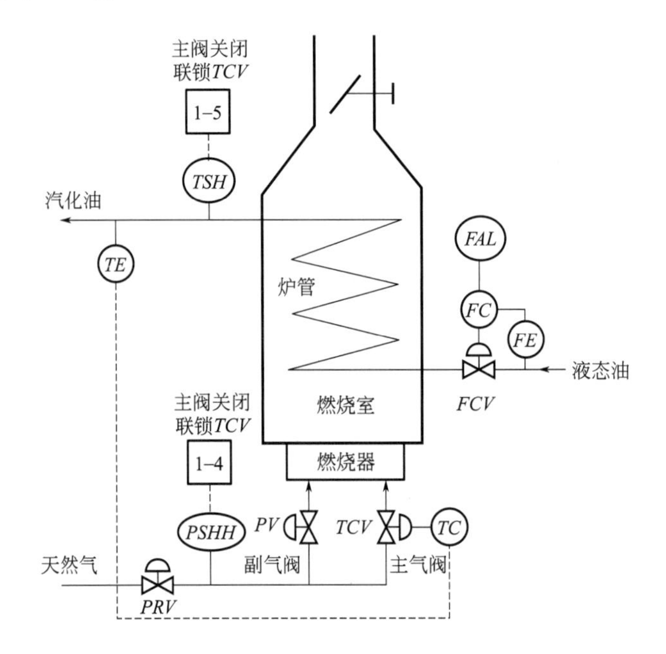

A. 安装有加热炉进料指示　　B. 安装有加热炉进料流量低报警

C. 安装有加热炉进料流量控制　　D. 安装有加热炉进料流量控制阀门

102.（多选）为促进行业安全健康发展，化工 HAZOP 分析在其中发挥了重要作用。（　）对培养化工 HAZOP 人才具有推动作用。

A. 实施 1+X 证书制度，推广化工 HAZOP 分析职业技能等级证书

B. 培育一批化工 HAZOP 分析师资队伍

C. 鼓励院校学生和企业职工考取化工 HAZOP 分析职业技能等级证书

D. 面向职工开展化工 HAZOP 分析专项技能培训

103.（判断）危险化学品生产企业应当提供与其生产的危险化学品相符的化学品安全技术说明书（MSDS），并在危险化学品包装（包括外包装件）上粘贴或者拴挂与包装内危险化学品相符的化学品安全标签。（　　）

104.（判断）涉及“两重点一重大”的化工工艺，应采用危险与可操作性（HAZOP）分析法进行辨识。（　　）

105.（判断）HAZOP 分析只适用于工程设计阶段，在役运行装置一般不需要组织 HAZOP 分

析。(　　)

106. (判断) 企业应对生产装置每年开展1次危险与可操作性(HAZOP)分析，并完成相应的整改工作。(　　)

107. (判断) 过程安全事故通常由单一原因导致。(　　)

108. (判断) HAZOP分析技术常用的形式有3种：引导词方式；经验式；检查表式。(　　)

109. (判断) 工艺危害来自两方面：一是工艺物料的危险；二是工艺流程的危险所赋予的危害。(　　)

110. (判断) HAZOP分析需要将工艺图或操作程序划分为节点或操作步骤，然后使用引导词——进行分析。(　　)

111. (判断) 保护层分析(LOPA)是一种定性的分析方法，它可以分析事故剧情的后果与频率，决定是否需要增加或改变独立保护层，以降低事故剧情的风险。(　　)

112. (判断) AQ/T 3054—2015独立保护层的基本要求中独立性的含义是指独立于IE或其他IPL。(　　)

113. (判断) 某公司风险矩阵的后果说明如下表，根据表格信息，“终身致残或一人死亡”和“500～5000万”的后果同是4级，因此两个后果是等同的。(　　)

后果等级	人员	财产
1	只需简单一次性处理的轻伤	5万元以内
2	需要时间进行处理的伤害	5～50万元
3	需要住院治疗的伤害	50～500万元
4	终身致残或一人死亡	500～5000万元
4	多人死亡	5000万元以上

114. (判断) HAZOP分析项目的截止日期至关重要，如果发现在规定的时间内不能完成分析任务，那么就需要严格执行预定时间，减少部分分析与讨论。(　　)

115. (判断) HAZOP分析对象通常是由装置或项目负责人确定的，并得到HAZOP分析组的组织者的帮助。(　　)

116. (判断) 在事故剧情失事点以后的措施称为防止类安全措施，一般只能减缓不利后果的严重度。(　　)

117. (判断) 采用不同风险等级来确认风险的目的在于，针对不同的风险具有不同的策略。(　　)

118. (判断) 严重性是指后果的性质、条件、强度、残酷性等衡量破坏程度和负面影响的指标。(　　)

119. (判断) 事故后果定性分析需要考虑和计算气象条件、地面特征、物料性质、泄漏量和持续事件等自然条件和工艺条件。(　　)

120. (判断) 事故后果定量分析是工艺危害分析小组利用在装置操作岗位长期积累的经验快速判断出现的危害后果和波及范围。(　　)

121. (判断) 所谓后果即某个具体损失事件的结果，通常是指损失事件造成的物理效应和影响。(　　)

122.（判断）ALARP 是落实风险管理的良好指南，意思是在合理可行的情况下尽量降低风险。假如某公司投入 50 万元修建栈桥避免操作人员攀爬储罐的直梯，这种行为是符合 ALARP 原则的。（　　）

123.（判断）HAZOP 分析完毕，企业针对建议安全措施进行整改落实后，不需要做其他工作。（　　）

124.（判断）在进行 HAZOP 分析时，应当使用有效的软件，以提升分析效率。（　　）

125.（判断）HAZOP 分析报告初稿完成后，应直接提交给项目委托方、后续行动 / 建议的负责人等其他相关人员。（　　）

126. 在 HAZOP 分析中，辨识保护措施时，需要知晓保护措施的特性，其中共因失效属于（　　）。

A. 可审查性　　B. 有效性　　C. 独立性　　D. 可审核性

127.HAZOP 分析追求识别所有危险与可操作性问题，不考虑这些问题的类型或（　　）。

A. 后果大小　　B. 后果的严重程度　　C. 造成的损失　　D. 损失大小

128. 对涉及重大危险源等“两重点一重大”的生产装置和储存设施，必须实现自动化控制，并开展 HAZOP 分析和 AIL 评估，按要求设置（　　）。

A. 紧急停车系统　　B. 安全仪表系统

C. 安全雨淋系统　　D. 自动报警装置

129. 检维修单位开展 HAZOP 的职责是（　　）。

A. 负责配合相关部门 / 单位开展 HAZOP 分析， 负责配合炼化单位关闭本专业 HAZOP 分析结果

B. 负责对公司 HAZOP 分析工作的实施情况进行监督、检查

C. 负责组织在役装置 HAZOP 分析报告的评审

D. 负责组织在役装置 HAZOP 分析工作计划的制订和实施工作

130. 危险与可操作性研究（HAZOP）是一种定性安全评价方法。它的基本过程是以关键词为引导，找出工艺过程中的偏差，然后分析找出偏差的原因、后果及可采取的对策。以下图纸资料中，属于开展 HAZOP 分析必需的基础资料是（　　）。

A. 总平面布置图　　B. 设备安装图

C. 管道仪表流程图　　D. 逃生路线布置图

131.HAZOP 分析师应具有（　　）年及以上工艺、设备、仪表、HSE 等技术、管理、现场操作或设计经验，并具有中级及以上技术职称。

A.2　　B.3　　C.4　　D.5

132.HAZOP 分析需要借助管道仪表流程图、工艺设计说明书、物料和能量平衡表、联锁逻辑说明或因果关系表、工艺操作规程等大量工艺资料。尤其是（　　），是 HAZOP 分析的主要技术依据。

A. 管道仪表流程图　　B. 工艺设计说明书

C. 物料和能量平衡表　　D. 工艺操作规程

133.（　　）不属于 HAZOP 分析主席的基本要求。

A. 熟悉工艺

B. 有能力领导一支正式安全审查方面的专家队伍

C. 熟悉 HAZOP 分析方法

D. 具备注册安全工程师专业资格

134. 正确运用 HAZOP 分析方法，不能达到的效果是（　　）。

A. 预估危险可能导致的不利后果　　B. 评估潜在事故的风险水平

C. 帮助团队加深对工艺系统的认知　　D. 优化装置的经济技术指标

135. 常用的工艺危险分析方法不包括（　　）。

A. 保护层分析　　B.HAZOP 分析　　C. 故障树分析　　D.JSA 分析

136. 在 HAZOP 分析中，人员伤害的风险在矩阵表中为黄色区域，风险数值为（　　）时是不可接受的。

A.12　　B.15　　C.16　　D.17

137. 在 HAZOP 分析中，引起偏离的原因不能作为保护措施，因为保护措施具有（　）。

A. 有效性　　B. 独立性　　C. 可审查性　　D. 能验证性

138. 关于 HAZOP 分析，下列说法正确的是（　　）。

A. HAZOP 是一种定量的分析方法　　B.HAZOP 分析一个人就可以完成

C.HAZOP 分析无法发现可操作性问题　　D.HAZOP 分析是一种头脑风暴法

139.（多选）生产运行阶段 HAZOP 分析的成功因素有（　　）。

A. 选好 HAZOP 分析团队组长

B. 团队成员应能够代表多种相关技术专业并具有一定的经验

C. 充分发挥技术人员的作用

D. 不重视现场评价

E. 随意安排

140.（多选）HAZOP 分析需要准备（　　）。

A. 操作规程

B. 危险化学品安全技术说明书

C. 历次安全评价报告

D. 规章制度

E. 工艺流程图

141.（多选）完整的风险矩阵通常包括（　　）。

A. 风险矩阵

B. 后果严重程度分级规则表

C. 发生可能性分级规则表

D. 风险清单

E. 风险等级说明表

142.（判断）直接原因如果得到矫正，能防止由它导致的事故或类似的事故再次发生。（　　）

143.（判断）建设项目以及在役装置危险与可操作性（ HAZOP ）分析完成后，若保护措施和建议措施涉及安全仪表功能，不用对安全仪表功能实施 SIL 分级。（　　）

144.（判断）偏离选择的原则是节点内可能产生的偏离、可能有安全后果的偏离、至少原因或后果有一个在节点内的偏离、优先靠近后果的偏离。（　　）

145.（判断）95% ～ 97% 的危害性事件能够通过 What-If 或 HAZOP 识别出来。（　　）

146.（判断）以引导词优先顺序为主的 HAZOP 分析流程，将第一个引导词用于分析部分的

各个要素，这一步骤完成后，进行下一个引导词分析，再一次把引导词依次用于所有要素。(　　)

147. (判断) 事故剧情的构成要素，包括初始事件、中间事件、影响、减缓性保护措施。(　　)

148. (判断) 风险矩阵作为一种有效的风险评估和管理方法，其优点有广泛的适用性、简单直观的陈述、可运用实际的经验、经过简单的培训就可以使用。(　　)

149. (判断) HAZOP 分析方法的分析对象为每个工艺单元或操作步骤的所有工艺参数的偏差。(　　)

150. (判断) HAZOP 分析的分析内容包括偏差的可能原因、后果和已有安全保护措施等，同时提出补充安全保护措施（建议）。(　　)

题库答案

1. 答案：B
2. 答案：C
3. 答案：B
4. 答案：A
5. 答案：A
6. 答案：C
7. 答案：D
8. 答案：A
9. 答案：D
10. 答案：C
11. 答案：D
12. 答案：B
13. 答案：C
14. 答案：B
15. 答案：D
16. 答案：C
17. 答案：D
18. 答案：B
19. 答案：C
20. 答案：A
21. 答案：D
22. 答案：A
23. 答案：C
24. 答案：B
25. 答案：A
26. 答案：B
27. 答案：A
28. 答案：C
29. 答案：D
30. 答案：C
31. 答案：A
32. 答案：B
33. 答案：C
34. 答案：A
35. 答案：C
36. 答案：D
37. 答案：B
38. 答案：A
39. 答案：B
40. 答案：D
41. 答案：D
42. 答案：D
43. 答案：B
44. 答案：B
45. 答案：D
46. 答案：B
47. 答案：C
48. 答案：B
49. 答案：D
50. 答案：A
51. 答案：A
52. 答案：D
53. 答案：B
54. 答案：C
55. 答案：A
56. 答案：C
57. 答案：A
58. 答案：C
59. 答案：B
60. 答案：A

61. 答案：B
62. 答案：C
63. 答案：D
64. 答案：A
65. 答案：B
66. 答案：D
67. 答案：C
68. 答案：A
69. 答案：B
70. 答案：C
71. 答案：D
72. 答案：D
73. 答案：C
74. 答案：C
75. 答案：D
76. 答案：A
77. 答案：B
78. 答案：C
79. 答案：C
80. 答案：C
81. 答案：A
82. 答案：B
83. 答案：D
84. 答案：C
85. 答案：C
86. 答案：C
87. 答案：D
88. 答案：D
89. 答案：B
90. 答案：C
91. 答案：C
92. 答案：C
93. 答案：C
94. 答案：ABCD
95. 答案：ABD
96. 答案：ABC
97. 答案：BCD
98. 答案：ABCD
99. 答案：ABCD
100. 答案：AD
101. 答案：AB
102 答案：ABCD
103. 答案：正确
104. 答案：正确
105. 答案：错误
106. 答案：错误
107. 答案：错误
108. 答案：正确
109. 答案：正确
110. 答案：正确
111. 答案：错误
112. 答案：正确
113. 答案：错误
114. 答案：错误
115. 答案：错误
116. 答案：错误
117. 答案：正确
118. 答案：正确
119. 答案：错误
120. 答案：错误
121. 答案：正确
122. 答案：错误
123. 答案：错误
124. 答案：正确
125. 答案：错误
126. 答案：C
127. 答案：A
128. 答案：B
129. 答案：A
130. 答案：C

131. 答案：D

132. 答案：A

133. 答案：D

134. 答案：D

135. 答案：D

136. 答案：D

137. 答案：B

138. 答案：D

139. 答案：AB

140. 答案：ABCDE

141. 答案：ABCE

142. 答案：错误

143. 答案：错误

144. 答案：正确

145. 答案：正确

146. 答案：正确

147. 答案：正确

148. 答案：正确

149. 答案：正确

150. 答案：正确

附 录

附录一 常用引导词及含义表（AQ/T 3049—2013）

附表 1-1 常用引导词及含义表

引导词	含义
无（NO）	设计或操作意图的完全否定
过多（MORE）	同设计值相比，相关参数的量化增加
过少（LESS）	同设计值相比，相关参数的量化减少
伴随、以及（ASWELLAS）	相关参数的定性增加。在完成既定功能的同时，伴随多余时间发生，如物料在输送过程中发生相变、产生杂质、产生静电等
部分（PART）	相关性能的定性减少。只完成既定功能的一部分，如组分的比例发生变化、无某些组分等
逆向 / 反向（REVERSE）	出现和设计意图完全相反的事或物，如液体反向流动、加热而不是冷却、反应向相反的方向进行等
异常、除此以外（OTHERTHAN）	出现和设计意图不相同的事或物，完全替代；如发生异常事件或状态、开停车、维修、改变操作模式等
早（EARLY）	某事件的发生较给定时间早，如：过滤或冷却
晚（LATE）	某事件的发生较给定时间晚，如：过滤或冷却
先（BEFORE）	某事件在序列中过早地发生，如：混合或加热
后（AFTER）	某事件在序列中过晚地发生，如：混合或加热

附录二 典型初始事件发生频率表（AQ/T 3054—2015）

附表 2-1 ～附表 2-3 对典型初始事件的频率情况进行了详细说明。

附表 2-1 典型初始事件发生频率表

初始事件	条件	频率 /（次 / 年）
基本过程控制系统（BPCS）故障	基本过程控制系统（BPCS）涵盖完整的仪表回路，包括传感器、逻辑控制器以及最终执行元件	$> 10^{-1}$
压力调节器故障	现场压力调节器或减压阀	$10^{-1} \sim 10^{-2}$
工艺供应中断	供应中断。如泵故障、意外堵塞或其他主要供应问题	$> 10^{-1}$
安全泄放装置提前打开	提前打开导致事故	$10^{-1} \sim 10^{-2}$

续表

初始事件	条件	频率 /（次 / 年）
操作员失误或维护行为	日常操作任务中发生疏忽或故意误操作。操作人员经过对指定任务的培训并且此任务有相关程序文件可以参考。单个操作人员对指定任务的操作频次大于 1 次 / 年，没有其他人员复查	$>10^{-1}$
	日常操作任务中发生疏忽或故意误操作。操作人员经过对指定任务的培训并且此任务有相关程序文件可以参考。指定任务有人员复查其完成的正确性	$10^{-1}\sim10^{-2}$
	日常操作任务中发生疏忽或故意误操作。操作人员经过对指定任务的培训并且此任务有相关程序文件可以参考。单个操作人员对指定任务的操作频次小于 1 次 / 年	$10^{-1}\sim10^{-2}$
机械失效（金属材质）	没有活动部件——没有振动 低振动 高振动	$10^{-2}\sim10^{-3}$ $10^{-1}\sim10^{-2}$ $>10^{-1}$
机械失效（非金属材质）	没有活动部件——没有振动 低振动 高振动	$10^{-1}\sim10^{-2}$ $>10^{-1}$ $>10^{-1}$
机械失效（软管连接）	没有活动部件——没有振动 低振动 高振动	$10^{-2}\sim10^{-3}$ $10^{-1}\sim10^{-2}$ $>10^{-1}$
泵失效	单台泵失效导致下游工艺没有充足的供给，直接导致潜在危害场景	$>10^{-1}$
	双泵操作，有一台备泵，备泵非自启。单台泵失效导致下游工艺没有充足的供给，直接导致潜在危害场景	$>10^{-1}$
	双泵操作，有一台备泵，备泵可自启。两台泵同时失效导致下游工艺没有充足的供给，直接导致潜在危害场景	$10^{-1}\sim10^{-2}$
其他初始原因	分析小组应当全面考虑初始原因可能涉及的各个方面	使用专家经验或失效数据库数据

附表 2-2　初始事件典型频率表

初始事件	频率 /（次 / 年）
压力容器疲劳失效	$10^{-5}\sim10^{-7}$
管道疲劳失效—100m—全部断裂	$10^{-5}\sim10^{-6}$
管线泄漏（10% 截面积）—100m	$10^{-3}\sim10^{-4}$
常压储罐失效	$10^{-3}\sim10^{-5}$
垫片 / 填料爆裂	$10^{-2}\sim10^{-6}$
涡轮 / 柴油发动机超速，外套破裂	$10^{-3}\sim10^{-4}$
第三方破坏（挖掘机、车辆等外部影响）	$10^{-2}\sim10^{-4}$
起重机载荷掉落	$10^{-3}\sim10^{-4}$/ 起吊
雷击	$10^{-3}\sim10^{-4}$
安全阀误开启	$10^{-3}\sim10^{-4}$
冷却水失效	$1\sim10^{-2}$
泵密封失效	$10^{-1}\sim10^{-2}$

续表

初始事件	频率 /（次 / 年）
卸载 / 装载软管失效	1～10^{-2}
BPCS 仪表控制回路失效	1～10^{-2}
调节器失效	1～10^{-1}
小的外部火灾（多因素）	10^{-1}～10^{-2}
大的外部火灾（多因素）	10^{-2}～10^{-3}
LOTO（锁定 / 标定）程序失效（多个元件的总失效）	10^{-3}～10^{-4}/ 次
操作员失效（执行常规程序，假设得到较好的培训、不紧张、不疲劳）	10^{-1}～10^{-3}/ 次

附表 2-3　典型设备泄漏频率

设备类型	泄漏频率 /（次 / 年）			
	5 mm	25 mm	100mm	完全破裂
单密封离心泵	6～10^{-2}	5～10^{-4}	1～10^{-4}	
双密封离心泵	6～10^{-3}	5～10^{-4}	1～10^{-4}	
塔器	8～10^{-5}	2～10^{-4}	2～10^{-5}	6～10^{-6}
离心压缩机		1～10^{-3}	1～10^{-4}	
往复式压缩机		6～10^{-3}	6～10^{-4}	
过滤器	9～10^{-4}	1～10^{-4}	5～10^{-5}	1～10^{-5}
翅片 / 风扇冷却器	2～10^{-3}	3～10^{-4}	5～10^{-8}	2～10^{-8}
换热器（壳程）	4～10^{-5}	1～10^{-4}	1～10^{-5}	6～10^{-6}
换热器（管程）	4～10^{-5}	1～10^{-4}	1～10^{-5}	6～10^{-6}
19mm 直径管道	1～10^{-5}			3～10^{-7}
25mm 直径管道	5～10^{-6}			5～10^{-7}
51mm 直径管道	3～10^{-6}			6～10^{-2}
102mm 直径管道	9～10^{-7}	6～10^{-7}		7～10^{-8}
152mm 直径管道	4～10^{-7}	4～10^{-7}		7～10^{-8}
203mm 直径管道	3～10^{-7}	3～10^{-7}	8～10^{-8}	2～10^{-8}
254mm 直径管道	2～10^{-7}	3～10^{-7}	8～10^{-8}	2～10^{-8}
305mm 直径管道	1～10^{-7}	3～10^{-7}	3～10^{-8}	2～10^{-8}
406mm 直径管道	1～10^{-7}	2～10^{-7}	2～10^{-8}	2～10^{-8}
＞406mm 直径管道	6～10^{-8}	2～10^{-7}	2～10^{-8}	1～10^{-8}
压力容器	4～10^{-5}	1～10^{-4}	1～10^{-5}	6～10^{-6}
反应器	1～10^{-4}	3～10^{-4}	3～10^{-5}	2～10^{-6}
往复泵	7～10^{-1}	1～10^{-2}	1～10^{-3}	1～10^{-3}
常压储罐	4～10^{-5}	1～10^{-4}	1～10^{-5}	2～10^{-5}

附录三 常见不利后果严重度分级表

附表 3-1 ～附表 3-3 为某石油化工公司的实例，此处列出仅供参考。

附表 3-1 后果严重度分级表（一）

严重度等级	人员安全	公众影响	环境影响
特大	5 人以上死亡	1 人以上死亡	对环境造成持续性重大影响或生态破坏
重大	1 ～ 5 人死亡	多起确认的公众受伤	对环境造成长期不可逆后果
严重	需住院治疗或长期失去行为能力	1 起确认的公众受伤	排放超标并对环境造成长期可逆后果
一般	OSHA 可记录事故	公众噪声 / 气味投诉	排放超标，但可采取有效缓解措施，对环境无明显后果
轻微	急救处理	公众询问	少量非预期危险物质泄漏至环境，无后果

附表 3-2 后果严重度分级表（二）

严重度等级	人员安全	环境影响	经济损失
特大	3 人以上死亡	对区域环境造成不可修复性的严重破坏	经济损失超过 500 万元
重大	1 ～ 3 人死亡，或造成经济损失	对区域环境造成严重破坏	经济损失 100 万～ 500 万元
严重	无死亡但造成人员永久性致残	对周边区域环境造成有限影响	经济损失 10 万～ 100 万元
一般	人员受伤需要卧床休息一段时间	对临近区域环境造成临时性影响	经济损失 1 万～ 10 万元
轻微	人员受伤仅需急救处理	对临近环境仅有轻微影响，泄漏液体由围堰或收集池收集	经济损失小于 1 万元

附表 3-3 后果严重度分级表（三）

严重度等级	人员安全	环境影响	声誉	经济损失
特大	现场多人死亡；现场以外 1 人致命，现场以外多人永久性残疾	大量危险物质失控性泄漏；对设施以外地方产生影响；现场以外地方受影响，须长时间方可恢复或清理	国内或国际媒体关注；被起诉或处以重罚；国家级信誉评级变化	经济损失超过 1000 万元
重大	现场人员有 1 人死亡或多人永久性残疾；场外人员 1 人永久性残疾或多人受伤	危险物质失控性泄漏；影响周围紧邻区域，对现场以外的某些区域有长期影响，须长时间恢复或清理	国内媒体关注；遭到主管部门起诉	经济损失 100 万～ 1000 万元
严重	现场人员 1 人永久性残疾或多人一段时间无法工作；场外人员多人轻伤或 1 人一段时间无法工作	危险物质泄漏失控至场外；对现场有长期影响，对场外环境产生有限影响	地区媒体关注；管理机构全面介入并关注当前事件引发的课题	经济损失 10 万～ 100 万元

续表

严重度等级	人员安全	环境影响	声誉	经济损失
一般	现场人员多人轻伤（可记录）；场外1人可记录轻伤	危险物质泄漏受控在场内；对场内环境造成非长期的影响	地区媒体关注；管理机构加强现场管理（通知整改）	经济损失1万～10万元
轻微	现场人员无或轻伤，急救； 不影响现场以外人员	危险物质泄漏受控在场内；对场外区域没有影响，可以很快清除	邻居/社区投诉；管理机构未采取正式措施	经济损失小于1万元

附录四 常用安全措施表

附表 4-1 常用安全措施

序号	安全措施（或 IPL）	备注
1	安装在火源、可燃源或可燃蒸气处所（包括有毒物料、粉尘）的阻爆器或稳定型阻爆器（阻火器）	
2	安装在火源、可燃源或可燃蒸气处所（包括有毒物料、粉尘）的非稳定型阻爆器（阻火器）	
3	自动火灾抑制系统（喷水型和泡沫型、其他的灭火剂）	
4	现场就地自动火灾抑制系统（非水的，如干粉型）	
5	用于过程设备的自动爆炸抑制系统（干粉型）	
6	隔离防火和容器外保护或其他相关设备	
7	烟气检测联合自动喷淋（灭火）系统	
8	单 BPCS（基本过程控制系统）回路（无须人员介入）	
9	BPCS 回路（无须人员介入）作为第二 IPL（独立保护层）或当初始事件是 BPCS 失效时作为 IPL	
10	气动控制回路	
11	弹簧式安全阀，处于清洁的维护，没有堵塞的历史故障或污垢，并且没有上游和下游的截止阀或截止阀的开/关是可以监控的状态	注意附加的条件
12	双备份弹簧式安全阀，处于清洁的维护，每一个安全阀的尺寸必须经过考虑以便在危险剧情发生时有足够的备份释放量，并且没有上游和下游的截止阀	注意附加的条件
13	多安全阀设置的场合必须打开所有的安全阀以便达到释放能力	
14	单弹簧式安全阀具备堵塞清理服务	
15	先导式压力释放阀，具备清洁维护，没有出现过污垢和堵塞	
16	有爆破片保护的弹簧式安全阀	
17	爆破片	
18	净重负荷式紧急压力释放阀（已知保护排放量），具备清洁维护，没有出现过污垢和堵塞	注意附加的条件

续表

序号	安全措施（或 IPL）	备注
19	弹簧负荷式紧急压力释放阀（已知保护排放量），具备清洁维护，没有出现过污垢和堵塞	注意附加的条件
20	折（拨）杆式压力释放设备（BPRV）（折杆式安全阀）	一种新型安全阀
21	折杆式紧急停车设备	
22	泄爆板（可以防止低压设备内爆变形）	
23	平底储罐的脆性顶盖	
24	内部有粉尘或蒸气 / 气体爆燃爆炸的泄爆板（泄爆窗、泄爆栅）	
25	建筑的泄爆墙或泄爆板	
26	防爆屏	
27	真空调节器（阀组）	
28	连续通风设施（性能可调整）	
29	连续通风设施（性能可调整，有报警诊断）	
30	紧急通风（换气）设备	
31	储罐 / 容器 / 储槽的溢流管线具有液封设施	
32	储罐 / 容器 / 储槽的溢流管线或顶盖溢流管	
33	储罐内置型自动泡沫灭火设施	
34	呼吸阀（具有阻火功能的呼吸阀）	可选温度报警型
35	人员对一个“通告”的响应（声、光报警），假定没有其他报警分心，并且具有10min 时间完成要求的行动或在控制室具有 5min 的手动模式处理时间	注意附加的条件
36	人员对一个“通告”的响应（声、光报警）具有 24h 的处理时间	注意附加的条件
37	人员的现场读数或采样分析，具有采样和现场读数两倍的时间，在这段时间内危险从一个初始原因传播到后果	注意附加的条件
38	在班组的鼓励下，按照规程的明文说明，操作工进行双倍的检查	
39	卡封（例如：铅封）	
40	加锁 / 加链（加锁 / 加链标识为 LOTO）	
41	管理使用权控制	
42	特殊个人防护设施（PPE）	
43	管线喘振回潮容器	
44	双层管壁管线	
45	双层容器 / 储罐（例如氨和液化天然气储罐）	
46	防火堤（防护墙）	
47	单止逆阀（在相对大的回流剧情时，无阀门泄漏）	
48	单止逆阀—高试验频率（在相对大的回流剧情时，无阀门泄漏）	
49	串联双止逆阀（在相对大的回流剧情时，无阀门泄漏）	

续表

序号	安全措施（或 IPL）	备注
50	高密封止逆阀	
51	限位机械停止（系统）（可调整）	
52	限位机械停止（系统）（安装后，不可调整）	
53	清洁维护的限流孔板（具有过量流量剧情的场合）	
54	过流保护阀	
55	透平超速机械“跳闸”（装置）	
56	紧急涤气 / 吸收设施，清除有关组分释放到大气	
57	火炬燃烧 / 耗尽（焚烧炉）设施，清除有关组分释放到大气	
58	常规的能量排放 / “卸载”系统	
59	连续（维持）调整装置（可以维持 50% 的调整量，例如燃烧器供气）	
60	机械动作型紧急停车 / 隔离设备	
61	SIL1 安全仪表功能	
62	SIL2 安全仪表功能	
63	SIL3 安全仪表功能	
64	惰性（化）系统	

附录五 常见独立保护层频率消减因子（AQ/T 3054—2015）

附表 5-1、附表 5-2 给出了某石油化工公司常见独立保护层（Independent Protection Layer，IPL）的频率消减因子（Frequency Reduction Factor，FRF）实例，仅供参考。

附表 5-1 常见独立保护层（IPL）的频率消减因子（一）

独立保护层（IPL）	考虑作为独立保护层的进一步限制	频率消减因子
标准操作规程（SOP）	操作人员巡检频率必须满足检测潜在事故的需要。操作员需要通过独立的传感器或阀门来记录指定的值。记录中必须标示出不可接受的超出范围的值。操作规程中需要有对处理这些超出范围值的响应方法	1.0
报警及人员响应	BPCS 传感器产生的报警包括操作人员的行动可以完全地减缓事故场景。BPCS 传感器、操作人员以及最终执行元件都必须独立于初始事件。操作人员有超过 15min 的响应时间或通过报警目标分析（AOA）评价的更短的响应时间	1.0
基本过程控制系统（BPCS）	任何 BPCS 回路（控制、报警或就地）都不能受事故场景原因失效的影响	1.0
安全仪表系统（SIS）	独立于 BPCS，达到 SIL1 级	1.0
阻火器	必须设计用于减缓事故场景	1.0

续表

独立保护层（IPL）	考虑作为独立保护层的进一步限制	频率消减因子
真空破坏器	必须设计用于减缓事故场景	1.0
100% 能力的安全阀 / 爆破片组合——堵塞工况且无吹扫	PSV 设计泄放量须满足事故场景泄放量要求，必须泄放至安全区域	1.0
安全仪表系统（SIS）	独立于 BPCS，达到 SIL2 级	2.0
100% 能力的安全阀——清洁工况 / 堵塞工况，有吹扫	PSV 设计泄放量须满足事故场景泄放量要求，必须泄放至安全区域	2.0
冗余 100% 能力安全阀（独立工艺连接）——堵塞工况且无吹扫	各单个 PSV 设计泄放量须满足事故场景泄放量要求，必须泄放至安全区域	2.0
容器爆破片	必须泄放至安全区域或已考虑为安全泄放	2.0
安全仪表系统（SIS）	独立于 BPCS，达到 SIL3 级	3.0
其他独立保护层	分析小组应当全面考虑独立保护层的减缓效果	1.0 ～ 3.0

附表 5-2　常见独立保护层（IPL）的频率消减因子（二）

<table>
<tr><th colspan="2">独立保护层（IPL）</th><th>说明
（假设具有完善的设计基础、充足的检测和维护程序、良好的培训）</th><th>频率消减因子</th></tr>
<tr><td colspan="2">本质安全设计</td><td>如果正确执行，将大大地降低相关场景后果的频率</td><td>1.0 ～ 6.0</td></tr>
<tr><td colspan="2">BPCS</td><td>如果与初始事件无关，BPCS 可作为一种 IPL</td><td>1.0 ～ 2.0</td></tr>
<tr><td rowspan="3">关键报警和人员响应</td><td>人员行动，有 10min 的响应时间</td><td rowspan="3">行动应具有单一性和可操作性</td><td>0 ～ 1.0</td></tr>
<tr><td>人员对 BPCS 指示或报警的响应，有 40min 的响应时间</td><td>1.0</td></tr>
<tr><td>人员行动，有 40min 的响应时间</td><td>1.0 ～ 2.0</td></tr>
<tr><td rowspan="3">安全仪表系统</td><td>安全仪表功能 SIL1</td><td rowspan="3">见 GB/T 21109</td><td>1.0 ～ 2.0</td></tr>
<tr><td>安全仪表功能 SIL2</td><td>2.0 ～ 3.0</td></tr>
<tr><td>安全仪表功能 SIL3</td><td>3.0 ～ 4.0</td></tr>
<tr><td rowspan="2">物理保护</td><td>安全阀</td><td rowspan="2">此类系统有效性对服役的条件比较敏感</td><td>1.0 ～ 5.0</td></tr>
<tr><td>爆破片</td><td>1.0 ～ 5.0</td></tr>
<tr><td rowspan="6">释放后保护措施</td><td>防火堤</td><td>降低由于储罐溢流、断裂、泄漏等造成严重后果的频率</td><td>2.0 ～ 3.0</td></tr>
<tr><td>地下排污系统</td><td>降低由于储罐溢流、断裂、泄漏等造成严重后果的频率</td><td>2.0 ～ 3.0</td></tr>
<tr><td>开式通风口</td><td>防止超压</td><td>2.0 ～ 3.0</td></tr>
<tr><td>耐火涂层</td><td>减少热输入率，为降压、消防等提供额外的响应时间</td><td>2.0 ～ 3.0</td></tr>
<tr><td>防爆墙 / 舱</td><td>限制冲击波，保护设备 / 建筑物等，降低爆炸重大后果的频率</td><td>2.0 ～ 3.0</td></tr>
<tr><td>阻火器或防爆器</td><td>如果安装和维护合适，这些设备能够防止通过管道系统或进入容器或储罐内的潜在回火</td><td>1.0 ～ 3.0</td></tr>
</table>

附录六 加热炉单元 P&ID 图

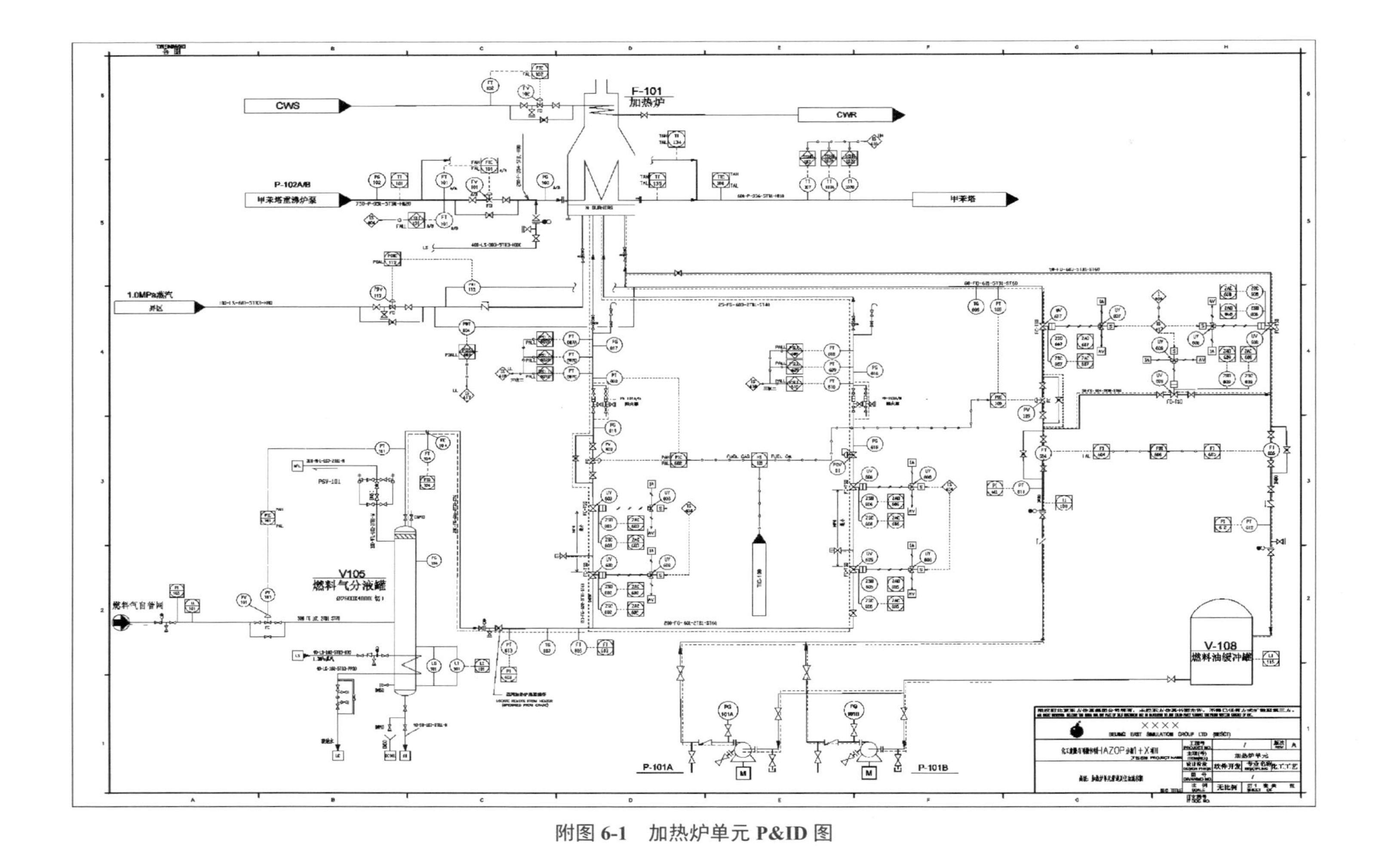

附图 6-1 加热炉单元 P&ID 图

附录七 联锁台账

附表 7-1 联锁台账

加热炉联锁台帐											
序号	联锁编号	联锁名称	联锁输入（条件）	说明	工程单位	联锁设定值		逻辑	联锁动作（输出）	投用情况	备注
						LL	HH				
1	IS-404	F101 停炉联锁	FT-101A/B	F101 辐射段入口支管流量低低	t/h	≤ 71.953t/h	/	二取一	（1）去 IS-417：F101 燃料油联锁 （2）关 F101A 燃料气入口管切断阀 UV-602、UV-603	投用	
			IS-417	F101 蒸汽与燃料油压差低低	/	/	/	单点联锁		投用	
			IS-418	F101 燃料气压力低低	/	/	/	单点联锁		投用	
			IS-418	F101 长明灯压力低低	/	/	/	单点联锁		投用	
2	IS-417	F101 燃料油联锁	PDT-604	F101A 蒸汽与燃料油压差	MPa	≤ 0.02MPa	/	单点联锁	（1）关闭 F101 燃料油入口切断阀 UV-607 （2）关闭 F101 燃料油返回切断阀 UV-608 （3）打开 F101 燃料油旁路切断阀 UV-609	投用	
3	IS-418	F101 燃料气、长明灯联锁	PT-607A	F101 主燃料气压力	MPa	≤ 0.02MPa	/	三取二	至 IS-404：F-101 燃料气联锁	投用	
			PT-607B	F101 主燃料气压力	MPa	≤ 0.02MPa	/			投用	
			PT-607C	F401 主燃料气压力	MPa	≤ 0.02MPa	/			投用	
			PT-608	F101 燃料气长明灯压力	MPa	≤ 0.03MPa	/	三取二	至 IS-404：F-101 长明灯联锁	投用	
			PT-609	F101 燃料气长明灯压力	MPa	≤ 0.03MPa	/			投用	
			PT-610	F101 燃料气长明灯压力	MPa	≤ 0.03MPa	/			投用	

附录八 HAZOP 分析报告质量评定标准（T/CCSAS 001-2018）

附表 8-1 HAZOP 分析报告质量评定标准

序号	审查项目	合格标准	备注
1	HAZOP 分析报告形式审查	$S<55\%$	不合格，需重做
		$55\% \leqslant S<80\%$	不合格，需修改
		$80\% \leqslant S<95\%$	合格
		$95\%<S \leqslant 100\%$	优秀
2	HAZOP 分析报告技术审查	$S<55\%$	不合格，需重做
		$55\% \leqslant S<80\%$	不合格，需修改
		$80\% \leqslant S<95\%$	合格
		$95\%<S \leqslant 100\%$	优秀
3	HAZOP 分析报告工艺安全问题审查	$S<55\%$	不合格，需重做
		$55\%<S<80\%$	不合格，需修改
		$80\%<S<95\%$	合格
		$95\%<S<100\%$	优秀
4	综合质量	三项审查都合格才视为合格	

注：HAZOP 质量审查小组成员根据附录九各自评分，评分时遵照如下标准：①得分百分比 S（%）为：S= 得分 / 满分；②对于表中“否决项”下标有“*”的检查项，如果不符合要求，则在该项对应的“得分”栏中画“X”；③表底部“否决项”汇总栏中填写“否决项”数目，若该数目大于 0，则该报告的审查结果视为“不合格”，需重做。

附录九 HAZOP 分析报告质量审查评分表（T/CCSAS 001-2018）

附表 9-1 HAZOP 分析报告形式审查要点

审查内容	满分	得分	否决项（*）	审查结果
一、HAZOP 分析报告				
HAZOP 分析报告是否包括以下内容？（若下列各项均符合，得分为 60 分。若在各子项要求下发现存在任何缺陷，在该子项下扣除 4 分）	60			
1. 项目概述及分析范围				
2. 工艺流程描述				
3. 团队介绍				
4. 分析方法介绍				
5. 风险及风险可接受标准				
6. 分析假设				
7. 节点偏离描述				

续表

审查内容	满分	得分	否决项（*）	审查结果
8. 分析结论				
9. 建议措施分类汇总				
10. 附录 - 彩色节点图				
11. 附录 - 分析所依据资料清单				
12. 附录 - 分析结果记录表				
13. 附录 - 建议措施汇总（反馈）表				
14. 附录 - 参会人员签到表				
15. 附录 - 参会人员签名表				
二、HAZOP 分析团队				
1. HAZOP团队成员是否齐全？（若下列各项均符合，得分为21分。若在各子项要求下发现存在任何缺陷，在该子项下扣除 3 分）	21			
（1）HAZOP 主席				
（2）HAZOP 记录员				
（3）工艺工程师				
（4）仪表工程师				
（5）操作代表				
（6）设备工程师				
（7）安全工程师				
2. HAZOP 主席的经验是否符合要求？（若符合，得分为 29；若不符合，得分为 0；若未经过培训或少于石油、化工等行业相关年限的工作经验及少于三年的 HAZOP 分析经验，否决）	29			
3. 团队其他成员（工艺工程师、仪表工程师、操作代表、设备工程师安全工程师）的经验是否符合要求？ HAZOP 分析团队成员应具有五年以上的本专业技术经验，熟悉本专业工作内容，了解 HAZOP 分析方法。(若上述各项均符合，得分为 25 分。若在各子项要求下发现存在任何缺陷，在该子项下扣除 5 分）	25			
三、HAZOP 分析资料				
HAZOP 团队分析需要的资料是否完整且准确？（若下列各项均符合，得分为 30 分。若在各子项要求下发现存在任何缺陷，在该子项下扣除 3 分 ）	30			
1. 资料是否包含最新的 P&ID 图？如果是在役装置，是否有资料提供方出具的承诺函？（图纸内容要求与现场一致）				
2. 资料是否包含关键设备（诸如：容器、换热器、机泵）的设计温度、设计压力及材质，管道材质清单、法兰等级以及温度与压力范围(如果此信息未在 P&ID 图上出现)?				
3. 资料是否包含泄放装置设计及设定点数据？				
4. 装置是否有可用的平面布置图？				

续表

审查内容	满分	得分	否决项（*）	审查结果
5. 是否有可用的单元操作程序及维护程序？如果是间歇过程，是否有每个操作阶段的操作步骤的描述？				
6. 是否所有化学品均有可用的最新版安全数据表（安全技术说明书，简称 MSDS）？				
7. 是否有可用的工艺控制描述和联锁描述（如果此信息 P&ID 图上表示不完全）？				
8. 是否有可用的工艺及工艺化学描述（包括：不同物料意外混合的危害影响——能够预见到发生）？				
9.HAZOP 分析是否依据包括风险矩阵等风险管理规定开展？				
10. 资料是否包含与装置有关的以往事故？				
四、HAZOP 分析开展时机				
生命周期不同阶段（如生产运行阶段、基础设计阶段、详细设计阶段等）HAZOP 开展的时机是否正确？设计项目应在基础设计（FEED）阶段工艺设计完成后和在详细设计阶段完成，对现役装置，按照国家规定的期限完成。（若符合，得分为 15。若不符合，得分为 0）	15			
五、HAZOP 分析进度控制				
根据 HAZOP 分析实际进程（节点分析时间表）以及参会人员签到表进行审核，每个 HAZOP 分析小组平均每天分析的 P&ID 数量是否多于 10 张？（若符合，得分为 15。若不符合，得分为 0。若大于 10 张否决）	15			
六、剧情描述				
事故剧情各要素的描述是否详细？				
1. 偏离：宜标注设备名称或位号；可以从某管线的流量，某设备的压力、温度、液位，某具体的操作步骤等详细描述偏离。（若符合，得分为 10。若不符合，得分为 0）	10			
2. 原因：应描述初始原因直至偏离的中间过程。包括初始原因的情况及其导致具体设备、物料及相关参数变化过程。偏离当原因的情况，应在该原因后面标注参见，比如：“XX 压力高（参见 n.m）”，以便于进一步追踪。（若符合，得分为 25；若不符合，得分为 0）	25			
3. 后果：应描述偏离直至后果的中间过程，包括导致的对人员、财产、环境、企业声誉影响的详细描述。偏离当后果的情况，应在该后果后面标注参见，比如：“XX 压力高（参见 n.m）”，以便于进一步追踪。（若符合，得分为 25；若不符合，得分为 0）	25			
4. 事故剧情是否包括风险评估（分级）过程？包括初始风险、剩余风险。（若符合，得分为 15；若不符合，得分为 0）	15			
5. 建议措施：应明确具体要求和目的，应落实责任方。（若符合，得分为 30；若不符合，得分为 0）	30			
汇总	300			
得分百分比				

注：审查填表和数据分析说明见附表 8-1。

附表 9-2　HAZOP 分析报告技术审查要点（采取抽查的方式）

审查内容	满分	得分	否决项（*）	审查结果
一、节点划分				
节点划分是否满足下列要求？（若下列各项均符合，得分为 20 分。若连续流程执行 1 ～ 4 项，在各子项要求下发现存在任何缺陷，在该子项下扣除 5 分；若间歇流程执行 1 ～ 5 项，在各子项要求下发现存在任何缺陷，在该项下扣除 4 分）	20			
1. 节点设计意图描述是否详细？至少包含该节点的功能、主要设备设计和操作参数、主要联锁回路、节点内的特殊工况				
2. 分析范围内所有图纸中的设备或管线是否都包含在节点内				
3. 节点划分是否合理？节点不宜过大				
4. 节点图是否在 P&ID 图中以色笔清晰标识，并在 P&ID 的空白处标上节点编号				
5. 间歇过程是否按照大步骤（或阶段）来划分节点				
二、偏离选取				
偏离选取是否满足下列要求？（若下列各项均符合，得分为 40 分。若连续流程执行 1 ～ 4 项，在各子项要求下发现存在任何缺陷，在该子项下扣除 10 分；若间歇流程执行 1 ～ 5 项，在各子项要求下发现存在任何缺陷，在该子项下扣除 8 分）	40			
1. 例如每条管线的流量（反向、伴随、异常）和每个容器的压力（过高、过低）是否都进行了分析？				
2. 特殊工况产生的偏离是否纳入分析？例如：生产不同牌号产品下的不同工艺条件等				
3. 偏离的描述是否全面具体？（流量到管线、温度和压力到部位、液位到设备、操作到步骤）				
4. 是否充分考虑了其他安全操作的异常问题？例如：腐蚀、泄漏、公用工程失效等				
5. 间歇过程是否将时间和顺序等纳入引导词并与相应的参数或操作步骤构成有效的偏离进行分析				
三、原因分析				
原因分析是否满足下列要求？（若下列各项均符合，得分为 30 分。若在各子项要求下发现存在任何缺陷，在该子项下扣除 6 分）	30			
1. 原因是否分析到初始原因？初始原因包括设备仪表故障、操作失误、外部影响、公用工程失效、运行条件变更等				
2. 原因是否已识别全？				
3. 是否存在不可信的原因？				
4. 原因的描述是否具体、清楚？是否把原因到偏离的中间事件也进行了描述？				
5. 假如初始原因过于复杂，又跨越节点时，把偏离当原因的情况，是否在原因后面标注了“参见”并实施了进一步分析？				

续表

审查内容	满分	得分	否决项（*）	审查结果
四、后果分析				
后果分析是否满足下列要求？（若下列各项均符合，得分为 20 分。若在各子项要求下发现存在任何缺陷，在该子项下扣除 4 分）	20			
1. 分析出的后果是否为在假定现有保护措施失效的情况下的最终不利后果？不能把联锁停车、安全阀起跳等当后果				
2. 后果是否已识别全？				
3. 是否有不可信的后果？				
4. 对于偏离到后果有中间过程的情况，是否把中间事件也进行了推述？				
5. 后果在节点外，且离当前正在分析的偏离过远时，把偏离当后果的情况，是否在后果后面标注了“参见”并实施了进一步分析？				
五、风险评估（分级）				
风险评估（分级）是否满足下列要求？（若下列各项均符合，得分为 30 分。若在各子项要求下发现存在任何缺陷，在该子项下扣除 10 分）	30			
1. 依据的风险矩阵、可接受的风险水平是否满足国家法律法规的要求并适合本企业，所有事故剧情的剩余风险是否都在可接受的风险水平内？				
2. 初始原因的频率评估是否合理？				
3. 后果的严重性评估是否合理？				
六、安全措施				
安全措施识别是否满足下列要求？（若下列各项均符合，得分为 30 分。若在各子项要求下发现存在任何缺陷，在该子项下扣除 6 分）	30			
1. 是否把通用的管理措施（如培训、巡检、PPE、设备定期维护保养等）作为安全措施？				
2. 安全措施是否针对当前的事故剧情？是否有效？				
3. 安全措施对风险的消减作用是否合适？				
4. 安全措施是否独立于初始原因？				
5. 安全措施是否独立于其他的安全措施？				
七、建议措施				
建议措施是否满足下列要求？（若下列各项均符合，得分为 30 分。若在各子项要求下发现存在任何缺陷，在该子项下扣除 6 分）	30			
1. 建议措施对风险的消减作用是否合适？				
2. 建议措施是否针对当前的事故剧情？是否有效？				
3. 是否存在建议措施质量低？如多数建议措施为报警类				
4. 所有的建议措施是否都有反馈？修改或拒绝的建议措施是否都有充分依据？				
5. 对于没有达成一致的内容，是否有进一步分析讨论的建议？				

审查内容	满分	得分	否决项（*）	审查结果
汇总	200			
得分百分比				
注：审查填表和数据分析说明见附表 8-1。				

附表 9-3　HAZOP 分析报告工艺安全问题审查要点

审查内容	满分	得分	否决项（*）	审查结果
工艺安全问题				
HAZOP 分析时是否考虑了下列内容？（下列各项每项 10 分，设计阶段执行 1 ～ 15 项，总分 150 分，生产运行阶段执行 1 ～ 17 项，总分 170 分。若在各子项要求下发现存在任何缺陷，在该子项下扣除 10 分）	170			
1. 是否关注了关键设备、仪表的备用情况及在线维护问题？				
2. 泵、换热器、空冷器等的布置是否符合防火要求、是否便于操作检修？				
3. 排放管线、现场阀门、DCS 设置等的布置位置是否符合要求？				
4. SIS 系统的相关仪表是否符合其维护要求？				
5. 是否对装置的开停车过程中的危险（如：升降温速度、炉子点火程序、物料投用顺序）进行了分析？如开停车步骤较复杂，是否专门进行关于开停车步骤的 HAZOP 分析？				
6. 是否分析了静设备和动设备维护过程中产生的危害（如：催化剂装卸、切换泵、容器清理）？				
7. 是否对装置中所涉及的化学品反应性（分解和聚合等）、可燃性、爆炸性、毒性及潜在问题进行了评估？				
8. 针对有粉尘的装置是否评估了发生粉尘爆炸的可能性及其保护？				
9. 是否分析了换热器内漏（高压串低压、高温串低温、高温油与水混合、低温脆裂等）造成的后果？				
10. 是否分析了转动设备停机导致逆流的后果？				
11. 是否分析了火灾或紧急状况下的限制手段？				
12. 动设备的密封形式是否满足所输送的介质要求？				
13. 储罐的设置是否符合重大危险源设置规范以及安监总管三 [2014]116 号等要求？				
14. 是否分析了装置中限制点火源的问题？				
15. 是否对装置中的典型腐蚀进行了分析？（如：氢腐蚀、硫腐蚀、保温下腐蚀、垢下腐蚀）				
16. 是否考虑了转动设备或节流等产生的噪声对人员的伤害？（生产运行阶段）				
17. 是否分析了之前发生过且存在潜在重大后果的事故？				
汇总	170			
得分百分比				
注：审查填表和数据分析说明见附表 8-1。				

参考文献

［1］ 中国石化青岛安全工程研究院 . HAZOP 分析指南［M］. 北京：中国石化出版社，2008.

［2］ 吴重光，许欣，张贝克，等. 基于知识本体的过程安全分析信息标准化［J］. 化工学报，63(5):1484-1491，2012.

［3］ 白永忠，党文义，于安峰译. 保护层分析——简化的过程风险评估［M］. 北京：中国石化出版社，2010.

［4］ 粟镇宇 . 工艺安全管理与事故预防［M］. 北京：中国石化出版社，2009.

［5］ 赵劲松，赵利华，崔琳，等. 基于案例推理的 HAZOP 分析自动化框架［J］. 化工学报，59（1）：111-117，2008.

［6］ 中国石化集团上海工程有限公司. 化工工艺设计手册［M］. 4 版 . 北京：化学工业出版社，2009.

［7］ 危险与可操作性分析质量控制与审查导则：T/CCSAS 001—2018［S］. 中国化学品安全协会，2018.

［8］ 危险与可操作性分析（HAZOP 分析）应用指南：GB/T 35320—2017［S］. 2017-12-29.

［9］ 安全生产风险分级管控体系通则：DB51/T 2767—2021［S］. 2021-03-01.

［10］ 生产安全事故隐患排查治理体系通则：DB51/T 2768—2021［S］. 2021-03-01.

［11］ 危险化学品重大危险源辨识：GB 18218—2018［S］. 2019-03-01.